湖北现代农业
展示科技成果汇编

湖北省现代农业展示中心◎汇编

顾　问　高广金

主　编　巴四合

副主编　聂练兵　杨艳斌

编写成员　(按姓氏笔画排序)

孔　宁　孙　琛　杨　攀　杨晓林

何承斌　张　锋　陈旭辉　郑　智

胡正兵　崔　姗　彭　睿　雷小春

U0353866

华中科技大学出版社
http://www.hustp.com
中国·武汉

内 容 简 介

为促进农业科技的推广应用,湖北省现代农业展示中心选取有代表性或当前生产上亟须的科技(品种),编写了此书。

本书详细记载了在农业科技展示过程中,每一个品种的叶龄、苗高、分蘖(枝)等的定点、定株、定期观测结果,也详细记载了品种的生育期、特征特性、抗病性、抗逆性、经济性状及产量水平。本书中所有数据均为湖北省现代农业展示中心技术人员在田间地头测量观察记载所得。

本书可供广大农业科技工作者和农业生产者等参考使用。

图书在版编目(CIP)数据

湖北现代农业展示科技成果汇编/巴四合主编;湖北省现代农业展示中心汇编. —武汉:华中科技大学出版社,2018.1
　ISBN 978-7-5680-3597-2

Ⅰ.①湖… Ⅱ.①巴… ②湖… Ⅲ.①农业技术-科技成果-汇编-湖北 Ⅳ.①S-12

中国版本图书馆 CIP 数据核字(2017)第 301267 号

湖北现代农业展示科技成果汇编
Hubei Xiandai Nongye Zhanshi Keji Chengguo Huibian

巴四合　主编
湖北省现代农业展示中心汇编

策划编辑:罗　伟
责任编辑:余　琼　张　琴
封面设计:原色设计
责任校对:李　琴
责任监印:周治超
出版发行:华中科技大学出版社(中国·武汉)　　电话:(027)81321913
　　　　　武汉市东湖新技术开发区华工科技园　　邮编:430223
录　排:华中科技大学惠友文印中心
印　刷:武汉华工鑫宏印务有限公司
开　本:787mm×1092mm　1/16
印　张:14.75
字　数:367千字
版　次:2018年1月第1版第1次印刷
定　价:58.00元

前　言

　　湖北省现代农业展示中心为湖北省农业厅所属事业单位，拥有省级展示基地 1000 亩（约 666667 m²），主要为社会提供公益性的农业科技试验、示范与技术培训服务。我们的理念是坚持"科技定位、公益定性、服务定向"的发展思路，紧紧围绕农业供给侧结构性改革，创新农业科技服务方式，集中、集成展示现代农业科技新成果，推进农业科技成果转化，促进湖北现代农业的发展。

　　2016 年，我们共实施品种筛选试验、区域试验、生产试验等农业科技展示项目 117 项，展示农业新品种（产品）2122 个。在农业科技展示过程中，我们对每一个品种的叶龄、苗高、分蘖（枝）等都进行了定点、定株、定期观测，详细记载品种的生育期、特征特性、抗病性、抗逆性、经济性状及产量水平，及时汇总分析观测、记载结果。为促进农业科技的推广应用，我们选取有代表性或当前生产上亟须的科技（品种），编写了《湖北现代农业展示科技成果汇编》，希望对广大农业科技工作者和农业生产者有所帮助。

　　本书中所有数据均为本单位技术人员在田间地头观察记载所得，受地域与气候的影响，可能不同地域、不同气候的地方数据有所差异。因编者水平有限，书中难免有疏漏之处，敬请广大读者与专家批评指正。

编　者

目　录

小麦科技成果总结

玉米科技成果总结

高粱科技成果总结

大豆科技成果总结

棉花科技成果总结

小麦科技成果总结

2015—2016年小麦新品种展示栽培技术总结

摘 要：田间统一栽培对比展示的结果表明：比郑麦9023增产的品种有鄂麦170、漯麦6010，每667 m² 产量分别为397.4 kg、388.8 kg，赤霉病抗性较强的是襄麦25、襄麦55。

关键词：小麦品种；展示栽培；技术总结

为了筛选出适宜在同生态区域种植的高产、优质、抗性强的小麦新品种，系统观察品种的特征特性，特组织征集通过湖北省审定的新品种进行展示，给2016年秋播小麦生产遴选及推广品种提供科学依据。

1. 材料与方法

1.1 参展品种

参展品种有由湖北省种子管理局征集省内外育种单位或种子企业的小麦品种华麦2152、鄂麦596、郑麦9023、鄂麦170、襄麦25、襄麦55、鄂麦580、漯麦6010，共8个品种，以生产上大面积推广的郑麦9023为对照。

1.2 展示设计

1.2.1 展示地点 展示安排在湖北省现代农业展示中心（简称农展中心）基地内展示区19号田和20号田，土质属长江冲积潮土，前茬作物为中稻。

1.2.2 田间设计 田间采取大区对比法，品种在田间随机排列，不设重复，每个品种种植面积为200 m² 以上，展区厢长35 m、厢宽6.6 m，基本苗设计为17万株/667米²。

1.2.3 观察记载 按小麦品种试验观察记载项目及标准，进行定点、定株、定期观测，出苗后每个品种选有代表性的点，定点系统观测基本苗、冬至苗、立春苗、有效穗数，准确记载生育期、田间管理操作技术等内容。成熟期田间随机3点取样，每点调查1 m² 的有效穗数，并收取全部穗子，用于考种，晒干后脱粒、测产，然后用收割机分品种单收，称重计实产。

1.3 栽培管理

1.3.1 整地施肥 9月中下旬，中稻机收时将稻草粉碎还田，适墒用拖拉机深翻炕土；10月中旬旋耕碎垡；10月25日，第二次旋耕前施底肥，每667 m² 撒施"鄂福"牌复混肥（$N_{26}P_{10}K_{15}$）40 kg，然后按220 cm宽用拖拉机开沟定厢，并用铁锹将沟土清起撒在厢面上，使厢面整成龟背形，"三沟"（厢沟、腰沟和围沟）相通。

1.3.2 精细播种 10月25日，抢晴天抢墒播种，按17万株/667米² 基本苗和品种的发芽率、千粒重等精确计算播种量，将种子称量到厢，用"三唑酮"＋"优伴福美双"拌种后用机械直播。

1.3.3 田间管理 播种后遇连续的阴雨天气,土壤湿度大,有利于出苗;2015 年 11 月 23 日雨前追施苗肥,每 667 m² 撒施尿素 5.0 kg,12 月 6 日用 10％苄嘧磺隆＋10％精噁唑禾草灵(麦恋)＋吡虫·灭多威喷雾防除杂草和防治蚜虫;2016 年 2 月 11 日追施拔节肥,每 667 m² 施氯化钾 5 kg、尿素 2.5 kg;2016 年 3 月底清沟防渍,于 4 月 1 日用人工喷施和 4 月 10 日用加农炮喷施戊唑醇＋硫黄·多菌灵＋啶虫脒＋果美丰(叶面肥)水溶液,防病、防虫、防早衰。

2. 结果与分析

2.1 生育期

参展品种均为 2015 年 10 月 24—25 日播种,播后遇到阴雨天气,利于小麦出苗,小麦出苗较早的品种是襄麦 25、襄麦 55,出苗期在 11 月 2 日,其他品种出苗均晚 1 天,在 11 月 3 日出苗;分蘖期较早的品种是襄麦 25,在 2015 年 11 月 30 日,其次是华麦 2152、襄麦 55、鄂麦 580,分蘖期在 2015 年 12 月 2 日左右,其他品种分蘖期较晚,在 12 月中旬;拔节期较早的品种是华麦 2152,为 2016 年 1 月 28 日,其次是襄麦 25、襄麦 55,在 2016 年 2 月 1 日,鄂麦 596、鄂麦 580、郑麦 9023、漯麦 6010 等品种拔节期在 2016 年 2 月 4—10 日,拔节期较晚的品种是鄂麦 170,为 2016 年 2 月 18 日;抽穗期大多品种在 2016 年 3 月下旬,其中抽穗较早的品种是华麦 2152,在 2016 年 3 月 19 日,抽穗较晚的品种是鄂麦 170,在 2016 年 4 月 2 日,其余品种在 2016 年 3 月 21—25 日。成熟较早的品种是华麦 2152,在 2016 年 5 月 6 日,生育期天数为 185 天,其次是襄麦 25、襄麦 55,在 2016 年 5 月 8 日,生育期天数均为 188 天;成熟期最晚的品种是鄂麦 170,在 2016 年 5 月 17 日,生育期天数为 196 天;其余的品种成熟期在 2016 年 5 月 9—14 日,生育期天数为 188～193 天(表 1)。

表 1 2015—2016 年小麦新品种展示生育期观察汇总表

品 种 名 称	播种期 (月/日)	出苗期 (月/日)	分蘖期 (月/日)	拔节期 (月/日)	抽穗期 (月/日)	成熟期 (月/日)	收获期 (月/日)	生育期 /天
华麦 2152	10/25	11/3	12/1	1/28	3/19	5/6	5/16	185
鄂麦 596	10/25	11/3	12/12	2/6	3/22	5/9	5/16	188
郑麦 9023	10/25	11/3	12/13	2/8	3/24	5/9	5/16	188
郑麦 9023(2014—2015 年)	10/25	11/1	12/3	2/6	3/27	5/12	5/19	191
鄂麦 170	10/25	11/3	12/10	2/18	4/2	5/17	5/16	196
襄麦 25	10/24	11/2	11/30	2/1	3/21	5/8	5/16	188
襄麦 25(2014—2015 年)	10/25	11/1	12/3	2/4	3/25	5/12	5/18	191
襄麦 55	10/24	11/2	12/2	2/1	3/21	5/8	5/16	188
鄂麦 580	10/24	11/3	12/2	2/4	3/24	5/10	5/16	189
漯麦 6010	10/24	11/3	12/12	2/10	3/25	5/14	5/16	193

2.2 分蘖力

参展品种分蘖力强的有鄂麦 170,冬至苗为 41.09 万株/667 米²,立春苗达到 78.71 万株/667 米²;襄麦 25,冬至苗为 46.69 万株/667 米²,立春苗达到 58.70 万株/667 米²;襄麦 55,冬至苗为 50.16 万株/667 米²,立春苗达到 64.83 万株/667 米²。分蘖力比较强的品种有漯麦 6010,冬至苗在 41.09 万株/667 米² 以上,立春苗在 50.96 万株/667 米²。分蘖力较弱的品种是鄂麦 580,每 667 m² 冬至苗和立春苗分别为 29.21 万株、30.28 万株(表2)。

表2 2015—2016 年小麦新品种展示苗情动态、抗病性及产量结构表

品种名称	基本苗/(万株/667 米²)	冬至苗/(万株/667 米²)	立春苗/(万株/667 米²)	有效穗/(万穗/667 米²)	穗粒数/粒	千粒重/g	测定产量/(kg/667 m²)	赤霉病		熟相	粒色
								病穗率/(%)	平均级别		
华麦 2152	22.14	36.15	37.62	25.61	26.7	40.87	269.6	10	3	较差	白
鄂麦 596	22.01	33.08	38.42	27.85	21.6	47.54	275.3	6.1	2	一般	白
郑麦 9023	22.81	33.88	34.55	31.84	27.7	45.37	343.8	4.5	2	一般	白
鄂麦 170	22.81	41.09	78.71	25.92	31.5	50.11	394.7	1.3	2	较好	白
襄麦 25	21.84	46.69	58.70	27.04	31.7	40.70	342.3	1.6	2	好	红
襄麦 55	21.08	50.16	64.83	28.65	28.6	43.24	319.4	2.3	2	好	红
鄂麦 580	19.47	29.21	30.28	26.63	31.2	42.09	330.9	2.8	2	好	白
漯麦 6010	21.88	41.09	50.96	26.12	32.5	49.42	388.8	4.2	2	较好	白
平均	21.76	38.92	49.26	27.46	28.94	44.92	333.1	4.48	2.13	—	—

2.3 品种经济产量

据室内考种与田间实收测产结果,小麦产量比较高的品种是鄂麦 170,每 667 m² 有效穗 25.92 万穗,小麦产量 394.7 kg;其次是漯麦 6010,每 667 m² 产量为 388.8 kg,郑麦 9023 为 343.8 kg,襄麦 25 为 342.3 kg,鄂麦 580 为 330.9 kg;产量偏低的华麦 2152 为 269.6 kg,鄂麦 596 为 275.3 kg,其产量低的主要原因是穗少、穗小、病害重(表2)。

2.4 品种植株性状

植株株高超过 90 cm 的品种有:襄麦 55,为 96.8 cm;鄂麦 580,为 93.8 cm。较矮的是鄂麦 596,为 82.9 cm,其余五个品种的株高差异不大,在 84.0~87.7 cm。参展品种的穗长差异明显,较长的是鄂麦 580,为 10.7 cm,其次是襄麦 55,为 10.6 cm;较短的品种是鄂麦 170,为 7.0 cm,其次是漯麦 6010,为 8.1 cm;其余品种差异不大,在 8.9~9.9 cm。所有品种地上部分均有五个可见节,地上部第一节茎秆粗较粗的是鄂麦 596,为 4.16 mm,其余品种差异不明显,在 3.26~3.89 mm(表3)。

表3 2015—2016 年小麦新品种展示植株农艺性状观测汇总表

品种名称	株高/cm	穗长/cm	倒1节长/cm	倒2节长/cm	倒3节长/cm	倒4节长/cm	倒5节长/cm	倒6节长/cm	剑叶长×宽/(cm×cm)	倒2叶长×宽/(cm×cm)	倒3叶长×宽/(cm×cm)	茎秆粗/mm
华麦 2152	87.0	9.1	29.7	21.5	12.4	9.3	4.4	0.6	21.2×1.88	26.6×1.58	26.8×1.27	3.77
鄂麦 596	82.9	9.9	28.9	18.4	11.8	7.9	5.0	1.1	18.9×1.89	24.9×1.75	24.2×1.21	4.16

品种名称	株高/cm	穗长/cm	倒1节长/cm	倒2节长/cm	倒3节长/cm	倒4节长/cm	倒5节长/cm	倒6节长/cm	剑叶长×宽/(cm×cm)	倒2叶长×宽/(cm×cm)	倒3叶长×宽/(cm×cm)	茎秆粗/mm
郑麦9023	84.6	9.8	29.9	18.1	11.4	8.3	4.7	2.4	19.0×1.92	26.8×1.67	27.7×1.32	3.89
鄂麦170	84.0	7.0	23.0	117.0	11.4	9.6	12.7	3.3	12.9×1.85	16.9×1.57	18.3×1.05	3.26
襄麦25	87.7	8.9	32.6	22.4	12.1	8.5	3.3	0.1	17.3×1.94	26.2×1.61	27.0×1.20	3.71
襄麦55	96.8	10.6	34.4	22.9	13.3	9.4	5.1	1.1	19.0×1.91	29.2×1.53	29.2×1.09	3.62
鄂麦580	93.8	10.7	32.6	20.5	14.1	9.2	5.6	1.1	19.3×1.96	31.2×1.74	31.0×1.31	3.56
漯麦6010	84.7	8.1	26.0	17.6	12.6	9.0	7.6	3.9	15.1×1.85	21.3×1.54	21.7×1.13	3.77

3. 展示小结

3.1 品种表现

参展品种综合表现较好的是鄂麦170、漯麦6010、郑麦9023、襄麦25、襄麦55这5个品种,它们具有产量较高、抗逆性强等优点。鄂麦580则表现一般,华麦2152、鄂麦596两个品种产量低的主要原因是病害重。

3.2 气象条件对试验影响

本年度小麦试验期间灾害天气频发。分蘖期间,阴雨寡照,但气温偏高,麦苗徒长,分蘖少,冬至苗较常年偏少;越冬期间,适宜的气温和光照促使小麦生育进程加快,拔节期提早,有效分蘖时间缩短,2016年1月23—26日连续四天最低温度低于-5 ℃,极端值为-8 ℃,影响幼穗分化,小花退化严重;抽穗灌浆期间,高温、高湿,小麦病害发生较重,高温逼熟,整个生育期缩短,千粒重和产量较上年有所下降(表4)。

表4 2015—2016年越冬作物生育期间的气象资料

项 目		10月		11月		12月		1月		2月		3月		4月		5月	
		2015	常年	2015	常年	2015	常年	2016	常年	2016	常年	2016	常年	2016	常年	2016	常年
平均气温/℃	上旬	19.9	20.2	12.14	14.5	7.58	7.6	5.99	4.3	4.99	5.6	12.34	9.3	17.38	15.5	20.87	21.4
	中旬	19.2	18.4	12.53	11.5	5.38	6.1	3.18	3.9	7.46	7.1	12.19	11.2	19.17	17.4	20.75	22.4
	下旬	16.8	16.3	6.82	9.8	5.31	6.1	1.07	3.9	9.08	7.4	13.31	12.1	19.77	17.4	21.20	23.9
	月平均	18.6	18.3	10.5	11.9	6.1	6.3	3.4	4.0	7.2	6.7	12.6	10.9	18.8	17.4	20.9	22.6
降水量/mm	上旬	8.9	23.9	5.9	26.0	0.2	9.2	17.3	16.0	0.9	11.6	61.6	24.3	79.6	36.0	39.8	52.7
	中旬	0	32.3	5.2	19.2	0.4	12.0	8.2	16.9	13.6	27.8	0.7	32.4	64.1	45.4	73.8	45.8
	下旬	2.5	25.1	1.8	13.9	0.5	8.5	14.4	16.1	7.2	28.2	18.8	32.9	15.7	55.0	24.8	68.4
	月总数	11.4	81.3	12.9	59.1	1.1	29.7	39.9	49.0	21.7	67.6	81.1	89.6	159.4	136.4	138.4	166.9
	月降水天数	—	8.2	—	9.6	—	7.7	—	8.3	—	9.1	—	12.8	—	12.1	—	11.9

项　目		10 月		11 月		12 月		1 月		2 月		3 月		4 月		5 月	
		2015	常年	2015	常年	2015	常年	2016	常年	2016	常年	2016	常年	2016	常年	2016	常年
日照时数/h	上旬	47.7	50.3	36.3	52.2	27.2	46.2	7.2	33.3	60.2	38.2	43.4	45.9	22.1	45.8	36.1	59.6
	中旬	85.8	42.7	0.4	43.9	26.4	37.9	28.6	30.2	41.5	33.9	43.9	36.5	56.0	50.1	57.1	59.0
	下旬	51.7	58.8	20.5	43.0	49.3	42.3	26.5	37.9	53.3	25.0	48.9	40.4	51.7	56.6	39.3	62.3
	月总时数	185.2	151.8	57.2	139.1	102.9	126.4	62.3	101.4	155.0	97.1	136.2	122.8	129.8	152.5	132.5	180.9

注:2015 年资料来源于农展中心自动站,2016 年资料来源于马铃薯晚疫病监测预警系统,常年气象资料为黄陂 1981—2010 年的平均值。

大麦科技成果总结

2015—2016 年湖北省大麦新品种比较试验栽培技术总结

为了对湖北省申报认定的大麦品种进行丰产性、稳定性和抗逆性鉴定,给参试品种的认定和合理布局提供科学依据,我们按照 2015—2016 年度湖北省大麦多点品种比较试验实施方案的要求开展了大麦新品种比较试验,现将试验情况总结如下。

1. 参试品种

参试品种名称和供(育)种单位见表 5。

表 5　参试品种名称和供(育)种单位

编　号	品 种 名 称	供(育)种单位
1	华 1335	华中农业大学
2	华 1404	华中农业大学
3	华 1434	华中农业大学
4	华 1439	华中农业大学
5	华大麦 9 号(CK)	华中农业大学
6	鄂大麦 256	湖北省农业科学院粮食作物研究所
7	鄂单 303	湖北省农业科学院粮食作物研究所
8	鄂大麦 105	湖北省农业科学院粮食作物研究所
9	鄂单 259	湖北省农业科学院粮食作物研究所

2. 试验地点

试验地点为湖北省现代农业展示中心农作物品种展示区 12 号田,前茬作物为夏玉米(旱地)。

3. 田间设计

试验采用随机区组设计,三次重复,小区面积为 13.32 m²,小区长 4 m、宽 3.33 m,每小区条播 14 行,重复和小区间均留 40 cm 的厢沟,试验地周围均设保护行,播种密度设计为基本苗 15 万株/667 米²。

4. 栽培管理

4.1 精细整地

前茬夏玉米收获后及时用灭茬机粉碎秸秆还田，随即用拖拉机深翻炕土，播种前用旋耕机碎垡，按照试验设计要求划分小区，用小型开沟机分厢，人工清理厢沟和走道泥土，整平厢面，达到厢平土碎、"三沟"配套。

4.2 施足底肥

结合整地按每 667 m² 撒施"鄂福"牌复混肥（$N_{26}P_{10}K_{15}$）35 kg 作底肥，即每小区 700 g。

4.3 精量播种

播种前晒种 2 个太阳日，于 2015 年 10 月 20 日播种，每小区牵绳开播种沟 14 条，按照 15 万株/667 米² 基本苗的要求，依据各个品种的发芽率、千粒重和成苗率等计算每小区播种量，再称量到每行，分行条播，保证同一个品种 3 次重复每行的播种量一致，从而保证苗数基本一致，播种后及时盖土，浇水抗旱。随后在试验田四周插彩旗、拉彩带驱鸟，有效地防止了鸟害，保证了出苗整齐一致。

4.4 田间管理

播种后浇水抗旱，保证大麦种子发芽时对水分的要求，播后第 7 天下雨，解除了旱情，2015 年 10 月 27 日出苗（表 6）；11 月 10 日定点 2 m 样段调查基本苗；2016 年 12 月 5 日追施分蘖肥，按每 667 m² 撒施"富瑞德"牌尿素（≥46.4%）10 kg，即每小区 200 g；2 月 24 日追施拔节肥，每 667 m² 施"鄂福"牌复混肥（$N_{26}P_{10}K_{15}$）5 kg，即每小区 100 g；3 月 22 日追施穗肥，每 667 m² 撒施"富瑞德"牌尿素（≥46.4%）5 kg，即每小区 100 g；4 月 1 日喷施磷酸二氢钾＋啶虫脒补肥防治蚜虫。

5. 天气情况对试验的影响

大麦播种期遇干旱，因采取了浇水抗旱，没有影响大麦出苗；2015 年 10 月底降雨，解除了旱情；11 月上旬晴雨相间，有利于大麦幼苗生长；11 月 11—24 日连续阴雨，不利于大麦生长，以后晴雨交替，以晴为主，有利于促进大麦分蘖和生长；2016 年 1 月 21—22 日小雪至中雪，至 1 月 25 日晚间出现－8 ℃的极端最低温度，试验品种普遍遭受 2～3 级冻害，所有品种叶片发黄，部分品种叶片冻死一半，个别品种主茎生长点冻死；抽穗、灌浆期多晴少雨，有利于授粉灌浆结实。

6. 供试品种简评（表 6 至表 8）

华 1335：幼苗叶鞘淡紫色，叶片宽大，长势一般，分蘖能力弱，叶色较淡，抗寒能力不强，生育期较长，最高总茎蘖数最少，成穗率较高，株高适中，六棱大麦，每穗粒数较多，千粒重较低，穗层不整齐，产量居参试品种第 5 位。

华 1404：幼苗叶鞘无色，叶片较宽，长势较强，叶色浓绿，分蘖能力较弱，最高总茎蘖数、有效穗较少，株高适中，每穗粒数少，穗层不整齐，千粒重最高，产量较低。

华 1434：幼苗叶鞘紫色，叶片宽大，生长势较弱，分蘖能力弱，抗寒性较弱，每穗粒数多，千粒重较低,株高较矮,产量较低。

华1439:幼苗叶鞘无色,生长势强,分蘖能力较强,最高总茎蘖数、有效穗较多,千粒重较高,穗层不整齐,产量居参试品种第4位。

华大麦9号(CK):生长势强,分蘖能力强,叶色浓绿,抗寒性较弱,穗层不整齐,植株较高,有效穗少,每穗粒数少,产量低。

鄂大麦256:生长势旺,分蘖能力强,叶色浓绿,植株高大,最高总茎蘖数多,有效穗多,穗层整齐,熟相好。产量高,居参试品种首位。

鄂单303:生长势旺,分蘖能力强,叶色浓绿,株高较矮,每穗总茎蘖数居参试品种首位。有效穗多,千粒重高,穗层整齐,熟相好。产量高,居参试品种第2位。

鄂大麦105:苗期长势强,分蘖能力较强,最高总茎蘖数、有效穗较多,植株较高,千粒重较高,穗层整齐,熟相好,产量不高。

鄂单259:苗期长势较强,分蘖能力强,叶色浓绿,最高总茎蘖数、有效穗较多,每穗粒数较少,穗层整齐,熟相好。产量高,居参试品种第3位。

表6 2015—2016年湖北省大麦品种比较试验生育期、茎蘖动态汇总表

品种名称	出苗期(月/日)	抽穗期(月/日)	成熟期(月/日)	生育期/天	幼苗习性	基本苗/(万株/667米²)	最高总茎蘖数/(万蘖/667米²)	有效穗/(万穗/667米²)	成穗率/(%)	株高/cm
华1335	10/27	3/18	5/3	189	5	16.52	50.40	33.81	67.1	83.5
华1404	10/27	3/21	4/30	186	3	16.24	50.82	31.50	62.0	84.8
华1434	10/27	3/17	5/4	190	5	16.52	60.62	35.84	59.1	74.4
华1439	10/27	3/21	4/30	186	3	16.10	84.98	38.22	45.0	86.4
华大麦9号(CK)	10/27	3/18	4/26	182	1	16.38	60.76	29.61	48.7	88.0
鄂大麦256	10/27	3/20	4/29	185	1	15.68	89.04	42.24	47.4	90.6
鄂单303	10/27	3/20	4/28	184	1	17.08	99.96	40.99	41.0	77.0
鄂大麦105	10/27	3/16	4/27	183	1	15.82	85.54	39.82	46.6	84.7
鄂单259	10/27	3/19	4/26	182	3	17.50	86.94	42.14	48.5	82.9

注:"幼苗习性"中"1"代表匍匐;"3"代表半匍匐;"5"代表直立。

表7 2015—2016年湖北省大麦品种比较试验室内考种汇总表

品种名称	穗型	芒	每穗粒数/粒			千粒重/g		
			第2重复	第3重复	平均	第2重复	第3重复	平均
华1335	5	5	28.50	31.30	29.90	30.608	30.550	30.6
华1404	1	5	20.30	25.24	22.77	42.568	43.110	42.8
华1434	1	5	34.66	38.94	36.80	27.428	28.300	27.9
华1439	1	5	25.88	26.02	25.95	39.764	38.872	39.3
华大麦9号(CK)	1	5	24.18	24.28	24.23	36.904	36.784	36.8
鄂大麦256	5	5	25.16	27.04	26.10	35.524	35.804	35.7

品种名称	穗型	芒	每穗粒数/粒			千粒重/g		
			第2重复	第3重复	平均	第2重复	第3重复	平均
鄂单303	1	5	24.24	25.24	24.74	38.988	39.908	39.4
鄂大麦105	1	5	25.12	24.20	24.66	39.464	39.112	39.3
鄂单259	1	5	24.68	24.44	24.56	36.236	36.820	36.5

注:穗型分三级。"1"代表二棱;"3"代表四棱;"5"代表六棱。芒分五级。"5"代表长芒,芒长40 mm以上。

表8　2015—2016年湖北省大麦品种比较试验原始产量表

品种名称	小区产量/kg					折合667 m²产量/kg	产量位次
	Ⅰ	Ⅱ	Ⅲ	总和	平均		
华1335	6.40	7.25	7.05	20.7	6.900	345.0	5
华1404	7.10	6.65	5.60	19.35	6.450	322.5	8
华1434	6.55	5.60	7.90	20.05	6.683	334.2	7
华1439	7.15	7.10	6.50	20.75	6.917	345.9	4
华大麦9号(CK)	5.85	5.65	5.90	17.40	5.800	290.0	9
鄂大麦256	8.15	8.00	6.95	23.10	7.700	385.0	1
鄂单303	7.75	7.80	7.15	22.70	7.567	378.4	2
鄂大麦105	7.65	7.00	6.00	20.65	6.883	344.2	6
鄂单259	7.65	6.95	7.95	22.55	7.517	375.9	3

2015—2016 年湖北省大麦新品种生产试验栽培技术总结

为了进一步系统观测大麦新品种的特征特性,鉴定品种的丰产性、稳产性、适应性和抗逆性,我们按照湖北省大麦品种审(认)定程序,组织在多点对比试验中连续两年表现突出的苗头品种进行生产试验,给参试品种的认定和大面积推广提供科学依据。

1. 参试品种

湖北省种子管理局按照湖北省大麦品种审(认)定程序,组织报审单位开展新品种生产试验。参试品种 4 个,其品种和供(育)种单位见表 9。

表 9　参试品种和供(育)种单位

编　　号	品 种 名 称	供(育)种单位
1	华 2328	华中农业大学
2	鄂大麦 960	湖北省农业科学院粮食作物研究所
3	鄂大麦 263	湖北省农业科学院粮食作物研究所
4	华 2322	华中农业大学

2. 试验设计

2.1　试验地点

试验地点选在湖北省现代农业展示中心种子专业园展示区 15、16 号田,属长江冲积平原,潮土土质,海拔 20.3 m,前茬作物为中稻。

2.2　田间设计

大田生产试验,不设重复,每个品种种植 2000 m² 以上,精量条播,基本苗设计 17 万株/667 米²。

2.3　观察记载

按照大麦品种试验观察记载项目及标准进行定点观测,选取有代表性的点标定样段,调查基本苗、冬至苗、立春苗、有效穗等,准确记载生育期、田间管理操作技术,成熟期田间 3 点取样,每点收取 6.6 m² 用于测产,并随机取 50 穗用于室内考种。

3. 栽培管理

3.1 整地施肥

前茬中稻收割后秸秆粉碎还田,并及时用拖拉机深翻炕土,播种前 2 天旋耕碎垡,结合旋耕撒施底肥,10 月 23 日每 667 m^2 施"鄂福"牌复混肥($N_{26}P_{10}K_{15}$)25 kg。

3.2 精细播种

2015 年 10 月 23—24 日播种,播种前用驱鸟剂＋多·福·克拌种,防虫、防病、防雀鸟危害,然后按 17 万株/667 米^2 基本苗和各品种的发芽率、千粒重等计算播种量,并把种子称量到厢,用北斗导航拖拉机悬挂"黄鹤牌"QZ-260 型油、麦精量播种机条播,作业幅宽 200 cm,每厢播种 8 行,一次性完成开沟起垄、播种及盖种工序。

3.3 田间管理

大麦 4～5 叶期,于 2015 年 11 月 16 日追施分蘖肥,每 667 m^2 撒施"三宁"牌尿素 7 kg,12 月 19 日喷施 58% 双氟·唑嘧胺悬浮剂(麦喜)＋啶虫脒,防除杂草和蚜虫;2016 年 1 月 14 日追施拔节肥,每 667 m^2 撒施"中化"牌钾肥 2.5 kg、尿素 4.5 kg;4 月 1 日用硫黄·多菌灵＋啶虫脒＋大量元素水溶性肥料(果美丰)兑水喷雾,实行"一喷三防"。

4. 天气情况对试验的影响

播种后第 3 天遇连日阴雨,土壤墒情适宜,有利于出苗;苗期天气多以阴雨天为主,阴雨寡照不利于幼苗生长和分蘖;2016 年 1 月 22 日小到中雪,积雪融化并伴有大风,气温骤降,最低气温在 -8 ℃,导致华 2322、华 2328、鄂大麦 960 的麦苗受到不同程度的冻害,调查冻害级别分别为 2 级、2 级、3 级,部分主茎受冻死亡;早春天气较好,植株生长健壮;大麦灌浆期间,阴雨寡照,温湿度有利于病害发生,同时田间有渍害现象,不利于籽粒充实和形成高产。

5. 供试品种简评(表 10 至表 12)

华 2328:幼苗叶色浓绿,叶鞘无色,长势较强,株高较低,分蘖成穗率较高;有效穗较少、穗粒数较多,千粒重和产量较低。

鄂大麦 960:幼苗叶色浓绿,叶片宽大,叶鞘淡紫或无色,株高较高,茎秆粗壮,长势较旺,分蘖能力弱,穗层较整齐,穗粒数中等,千粒重偏低,籽粒饱满,产量居参试品种第三位。

鄂大麦 263:幼苗叶鞘无色,叶色浓绿,叶片较宽,长势较强,分蘖能力强,分蘖成穗率高,有效穗较多,千粒重偏高,穗层整齐,熟相好,产量居参试品种首位。

华 2322:幼苗叶鞘淡紫色,叶片较宽,长势一般,株高适中,穗层整齐,分蘖成穗率较高,穗粒数少,千粒重高,产量居参试品种第二位。

表 10　2015—2016 年湖北省大麦新品种生产试验生育期观察记载汇总表

品种名称	播种期 （月/日）	出苗期 （月/日）	分蘖期 （月/日）	拔节期 （月/日）	抽穗期 （月/日）	成熟期 （月/日）	全生育期 /天	生育期 /天
华 2328	10/23	11/1	11/25	1/15	3/15	4/24	184	175
鄂大麦 960	10/23	11/1	11/27	1/11	3/8	4/29	189	180
鄂大麦 263	10/23	11/1	11/26	1/13	3/15	4/28	188	179
华 2322	10/24	11/2	12/1	1/11	3/10	4/24	183	174

表 11　2015—2016 年湖北省大麦新品种生产试验品种植株农艺性状观测表

品种 名称	株高 /cm	穗长 /cm	倒1节 长/cm	倒2节 长/cm	倒3节 长/cm	倒4节 长/cm	倒5节 长/cm	倒6节 长/cm	剑叶长×宽 /(cm×cm)	倒2叶长×宽 /(cm×cm)	倒3叶长×宽 /(cm×cm)	茎秆粗 /mm
华 2328	77.3	9.1	26.5	14.2	10.5	8.7	5.9	2.4	11.38×1.00	17.67×1.44	18.44×1.38	3.17
鄂大麦 960	82.2	6.6	27.4	17.8	14.2	10.6	5.1	0.5	12.33×0.82	10.93×1.15	15.50×1.00	3.59
鄂大麦 263	103.2	8.8	33.9	32.9	12.8	9.9	4.3	0.7	19.81×1.51	24.22×1.62	21.50×1.50	3.04
华 2322	81.0	6.3	24.8	14.3	13.6	12.8	8.6	0.7	11.94×0.72	19.16×1.46	10.12×1.34	3.32

表 12　2015—2016 年湖北省大麦新品种生产试验茎蘖动态、产量结构汇总表

品种名称	基本苗/ （万株/ 667 米²）	冬至苗/ （万株/ 667 米²）	立春苗/ （万株/ 667 米²）	有效穗/ （万穗/ 667 米²）	千粒重 /g	穗粒数 /（粒/穗）	理论产量 /（kg/667 m²）	实际产量 /（kg/667 m²）
华 2328	25.4	71.4	74.8	29.9	18.32	41.0	224.6	219.3
鄂大麦 960	26.3	60.4	65.9	32.2	23.80	37.8	289.7	264.5
鄂大麦 263	25.0	59.8	64.4	32.2	24.00	40.5	313.0	304.0
华 2322	27.1	54.6	57.0	32.5	33.12	29.5	317.5	287.3

油菜科技成果总结

2015—2016 年双低油菜新品种展示栽培技术总结

为科学、公正地发布湖北省秋播油菜主导品种信息，加快新品种的推广步伐，引导农民选择和使用优良品种，推广实用栽培技术，促进农业生产向优质、高产、高效方向发展，特组织开展双低油菜新品种展示工作。

1. 参展品种

湖北省种子管理局组织征集近年来湖北省生产上主栽品种及生产试验品种进行展示，主栽品种的种子由湖北省种子管理局从市场上随机抽取，生产试验品种的展示用种由报审（选育）单位提供，参展品种共计 28 个，其中杂交种 21 个，常规种 7 个（表 13）。

表 13 参展品种、类型和供种单位

编号	品种名称	类型	供种单位
1	珞油杂 101	杂交种	武汉国英种业有限责任公司
2	T2159	杂交种	武汉惠华三农种业有限公司
3	圣光 87	杂交种	武汉联农种业科技有限责任公司
4	中油杂 16	杂交种	武汉大为种子超市有限公司
5	中油杂 7819	杂交种	武汉中油阳光时代种业科技有限公司
6	富油杂 108	杂交种	湖北富悦农业集团有限公司
7	富油杂 128	杂交种	湖北富悦农业集团有限公司
8	天油杂 3 号	杂交种	武汉武大天源生物科技股份有限公司
9	华油杂 12	杂交种	武汉武大天源生物科技股份有限公司
10	汉油 301	杂交种	湖北华之夏种子有限责任公司
11	德新油 59	杂交种	四川同路农业科技有限责任公司
12	禾盛油 555	杂交种	湖北省种子集团有限公司
13	华油杂 15 号	杂交种	谷城圣光种业有限责任公司
14	华油杂 13 号	杂交种	谷城圣光种业有限责任公司
15	华油杂 62	杂交种	武汉隆福康农业发展有限公司
16	天油杂 283	杂交种	武汉武大天源生物科技股份有限公司
17	华油杂 98	杂交种	华中农业大学
18	圣光 127	杂交种	武汉联农种业科技有限责任公司

编号	品 种 名 称	类型	供 种 单 位
19	华双 5 号	常规种	武汉金丰收种业有限公司
20	华航 901	常规种	德农正成种业有限公司
21	文油 99	常规种	武汉市文鼎农业生物技术有限公司
22	阳光 2009	常规种	武汉中油阳光时代种业科技有限公司
23	中双 12	常规种	武汉中油阳光时代种业科技有限公司
24	远杂 82(生试)	杂交种	湖北省种子集团有限公司
25	惠油杂四月黄(生试)	杂交种	武汉惠华三农种业有限公司
26	HC23(生试)	杂交种	武汉绿色保姆生物技术有限公司
27	华 6919(生试)	常规种	华中农业大学
28	华早 291(生试)	常规种	华中农业大学

2. 展示设计

2.1 展示地点

展示安排在湖北省现代农业展示中心基地国家农作物品种区域试验站 9、10 号田,土质属长江冲积潮土,前茬作物为鲜食玉米。

2.2 田间设计

采用大区对比展示,随机排列,不设重复,每个品种种植 4 厢,厢长 30 m,厢宽 2 m,面积 240 m²,均匀撒播,每 667 m² 留苗 1.2 万株左右。

2.3 观察记载

按照油菜品种试验观察记载项目及标准,从幼苗 3 片真叶期开始,系统观察品种生育期及生长特征特性,准确记载田间管理内容。成熟期田间 3 点取样,每点收割 6 m² 计产,并定点连续取 10 个正常植株考种。

3. 栽培管理

3.1 精细整地

前茬作物玉米收获后将秸秆粉碎还田,随即用拖拉机深翻炕土,9 月下旬旋耕碎垡,播种前一周将底肥均匀撒施后用拖拉机旋耕并按 2 m 开厢,人工清理厢沟、腰沟和围沟,将沟土捣碎撒在厢面,耙平厢面,使沟直底平,厢面土碎,无杂草,略成龟背形。

3.2 适期播种

播种前,依据品种的千粒重、发芽率等将种子称量到厢,均匀撒播。于 2015 年 10 月 2—3 日播种。

3.3 田间管理

2015 年 10 月 30 日追施苗肥,每 667 m² 追施"富瑞德"牌尿素 5 kg;11 月 1—4 日间苗、定苗,每平方米留苗18株左右;11月10日喷施"油地除草"＋多效唑＋阿维菌素＋云菊＋吡蚜酮,实施化学除草、化控及防虫;2016年1月9日每667 m²追施尿素5 kg;展示试验坚持"防虫不治病"的原则,重点预防蚜虫、菜粉蝶幼虫等。

4. 展示结果

4.1 生育期

参展品种于2015年10月2—3日播种,10月8—9日出苗,田间观察记载显示,多数品种间的物候期差异显著,其中始花期最早的品种是华早291,于2016年2月24日始花;始花较早的品种还有圣光127、惠油杂四月黄、远杂82、富油杂108和圣光87,始花期在2月26—29日;始花期最晚的品种是华航901,于2016年3月15日始花;其他品种始花期在2016年3月2—7日。生育期较短的品种有圣光127、富油杂108、圣光87、华早291等品种,生育期在210天以内,其次还有珞油杂101、中油杂16、惠油杂四月黄、HC23等品种同属中早熟品种,生育期最长的品种是华航901和华油杂62,同为217天,其他品种的生育期在212～216天(表14)。

表14　2015—2016年双低油菜新品种展示生育期汇总表

序号	品 种 名 称	播种期 (月/日)	出苗期 (月/日)	始花期 (月/日)	盛花期 (月/日)	终花期 (月/日)	成熟期 (月/日)	始花至 终花/天	生育期 /天
1	珞油杂101	10/2	10/8	3/5	3/15	3/29	5/5	25	211
2	中油杂7819	10/2	10/8	3/7	3/18	4/1	5/6	26	212
3	富油杂108	10/2	10/8	2/29	3/8	3/26	5/2	27	208
4	富油杂128	10/2	10/8	3/3	3/13	4/1	5/9	30	215
5	天油杂3号	10/2	10/8	3/6	3/16	3/30	5/7	25	213
6	华油杂12	10/2	10/8	3/6	3/16	3/29	5/6	24	212
7	汉油301	10/2	10/8	3/6	3/16	3/31	5/7	26	213
8	禾盛油555	10/2	10/8	3/4	3/13	3/28	5/6	25	212
9	华油杂15号	10/2	10/8	3/3	3/12	3/29	5/7	27	213
10	华油杂13号	10/2	10/8	3/5	3/14	3/28	5/6	24	212
11	华油杂62	10/2	10/8	3/7	3/18	4/1	5/11	26	217
12	圣光87	10/2	10/8	2/29	3/8	3/26	5/3	27	209
13	德新油59	10/2	10/8	3/2	3/11	3/30	5/8	29	214
14	天油杂283	10/2	10/8	3/5	3/16	3/29	5/7	24	213
15	圣光127	10/3	10/9	2/26	3/4	3/25	4/30	29	204
16	T2159	10/3	10/9	3/6	3/15	4/1	5/8	27	213
17	华油杂98	10/3	10/9	3/4	3/14	3/29	5/10	26	215
18	中油杂16	10/3	10/9	3/5	3/15	3/30	5/6	26	211
19	远杂82(生试)	10/3	10/9	2/29	3/8	3/28	5/7	29	212

序号	品 种 名 称	播种期 （月/日）	出苗期 （月/日）	始花期 （月/日）	盛花期 （月/日）	终花期 （月/日）	成熟期 （月/日）	始花至 终花/天	生育期 /天
20	惠油杂四月黄（生试）	10/3	10/9	2/28	3/7	3/29	5/6	31	211
21	HC23（生试）	10/3	10/9	3/6	3/15	3/29	5/6	24	211
22	华6919（生试）	10/3	10/9	3/4	3/14	3/30	5/10	27	215
23	华早291（生试）	10/3	10/9	2/24	3/3	3/26	5/5	32	210
24	华双5号	10/3	10/9	3/5	3/16	4/1	5/11	28	216
25	华航901	10/3	10/9	3/15	3/20	4/3	5/12	20	217
26	中双12	10/3	10/9	3/4	3/15	4/1	5/10	29	215
27	阳光2009	10/3	10/9	3/7	3/18	4/1	5/11	26	216
28	文油99	10/3	10/9	3/5	3/13	3/28	5/9	24	214

4.2 植株性状

考种结果显示，参展品种中株高较高的品种依次有华油杂98（176.1 cm）、T2159（167.7 cm）、华油杂12（166.0 cm）、中油杂16（164.8 cm）、华油杂62（164.7 cm）、中双12（162.7 cm），植株较矮的品种依次有华早291（116.8 cm）、华6919（118.0 cm）、圣光127（119.5 cm），其他品种的株高在131.5～156.9 cm；分枝部位最高的品种是华油杂12（71.0 cm），分枝部位低的品种有圣光127（25.1 cm）、华6919（26.3 cm）、华早291（27.0 cm）、圣光87（35.2 cm）、德新油59（38.6 cm）、惠油杂四月黄（38.8 cm）等，其他品种在40.0～70.5 cm；单株一次分枝数最多的品种是华6919（9.6个/株），最少的品种是中油杂7819和富油杂128，同为5.6个/株，其他品种的单株一次分枝数在6.2～8.8个/株（表15）。

表15 2015—2016年双低油菜新品种展示植株性状及抗性调查汇总表

序号	品种名称	株高 /cm	分枝 部位高 /cm	一次 分枝数 /（个/株）	二次 分枝数 /（个/株）	主花序			菌核病率 /（%）	倒伏 程度
						长 /cm	角果数 /个	结荚密度 /（个/厘米）		
1	珞油杂101	149.3	53.8	7.3	1.0	56.4	57.4	1.02	14	直
2	中油杂7819	142.9	64.2	5.6	0.3	50.6	50.7	1.00	16	斜
3	富油杂108	131.5	40.0	6.9	0.6	57.7	76.0	1.32	49	直
4	富油杂128	142.1	61.5	5.6	1.4	53.9	63.6	1.18	13	直
5	天油杂3号	154.7	58.5	6.4	0.8	59.5	75.9	1.28	12	直
6	华油杂12	166.0	71.0	6.2	0.4	60.2	77.4	1.29	16	直
7	汉油301	151.8	50.5	7.1	2.3	61.4	68.1	1.11	12	斜
8	禾盛油555	156.1	61.0	6.7	0.3	58.6	69.1	1.18	14	斜
9	华油杂15号	141.2	43.7	7.4	1.9	57.8	64.6	1.12	23	斜
10	华油杂13号	150.1	46.5	8.4	0.1	62.1	62.2	1.00	20	倒
11	华油杂62	164.7	61.4	8.7	2.5	59.7	69.1	1.16	28	斜

续表

| 序号 | 品种名称 | 株高/cm | 分枝部位高/cm | 一次分枝数/(个/株) | 二次分枝数/(个/株) | 主花序 | | | 菌核病率/(%) | 倒伏程度 |
						长/cm	角果数/个	结荚密度/(个/厘米)		
12	圣光87	145.9	35.2	8.8	1.3	68.1	76.1	1.12	15	斜
13	德新油59	134.2	38.6	6.6	1.9	61.5	59.7	0.97	13	直
14	天油杂283	153.7	58.3	6.3	0.5	60.4	72.1	1.19	18	直
15	圣光127	119.5	25.1	8.3	4.9	56.0	61.6	1.10	64	倒
16	T2159	167.7	64.7	7.3	1.7	61.3	83.6	1.36	15	直
17	华油杂98	176.1	70.5	7.5	2.9	62.7	77.9	1.24	29	斜
18	中油杂16	164.8	59.1	7.8	4.4	57.5	71.0	1.23	30	直
19	远杂82(生试)	145.4	41.0	7.7	2.0	62.9	75.0	1.19	56	倒
20	惠油杂四月黄(生试)	151.9	38.8	6.9	4.3	67.0	73.4	1.10	48	倒
21	HC23(生试)	156.9	50.5	8.0	1.9	59.2	71.1	1.20	17	斜
22	华6919(生试)	118.0	26.3	9.6	8.5	52.4	47.4	0.90	18	直
23	华早291(生试)	116.8	27.0	7.2	1.5	53.5	53.6	1.00	32	倒
24	华双5号	137.7	52.7	6.8	0.0	50.8	60.4	1.19	11	倒
25	华航901	154.3	50.0	7.0	2.5	52.4	58.8	1.12	10	斜
26	中双12	162.7	53.7	8.1	4.7	65.5	86.3	1.32	19	斜
27	阳光2009	149.7	65.7	6.5	1.7	55.5	59.2	1.07	17	斜
28	文油99	137.4	43.3	7.9	1.0	46.2	72.7	1.57	38	直

4.3 抗逆性

成熟期田间调查抗倒性和抗病性,抗倒性较好、植株表现为直立的品种依次有珞油杂101、富油杂108、富油杂128、天油杂3号、华油杂12、德新油59、天油杂283、T2159、中油杂16、华6919、文油99等,其他品种均有一定程度的倾斜或倒伏;在没有防治的情况下,本年度油菜菌核病自然发生较重,参展品种均有不同程度地感病,菌核病发病株率超过45%的品种依次有圣光127(64%)、远杂82(56%)、富油杂108(49%)、惠油杂四月黄(48%)等,菌核病抗性较好的品种有华航901、华双5号、天油杂3号、汉油301、富油杂128、德新油59、禾盛油555、珞油杂101、圣光87、T2159等,发病率在15%以内,其他的品种在16%～38%(表15)。

4.4 经济性状

参展品种的平均单株角果数在125.1～295.3个之间,差异悬殊。其中单株角果数较多的品种有中油杂16、HC23、远杂82、T2159、中双12、圣光127、禾盛油555等,单株角果数较少的品种有华早291、文油99、德新油59、华双5号等;参展品种角果粒数在14.9～22.9粒之间,其中角粒数较多的品种有天油杂283、华油杂15号、禾盛油555、华油杂12、天油杂3号、圣光87等,角果粒数少的品种有圣光127、富油杂128、远杂82、华油杂62等;参展品种中千粒重在 2.929～4.667 g 之间,其中千粒重最大的品种是华油杂 98(4.667 g),千粒重较高的品种依次是华早 291、阳光 2009、文油 99、富油杂 128、德新油 59、惠油杂四月黄、华双 5 号等,千粒重在 3.000 g 以内的品种有禾盛油 555 和华油杂 12;9 号田块参展品种平均实测单产为 170.4 kg/667 m²,产量较高的品种有禾盛油 555、天油杂 3 号、珞油杂 101、汉油 301、华油杂 12、圣光 87 等,平均实测单产最低的品种是富油杂 108(142.4 kg/667 m²);10 号田块平均实测单产为 175.1 kg/667 m²,平均单产超过 200.0 kg/667 m² 以上的品种有阳光 2009 和 T2159,平均实测单产最低的品种是文油 99(143.3 kg/667 m²),其他品种的平均单产 144.2～197.5 kg/667 m² 之间(表 16)。

表 16　2015—2016 年双低油菜新品种展示经济性状结果汇总表

序号	品 种 名 称	单株角果数/个	角果粒数/(粒/角)	千粒重/g	实收密度/(万株/667 米²)	实测产量/(kg/667 m²)	同田产量名次
1	珞油杂 101	181.6	19.6	3.783	1.50	183.6	3
2	中油杂 7819	166.3	16.2	3.755	1.63	149.9	13
3	富油杂 108	168.2	18.9	3.557	1.38	142.4	14
4	富油杂 128	197.0	15.4	4.189	1.46	168.7	9
5	天油杂 3 号	212.3	20.8	3.102	1.48	184.3	2
6	华油杂 12	219.8	21.1	2.971	1.41	176.6	5
7	汉油 301	215.0	18.9	3.319	1.49	182.7	4
8	禾盛油 555	232.7	21.1	2.929	1.48	193.5	1
9	华油杂 15 号	200.8	21.6	3.271	1.29	166.4	10
10	华油杂 13 号	208.4	19.3	3.329	1.40	170.4	7
11	华油杂 62	211.8	15.5	3.507	1.52	159.1	12
12	圣光 87	195.2	20.5	3.308	1.43	172.1	6
13	德新油 59	157.4	18.1	4.187	1.53	165.9	11
14	天油杂 283	175.2	22.9	3.140	1.48	169.5	8
15	圣光 127	234.4	14.9	3.474	1.61	177.6	6
16	T2159	247.8	20.3	3.049	1.48	206.4	2
17	华油杂 98	221.8	16.0	4.667	1.26	189.7	4
18	中油杂 16	295.3	17.6	3.024	1.28	182.9	5
19	远杂 82(生试)	268.8	15.4	3.280	1.60	197.5	3
20	惠油杂四月黄(生试)	190.7	18.2	4.076	1.31	168.5	10
21	HC23(生试)	285.2	17.3	3.092	1.28	177.5	7
22	华 6919(生试)	180.5	17.8	3.291	1.50	144.2	13
23	华早 291(生试)	125.1	18.1	4.410	1.61	146.2	12
24	华双 5 号	163.2	16.4	4.069	1.67	165.3	11
25	华航 901	174.3	19.8	3.783	1.45	172.1	8

续表

序号	品 种 名 称	单株角果数 /个	角果粒数 /(粒/角)	千粒重 /g	实收密度 /(万株/667 米²)	实测产量 /(kg/667 m²)	同田产量名次
26	中双 12	242.1	17.1	3.576	1.27	170.9	9
27	阳光 2009	193.9	18.9	4.285	1.47	209.8	1
28	文油 99	147.9	18.8	4.198	1.35	143.3	14

注:序号 1～14 的品种在同一块田,平均实测产量为 170.4 kg/667 m²;序号 15～28 的品种在同一块田,平均实测产量为 175.1 kg/667 m²。

5. 展示小结

5.1 天气情况

油菜播种后,2015 年 10 月 4—6 日降雨,土壤墒情好,有利于油菜出苗;10 月 7—25 日天气持续晴朗,光照充足,气温适宜,油菜出苗快、齐,幼苗生长健壮;10 月 26 日至 11 月 10 日多为阴雨天气,有利于缓解旱情和追施苗肥,但长期阴雨寡照不利于培育壮苗;2016 年 1 月 21—22 日降小到中雪,且 1 月 23—24 日积雪融化时伴有大风,大幅降温,最低气温达 —7.8 ℃,田间冻害普遍轻度发生;始花期至盛花期晴多雨少,气温适宜,光照较好,有利于授粉结实;花荚期,间歇降雨 6 次,仅 4 月份的降雨量就已经达到 159.4 mm,超历史同期 4 成多,田间湿度过大,加上防虫不治病,油菜菌核病发生较重,几次的大风暴雨也导致油菜大面积倒伏,对部分品种的产量有一定影响(表 4)。

5.2 品种表现

经田间观察及上述结果分析,参展品种中丰产性、抗倒性及菌核病抗性均表现较好的品种有阳光 2009、T2159、禾盛油 555、华油杂 98、中油杂 16、天油杂 3 号、珞油杂 101、汉油 301、华油杂 12、HC23、圣光 87、华航 901 等,其中生育期较短(5 月 5 日以前成熟)、产量较高且抗性较好的早熟品种有珞油杂 101、圣光 87 等,远杂 82 和圣光 127 的早熟性和丰产性均较好,因为始花期早、花期长,遇阴雨天相对增多,菌核病发生较重,抗倒性也减弱,生产应用时应加强菌核病防治。

2015—2016 年湖北省油菜新品种生产试验栽培技术总结

为了进一步观测油菜新品种的生物学特性,鉴定品种的丰产性、稳产性及抗逆性,摸索配套的高产栽培技术,给品种审定和审定后推广应用提供技术资料,特组织报审单位开展油菜新品种大田生产试验。

1. 参试品种

按照湖北省油菜品种审定程序,组织在区域试验中连续两年表现突出的 5 个苗头品种(组合)进行生产试验,试验用种由报审单位提供。本次考察的 5 个品种及供(育)种单位如表 17 所示。

表 17　参试品种名称、类型和供(育)种单位

编号	品 种 名 称	类型	供(育)种单位
1	远杂 82	杂交种	湖北省种子集团有限公司
2	惠油杂四月黄	杂交种	武汉惠华三农种业有限公司
3	HC23	杂交种	武汉绿色保姆生物技术有限公司
4	华 6919	常规种	华中农业大学
5	华早 291	常规种	华中农业大学

2. 试验设计

2.1　试验地点

试验安排在湖北省现代农业展示中心品种展示区 7 号田,海拔 20.3 m,属长江冲积平原,潮土土质,前茬作物为玉米。

2.2　田间设计

大田生产试验,不设重复,每个品种种植 2~3 亩(1333~2000 m^2),直播,每 667 m^2 留苗 1.3 万~1.5 万株。

2.3　观察记载

按照油菜品种试验观察记载项目及标准,从幼苗 3 片真叶期开始,系统观察品种生育期及生长特征特性,准确记载田间管理内容。成熟期田间 3 点取样,每点收割 6 m^2 样株计产,定点连续取 10 个正常植株考种。

3. 栽培管理

3.1 整地施肥

7月底收获后将秸秆粉碎还田,随即用拖拉机深翻炕土;9月底旋耕碎垡,并按2 m开厢;结合整地在旋耕开厢前撒施底肥,每667 m² 撒施"鄂福"牌复混肥($N_{26}P_{10}K_{15}$)40 kg左右;人工清理厢沟、腰沟及围沟,将沟土捣碎撒在厢面,耙平厢面,使沟直底平、厢面土碎、无杂草,略成龟背形。

3.2 适期播种

于2015年10月1日播种,依据品种的千粒重、发芽率等将种子称量到厢,均匀撒播。

3.3 田间管理

2015年11月2—4日间苗、定苗,每平方米留苗20株左右;11月9日追施蕾薹肥,每667 m²追施"富瑞德"牌尿素5 kg;11月10日喷施"油地除草"＋多效唑＋阿维菌素＋云菊＋吡蚜酮,实施化学除草、化控及防虫;2016年1月16日每667 m²追施尿素5 kg,生产试验坚持"防虫不治病"的原则,重点预防蚜虫、菜粉蝶幼虫等。

4. 天气情况

油菜播种后,2015年10月4—6日降雨,土壤墒情好,有利于油菜出苗;10月7—25日天气持续晴朗,光照充足、气温适宜,油菜出苗快、齐,幼苗生长健壮;10月26日至11月10日多为阴雨天气,有利于缓解旱情和追施苗肥,但长期阴雨寡照不利于培育壮苗;2016年1月21—22日降小到中雪,且1月23—24日积雪融化时伴有大风,大幅降温,最低气温达－7.8 ℃,田间冻害普遍轻度发生;始花期至盛花期晴多雨少,气温适宜,光照较好,有利于授粉结实;花荚期,间歇降雨6次,仅4月份的降雨量就已经达到159.4 mm,超历史同期两成多,田间湿度过大,加上防虫不治病,油菜菌核病发生较重,几次的大风暴雨也导致油菜大面积倒伏,对部分品种的产量有一定影响(表4)。

5. 试验结果

5.1 生育期

参试品种的生育期在210～217天,其中生育期最长的品种是华6919,为217天;生育期最短的品种是HC23和远杂82,均为210天;其他品种的生育期为211天。进一步比较发现,生育期较短的早熟品种,始花期和终花期较早且花期较长,如早熟品种华早291,始花至终花天数为32天;中迟熟品种远杂82,始花至终花天数为29天(表18)。

表18 2015—2016年湖北省油菜新品种生产试验生育期观察记载汇总表

序号	品种名称	播种期 (月/日)	出苗期 (月/日)	始花期 (月/日)	盛花期 (月/日)	终花期 (月/日)	成熟期 (月/日)	始花至 终花/天	生育期 /天	倒伏 程度
1	远杂82	10/1	10/7	2/28	3/8	3/27	5/3	29	210	斜
2	惠油杂四月黄	10/1	10/7	2/26	3/5	3/28	5/4	32	211	倒

续表

序号	品种名称	播种期(月/日)	出苗期(月/日)	始花期(月/日)	盛花期(月/日)	终花期(月/日)	成熟期(月/日)	始花至终花/天	生育期/天	倒伏程度
3	HC23	10/1	10/7	3/4	3/13	3/29	5/3	26	210	直
4	华6919	10/1	10/7	3/2	3/9	3/29	5/10	28	217	直
5	华早291	10/1	10/7	2/23	3/2	3/25	5/4	32	211	倒

5.2 农艺性状

参试品种中株高较矮的品种是华早291(116.9 cm),株高最高的品种是远杂82(153.7 cm),其他品种的株高在124.4～139.0 cm之间;分枝部位最低的品种是华早291(33.3 cm),最高的品种是远杂82(73.5 cm),其他品种的分枝部位在37.9～54.5 cm之间;分枝较多的品种有HC23和华6919,单株一次分枝数分别为6.2个和7.7个,其他品种的单株一次分枝数在5.0～5.3个之间;结荚密度较大的品种为远杂82,主花序结荚密度为1.45个/厘米,其他品种的结荚密度在1.00～1.13个/厘米之间(表19)。

表19 2015—2016年湖北省油菜新品种生产试验植株性状及抗性调查汇总表

序号	品种名称	茎粗/cm	株高/cm	分枝部位高/cm	一次分枝数/(个/株)	二次分枝数/(个/株)	主花序			菌核病率/(%)
							长/cm	角果数/个	结荚密度/(个/厘米)	
1	远杂82	14.86	153.7	73.5	5.3	0.2	51.3	74.20	1.45	29
2	惠油杂四月黄	13.70	139.0	54.5	5.0	0.4	56.9	64.10	1.13	31
3	HC23	13.25	135.1	44.8	6.2	0.2	57.8	57.90	1.00	24
4	华6919	16.11	124.4	37.9	7.7	1.0	50.9	56.40	1.11	27
5	华早291	14.23	116.9	33.3	5.1	0.0	56.7	63.70	1.12	32

5.3 抗逆性

参试品种中抗倒性较强的品种有HC23和华6919,其次是远杂82,抗倒性较差的品种为惠油杂四月黄和华早291(表18);在"防虫不治病"的原则下,田间菌核病自然发生,其中菌核病发生较重的有惠油杂四月黄和华早291,发病率分别为31%和32%,其他品种的发病率在24%～29%之间(表19)。

5.4 经济性状

在品种特性、种植密度及栽培管理水平的共同作用下,参试品种的经济性状差异明显。单株角果数较多的品种有HC23和惠油杂四月黄,分别为189.0个和182.7个,其他品种在124.7～169.4个之间;角果粒数最少的是惠油杂四月黄,为15.8粒,其他品种角果粒数在18.7～20.4粒之间;千粒重较大的品种是华早291,为4.560 g,千粒重最小的品种HC23,为3.153 g,其他品种的千粒重在3.268～3.800 g之间;实测油菜籽产量最高的品种是远杂82(177.9 kg/667 m²),产量最低的品种是华6919(154.3 kg/667 m²),其他品种的产量在157.3～169.1 kg/667 m²之间(表20)。

表 20　2015—2016 年湖北省油菜新品种生产试验品种经济性状结果汇总表

序号	品种名称	单株角果数/个	角果粒数 /（粒/角）	千粒重 /g	实收密度 /（万株/667 米²）	实测产量 /（kg/667 m²）
1	远杂 82	168.7	20.4	3.268	1.74	177.9
2	惠油杂四月黄	182.7	15.8	3.800	1.63	162.7
3	HC23	189.0	18.8	3.153	1.66	169.1
4	华 6919	169.4	18.7	3.328	1.61	154.3
5	华早 291	124.7	19.5	4.560	1.56	157.3

6. 试验小结

参试品种的特征特性都得到充分表现,抗逆性及丰产性较好,都适宜在本地方种植。华早 291 熟期较早有很好的播种弹性,可在三熟制种植模式中推广应用;远杂 82 植株高大,长势强,生产上注意合理密植及因苗化控,控制高度防倒伏;惠油杂四月黄花期较长,感病机会相对增多,花期注意防治菌核病;HC23 综合性状较好,抗逆性较好,增产潜力强;华 6919 生育期较长,抗倒性较好,综合性状一般,稳产性强。

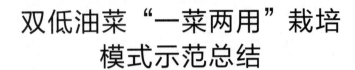

双低油菜"一菜两用"栽培模式示范总结

摘　要：双低油菜"一菜两用"栽培模式示范，结果表明：油菜"一菜两用"栽培每 667 m^2 总产值 920.9 元，比单收油菜籽的产值增加 257.9 元/667 米^2，可在城镇郊区适度发展，既可采薹食用，又可赏花，实现了"一季种植，两季收成，多元开发"综合增收效果[1]，是当前提高农业生产效益，稳油增收及丰富市民"菜篮子"的又一种新型发展模式，适宜在城镇郊区因地制宜发展。

关键词：双低油菜；一菜两用；栽培模式示范

随着市场食用油的品种多样化，人们对菜籽油选择的多样性，以及国际食用油的冲击，造成国内油菜籽的单价和种植效益大幅下滑，油菜的种植面积也在逐年减少，极大地影响了油菜的产业化发展。为了响应国家稳油增粮的政策和提高农民种植油菜的积极性，因地制宜地推广双低油菜"一菜两用"栽培技术，先采收菜薹，后收获油菜籽，可提高油菜种植效益，是稳定油菜生产面积的重要途径之一。

1. 材料与方法

1.1　试验材料

品种选用双低油菜品种华早 291，种子由湖北省油菜办公室提供；肥料选用"鄂福"牌复混肥（$N_{26}P_{10}K_{15}$）和"三宁"牌尿素（$N \geqslant 46.4\%$）；农药选用啶虫脒、吡虫啉、吡蚜酮、阿维菌素、果美丰等。

1.2　试验地点

试验安排在湖北省现代农业展示中心农作物品种区试站 20 号田，属长江冲积潮土土质，海拔 20.3 m，前茬作物为蔬菜。

1.3　田间设计

试验设摘薹和不摘薹两种处理，同田大区对比示范，不设重复，厢宽 200 cm，厢长 35 m，每种处理种植 6 厢。

1.4　栽培管理

1.4.1　整地施肥　前茬蔬菜收获后，随机用拖拉机翻耕炕土，9 月中旬旋耕碎垡，结合整地撒施底肥，每 667 m^2 施"鄂福"牌复混肥（$N_{26}P_{10}K_{15}$）40 kg，再用拖拉机按 200 cm 开沟分厢，人工清理厢沟，使"三沟"配套，沟直底平，排灌方便，土壤细碎，无杂草，厢面略成龟背形。

1.4.2　适时播种　试验于 2015 年 9 月 15 日播种，人工均匀撒播。

1.4.3　田间管理　2015 年 9 月 25 日喷施啶虫脒＋阿维菌素防治蚜虫及菜青虫等；10 月 15 日间苗、定苗，定植密度为 10000 株/667 米² 左右；10 月 16 日喷施吡虫啉＋阿维菌素防治菜青虫等；10 月 18 日追施苗肥，每 667 m² 施尿素 5 kg；2016 年 1 月 4 日追施薹肥，每 667 m² 施尿素 4 kg；2 月 4 日喷施"油菜保姆"＋速乐硼＋果美丰＋吡蚜酮等防治虫害。

1.4.4　适时采收　2016 年 1 月 7 日采收油菜薹；油菜成熟期取样计产，5 天后收获计产。

1.5　观察记载

按照油菜品种试验观察记载项目及标准，定点定株观测。准确记载生育期、栽培管理措施、生产投入及摘薹时间。在田间选三个点，圈定面积 12 m²(2.0 m×6.0 m)摘薹取样考察、计产，其他区域同期摘薹；成熟期三点取样，考种样点单收计油菜籽产量。

2. 结果分析

2.1　摘薹对油菜生育期影响

在相同田间管理下，不摘薹的油菜成熟期为 5 月 9 日，摘薹处理的油菜成熟期为 5 月 12 日，其中不摘薹的油菜生育期天数为 232 天，摘薹的油菜生育期天数为 235 天，较不摘薹的油菜生育期天数延长 3 天(表 21)。

表 21　双低油菜"一菜两用"栽培生育期调查表

处　　理	播种期(月/日)	出苗期(月/日)	始花期(月/日)	盛花期(月/日)	终花期(月/日)	成熟期(月/日)	生育期/天
摘薹(直播)	9/15	9/21	2/25	3/5	3/26	5/12	235
不摘薹(直播 CK)	9/15	9/21	2/22	3/1	3/23	5/9	232

2.2　摘薹对油菜植株性状的影响

成熟期考种结果显示，不摘薹处理的油菜株高为 173.0 cm，摘薹处理的油菜株高为 162.9 cm，降低了 10.1 cm；不摘薹的油菜分枝部位高为 49.5 cm，摘薹的油菜分枝部位高为 40.7 cm，降低了 8.8 cm；不摘薹的油菜一次分枝数为 9.3 个/株，二次分枝数为 11.5 个/株；摘薹处理的油菜一次分枝数为 5.3 个/株，二次分枝数为 15.6 个/株，即一次分枝减少，二次分枝增加(表 22)。

表 22　双低油菜"一菜两用"栽培植株性状调查表

处　　理	株高/cm	分枝部位高/cm	一次分枝数/(个/株)	二次分枝数/(个/株)	薹重/(克/根)	薹长/cm	薹粗/cm	栽植密度/(穴/667 米²)	菜薹产量/(kg/667 m²)
摘薹(直播)	162.9	40.7	5.3	15.6	15.0	27.3	0.87	10116	151.7
不摘薹(直播 CK)	173.0	49.5	9.3	11.5	—	—	—	9783	—

2.3　摘薹对油菜经济性状的影响

不摘薹处理的油菜单株角果数为 301.7 个，摘薹处理的油菜单株角果数为 272.9 个，降低了 28.8 个；在千粒重和角果粒数方面，不摘薹处理油菜的分别为 3.407 g、15.4 粒/角，摘薹处理的油菜为 3.327 g、15.5 粒/角,差异不显著;实测油菜籽产量,不摘薹处理的产量为 142.5 kg/667 m²,摘薹处理的产量为 129.4 kg/667 m²,减产 13.1 kg,摘薹处理的油菜薹产量为 151.7 kg/667 m²(表 23)。

2.4　摘薹对油菜经济效益的影响

按照本年度生产资料、劳动力及农产品的市场价格,摘薹处理的总产值为 920.9 元,不摘薹处理的总产值为 513.0 元,即摘薹处理的每 667 m² 增值 407.9 元,减去摘薹的人工工资及田间管理投入 150 元/667 米²,每 667 m² 相对收入增加 257.9 元(表 23)。

表 23　双低油菜"一菜两用"栽培经济性状及效益比较表

处　理	单株角果数/个	角果粒数/(粒/角)	千粒重/g	油菜籽			油菜薹			产值与效益/(元/667 米²)		
				产量/(kg/667 m²)	市场单价/(元/千克)	产值/元	产量/(kg/667 m²)	市场单价/(元/千克)	产值/元	总产值/元	较对照	
											投入增加	效益增加
摘薹(直播)	272.9	15.5	3.327	129.4	3.6	465.8	151.7	3.0	455.1	920.9	150	257.9
不摘薹(直播CK)	301.7	15.4	3.407	142.5	3.6	513.0	—	—	—	513.0	—	—

3.　小结与讨论

双低油菜"一菜两用"栽培模式是稳定油菜面积和增加农民收入的一种新型种植模式,有利于油菜产业化的发展。一方面在对油菜籽产量影响较小的情况下,多收一季油菜薹,比单收油菜籽增收 257.9 元/667 米²,经济效益显著;特别是在今年多雨且伴随大风的天气情况下,油菜籽产量减产,多收一季油菜薹,保证农民效益不降低。另一方面,味甜、鲜脆、可口的油菜薹可以丰富人们的"菜篮子";还可以通过风干、腌制等加工成多种风味的菜肴[2],增加其附加值和延长市场供应期,进一步提高其经济效益。但推广双低油菜"一菜两用"栽培模式要因地制宜,适度发展,配合观光赏花,采收主薹,这样既不影响产量,又能增加油菜种植效益,提高农民收入。

参考文献

【1】梅少华,兰斌,王少华,等.双低油菜"一菜两用"产业化技术实践与探讨【J】.湖北农业科学,2015,54(1):18-20.

【2】易湘涛,李俊凯,高登东,等.浅析油菜"一菜两用"有机农业模式试验效益【J】.安徽农学通报,2009,15(24):75-76.

双低油菜增产潜力技术研究

摘　要：两种氮肥施用量与四种种植密度的栽培试验结果表明：两个因素对油菜的生育期、农艺性状、经济性状及产量均有显著影响，在同一密度下，施氮量为 30 kg/667 m² 的单产较高；而在较高的施肥水平下，高产栽培的适宜种植密度在 9000～12000 株/667 米²，试验的最高单产处理组合是每 667 m² 施氮量 30 kg、种植 9000 株，单产达到 190.1 kg/667 m²，当密度增加到 15000 株/667 米² 或降低到 6000 株/667 米² 均不利于高产。

关键词：双低油菜；高产栽培；施肥量；种植密度；试验总结

油菜是湖北省的优势油料作物，年最大种植面积达到 2000 多万亩。2014 年以来，在生产用工成本上升和国际市场价格下调的双重压力下，种植效益下滑，导致生产面积大幅下降。为进一步摸索油菜种植增产增效技术，依靠科技推广扩大效益空间，促进湖北省油菜生产恢复性发展，在现有的油菜高产栽培技术的基础上，聚合集成现代新产品、新技术，充分利用湖北省油菜主产区冬季自然资源，探索油菜增产潜力。

1. 材料与方法

1.1　试验设计

按两因素随机区组试验设计，设施肥和密度两种处理，处理一：施肥（有效成分为 N、P_2O_5、K_2O，其含量比为 1：0.5：0.7），按照目标产量（300 kg/667 m²）来设置氮肥施用量，并以氮肥施用量设两个水平，分别为施纯氮 25 kg/667 m²（F1）、施纯氮 30 kg/667 m²（F2），氮肥运筹为底肥 50%、苗肥 20%、薹肥 30%，磷肥全量底施，钾肥的 70% 作底肥、30% 作薹肥。处理二：密度设四个水平：6000 株/667 米²（M1）、9000 株/667 米²（M2）、12000 株/667米²（M3）、15000 株/667 米²（M4），两种处理相交共 8 个组合；小区长 6.66 m、宽 2.0 m，面积为 13.32 m²（约 0.02 亩），三次重复。

1.2　试验材料

油菜品种选用华油杂 62；肥料选用"三宁"复合肥（$N_{14}P_{16}K_{15}$）、"富瑞德"尿素、"中化"氯化钾；种子处理剂"派诺克"，综合调节剂"碧护"，叶面营养液"美洲新星"，化学调节剂多效唑，化学除草剂"油地除草"；试验选在武汉市黄陂区武湖农场，湖北省现代农业展示中心新品种展示区 8 号田，海拔 20.3 m，属长江冲积平原，潮土土质，地势平坦，肥力中等，前茬作物为春季鲜食玉米。

1.3　栽培管理

前茬作物秸秆粉碎还田，随即深翻炕土，8 月底旋耕整地，9 月 5 日受涝淹水 1 天，肥力更加均匀。2015年9月14日整地,以2.00m开厢分区,按试验设计分区撒施底肥,耙土盖肥,清沟整平厢面;次日开沟精量条播,用"派诺克"均匀拌种,每小区(厢)播5行,平均行距40cm;出苗后分两次间苗,2015年10月13日定苗拔草;10月27日追施苗肥,2016年1月6日追施薹肥;2015年11月9日喷施"油地除草"防治杂草,于10月15日和11月9日两次喷施"国光牌"多效唑500倍液,11月30日和2016年1月19日喷施"美洲新星",2015年10月12日喷施高效氯氰菊酯防治蚜虫及菜青虫,11月15日喷施阿维菌素+高效氯氰菊酯防治菜青虫及蚜虫等。

1.4 观察计产

按照湖北省油菜品种区域试验观察记载项目与标准,详细记载生育期、抗逆性及田间栽培管理情况,成熟期在第一、二重复中间行分别连续取10个正常植株带回室内考种,分区单收计产。

2. 结果与分析

2.1 不同施肥量、密度对油菜生育期的影响

在同期播种的情况下,试验各种处理的出苗期一致,但中后期的生育期进程略有差异,比较各处理的物候期显示:在试验设置的两个高氮肥水平下,F2处理的始花期、盛花期及终花期均较F1处理提前一天左右,成熟期推迟1天,始花至成熟的天数平均延长了2天,生育期延长1天左右;同施肥量下,密度较小的物候期早1天,密度越大生育期越长,例如:F1施肥量下四种密度的始花期,M1和M2同为3月4日,M3和M4同为3月5日,生育期分别为232天、233天(表24)。

表24 试验处理的生育期表

处理 代号	始花期 (月/日)	盛花期 (月/日)	终花期 (月/日)	成熟期 (月/日)	始花至 终花/天	生育期 /天
F1M1	3/4	3/14	3/31	5/9	28	232
F1M2	3/4	3/14	3/31	5/9	28	232
F1M3	3/5	3/15	4/1	5/10	28	233
F1M4	3/5	3/16	4/1	5/10	28	233
F2M1	3/3	3/13	3/30	5/10	28	233
F2M2	3/3	3/14	3/30	5/10	28	233
F2M3	3/4	3/15	3/31	5/11	28	234
F2M4	3/4	3/15	3/31	5/11	28	234

2.2 不同施肥量、密度对油菜农艺性状的影响

对8种处理组合的植株性状考种结果做两项比较分析,由表25可见,随施肥量的增加,油菜的平均株高增高,一次分枝数和二次分枝数均增多,而有效分枝部位降低,如F1施肥量的平均株高、有效分枝部位高、一次分枝数、二次分枝数分别为177.1cm、63.3cm、10.7个/株、9.0个/株,F2施肥量的上述四项指标值分别为183.6cm、60.8cm、10.9个/株、12.1

个/株;在高施肥量下,随密度增大,株高平均数变化较小,且无规律性,而有效分枝部位升高、分枝数减少,如在两种施肥处理下,4 种密度的平均株高分别为 181.9 cm、182.5 cm、178.0 cm、179.0 cm,平均有效分枝部位高分别为 52.0 cm、60.2 cm、64.1 cm、71.9 cm,平均一次分枝数分别为 12.5 个/株、11.0 个/株、10.5 个/株、9.1 个/株。

表 25　试验处理的农艺性状表

处理	株高/cm			有效分枝部位高/cm		
	F1	F2	平均	F1	F2	平均
M1	176.7	187.1	181.9	50.1	53.9	52.0
M2	183.3	181.6	182.5	63.3	57.0	60.2
M3	169.9	186.1	178.0	63.4	64.7	64.1
M4	178.6	179.4	179.0	76.2	67.6	71.9
平均	177.1	183.6	—	63.3	60.8	—

处理	一次分枝数/(个/株)			二次分枝数/(个/株)		
	F1	F2	平均	F1	F2	平均
M1	12.8	12.1	12.5	16.4	16.3	16.4
M2	10.8	11.2	11.0	10.7	12.6	11.7
M3	10.4	10.6	10.5	6.9	12.3	9.6
M4	8.7	9.5	9.1	1.8	7.2	4.5
平均	10.7	10.9	—	9.0	12.1	—

2.3　不同施肥量、密度对油菜经济性状的影响

纯氮施用量由 25 kg/667 m² 增加到 30 kg/667 m²,油菜的主花序长度随株高一样增长,平均由 61.8 cm 增长到 63.5 cm,平均主花序角果数由 72.2 个/株增加到 74.2 个/株,平均结荚密度同为 1.17 个/厘米,平均单株角果数由 309.7 个减少到 304.2 个,平均角果粒数增加 0.1 粒/角,平均千粒重增加 0.022 g,由此算得单株理论产量减少 0.126 g,差异甚微。在试验的高施肥量下,种植密度从 6000 株/667 米² 增加到 9000 株/667 米²,主花序长、主花序角果数及结荚密度均略增,此后有随密度增加而减少的趋势,例如:F1 施肥量下四种密度的平均主花序长分别为 61.3 cm、64.3 cm、58.4 cm、63.3 cm。经济产量构成要素中的单株角果数、角果粒数随密度增加而降低,千粒重随密度增加呈抛物线形变化,其中 M2 密度(9000 株/667 米²)下的最高,但变化甚微,如在两种施肥量下,密度从 M1 升高到 M4,平均单株角果数从 472.6 个降到 189.1 个,平均角果粒数从 19.7 粒/角降到 17.7 粒/角,平均千粒重分别为 3.577 g、3.606 g、3.557 g、3.522 g,各施肥量下不同密度处理的结果与此一致(表 26)。

表 26　试验处理经济性状表

处理	主花序长/cm			主花序角果数/个			结荚密度/(个/厘米)		
	F1	F2	平均	F1	F2	平均	F1	F2	平均
M1	61.3	64.7	63.0	71.7	76.5	74.1	1.17	1.18	1.18

处理	主花序长/cm			主花序角果数/个			结荚密度/(个/厘米)		
	F1	F2	平均	F1	F2	平均	F1	F2	平均
M2	64.3	66.2	65.3	76.4	79.4	77.9	1.19	1.21	1.20
M3	58.4	61.2	59.8	68.0	71.5	69.8	1.17	1.17	1.17
M4	63.3	61.8	62.6	72.5	69.3	70.9	1.15	1.12	1.14
平均	61.8	63.5	—	72.2	74.2	—	1.17	1.17	—

处理	单株角果数/个			角果粒数/(粒/角)			千粒重/g		
	F1	F2	平均	F1	F2	平均	F1	F2	平均
M1	480.9	464.3	472.6	19.5	19.8	19.7	3.586	3.567	3.577
M2	312.0	330.4	321.2	19.3	19.1	19.2	3.608	3.604	3.606
M3	253.4	236.2	244.8	18.8	18.7	18.8	3.522	3.591	3.557
M4	192.3	185.9	189.1	17.4	17.9	17.7	3.501	3.542	3.522
平均	309.7	304.2	—	18.8	18.9	—	3.554	3.576	—

2.4 不同施肥量、密度对油菜籽产量的影响

以小区的油菜籽产量为依据进行两因素试验统计分析，F 测验得出区组间施肥与密度两因素的互作效应不显著，两个施肥处理间、密度处理间的差异均达到极显著水平，施肥处理为 F2 较 F1 增产显著，密度处理的产量高低顺序为 M2＞M3＞M4＞M1，除 M2 与 M3 之间差异不显著外，其他处理间的产量差异均达到极显著水平，即密度为 9000 株/667 米² 的产量最高，其次是 12000 株/667 米²，当密度减少到 6000 株/667 米² 或增加到 15000 株/667 米² 时，减产幅度较大。两因素处理组合间的多重比较(LSR 法)结果为 F2M2 的单产最高，为 190.1 kg/667 m²，较其他处理增产显著，其次是 F2M3(单产为 183.8 kg/667 m²)、F1M3 (单产为 182.3 kg/667 m²)、F1M2(单产为 179.8 kg/667 m²)，三者之间的差异不显著；再次是 F2M4、F1M4，差异不显著，产量低的是 F2M1、F1M1，两种处理间的差异不显著，但较其他处理减产幅度达到极显著水平(表 27)。

表 27 试验小区产量及多重比较(LSR 法)结果表

处理代号	小区产量/(kg/13.32 m²)				折单产/(kg/667 m²)
	I	II	III	平均	
F2M2	3.816	3.767	3.822	3.801	190.1
F2M3	3.653	3.712	3.662	3.675	183.8
F1M3	3.588	3.671	3.676	3.645	182.3
F1M2	3.669	3.553	3.567	3.596	179.8
F2M4	3.457	3.442	3.506	3.468	173.4
F1M4	3.359	3.571	3.323	3.417	170.9
F2M1	3.304	3.217	3.222	3.247	162.4
F1M1	3.248	3.168	3.133	3.183	159.2

3. 小结与讨论

该试验设置的施肥、密度两因素对油菜的生长发育及产量均有显著影响。在同一密度下，施氮量从 25 kg/667 m² 增加到 30 kg/667 m²，油菜苗期长势较旺，中后期生育进程略快，始花期略早，株高增高，分枝数、单株角果数、角果粒数、千粒重及单产均增加；在试验较高的施肥水平下，随密度增加，品种的生育期和株高变化甚微，有效分枝部位升高，平均单株分枝数、平均角果数、角果粒数减少，千粒重及实测油菜籽单产均呈抛物线形变化，当密度在 9000 株/667 米² 时的单产最高，达到 190.1 kg/667 m²，其次是 12000 株/667 米² 时的单产，而当施氮量为 25 kg/667 m² 时，种植密度为 12000 株/667 米² 的单产最高，9000 株/667 米² 的单产次之，由此可见，在两个高水平的施肥量下，密度增加到 15000 株/667 米² 或降低到 6000 株/667 米² 均不利于高产。油菜生产中的高产栽培，应在选用良种的前提下，根据土壤肥力合理加大施肥量，确定适宜的种植密度，辅以化学调控、病虫草害综合防控等田管技术可获得高产，其生产效益和产投比有待进一步试验核算。

马铃薯科技成果总结

中薯 5 号不同世代种薯的展示试验总结

摘　要:对马铃薯品种中薯 5 号不同世代的种薯展示试验结果表明:中薯 5 号原种的产量高且商品薯率最高,单产达 2641.32 kg/667 m²,商品薯率为 63.07%,大田生产宜选用低世代的高质量脱毒种薯。

关键词:马铃薯;中薯 5 号;脱毒种薯;栽培总结

种薯退化是马铃薯生产减产的主要因素之一,而传染性病毒在种薯退化中起主导作用,选用优良品种的脱毒种薯是提高马铃薯单产的有效途径。为了筛选出适宜本地区种植的高产马铃薯种薯,促进马铃薯产业快速发展,特组织开展马铃薯品种不同世代种薯的对比展示试验,为马铃薯生产选用种薯提供科学依据。

1. 材料与方法

1.1 马铃薯种薯

选用早熟马铃薯品种中薯 5 号原原种、原种、原种一代种薯,种薯由湖北凯瑞百谷农业科技股份有限公司提供。

1.2 展示设计

展示试验安排在湖北省现代农业展示中心 2 号田,属长江冲积平原,潮土土质。采取大区对比展示,不设重复;冬播,深沟高垄地膜全覆盖栽培,种植密度为 5336 株/667 米²。

1.3 栽培管理

1.3.1 种薯处理　播种前一天,种薯切块拌种,将 100 g 以上的大薯按芽眼切块,每个整薯切成 3～4 块,50～100 g 的种薯纵向切成两瓣,小薯及原原种直接作为种薯播种;种薯均用 80% 的代森锰锌可湿性粉剂 + 72% 农用链霉素可湿性粉剂 + 滑石粉拌种。

1.3.2 整地施肥　试验地前茬为蔬菜黄秋葵,腾茬后深翻炕土,1 月底旋耕碎垡,然后撒施底肥,每 667 m² 施海德曼硫酸钾型复合肥($N_{14}P_{16}K_{15}$)100 kg,再用微型开沟机按 1 m 宽旋耕开沟起垄,人工用铁耙拉起沟土,捣碎土垡,将垄面整成龟背形。

1.3.3 规范播种　试验于 1 月 30 日播种,牵绳定距挖穴点播,盖土厚 8～10 cm,每垄种两行,实行宽窄行栽培,即垄间宽行距 70 cm,垄内窄行距 30 cm 左右,株距 25 cm,种植密度为 5336 株/667 米² 左右。

1.3.4 田间管理　播种盖土后喷施化学除草剂精异丙甲草胺封杀一年生杂草,随即覆盖 100 cm 宽的地膜,用土压严膜边。马铃薯 3 月初出苗,3 月 7 日、3 月 13 日分两次破膜接苗,破膜时用竹签对准苗上地膜轻轻破一小口,放出幼苗,并用细土封严膜口;3 月 17 日在株间打洞追施苗肥,每 $667\ m^2$ 追施尿素 8.5 kg;3 月 31 日喷施"国光"牌 8‰甲哌鎓控制地上茎叶生长,促进地下部块茎膨大;4 月 1 日喷施啶虫脒、霜脲·锰锌、醚菌酯可湿性粉剂防治蚜虫、早疫病、晚疫病;4 月 11 日喷施"银法利"牌氟菌·霜霉威防治晚疫病。

1.4 观察记载

按马铃薯品种试验观察记载项目及标准,分处理定点、定株、定期观察记载叶龄、苗高、生育期,详细记载田间管理措施等;成熟期分处理 3 点取样考种,每点收取 5 m 长样段的薯块,测算实际收获密度,室内考察结薯数量、商品薯率及产量。

2. 结果与分析

2.1 生育期差异明显

展示试验在 1 月 30 日播种,同期覆盖地膜,中薯 5 号原原种、原种、原种一代生育期分别为 70 天、61 天、53 天,出苗较早的是原种,出苗整齐,抗病性较好,生长较快;其次是原原种,出苗整齐,抗病性较强,生长较慢;原种一代出苗较晚,出苗稀疏,部分苗叶皱卷(表 28)。

表 28　2015—2016 年中薯 5 号不同世代种薯的生育期观察汇总表

品种名称	种子世代	播种期 (月/日)	出苗期 (月/日)	现蕾期 (月/日)	成熟期 (月/日)	生育期 /天
中薯 5 号	原原种	1/30	3/6	无	5/15	70
	原种	1/30	3/5	无	5/5	61
	原种一代	1/30	3/13	无	5/5	53

2.2 苗情动态差异较大

同期观测结果,不同世代种薯的叶片生长速度顺序依次是原种一代、原种、原原种,如 3 月 21 日调查叶龄,原种一代 8.80 片、原种 7.75 片、原原种 6.50 片;同期观测的苗高则是原原种的最矮,原种较矮,原种一代最高,原原种、原种和原种一代苗高分别是 8.09 cm、9.41 cm、10.51 cm;后期植株定型期,如 4 月 26 日总叶片数最多的是原原种,其次是原种,总叶片数最少的是原种一代,原原种、原种和原种一代叶龄分别为 18.80 片、17.60 片、17.54 片;4 月 26 日苗高最高的是原种,其次是原种一代,最低的是原原种,植株高度分别为 44.89 cm、42.05 cm、39.55 cm(表 29)。

表 29　2016 年中薯 5 号不同世代种薯的苗情动态观测汇总表

品种名称	种子世代	3 月 21 日		4 月 10 日		4 月 26 日		5 月 15 日
		叶龄 /片	苗高 /cm	叶龄 /片	苗高 /cm	叶龄 /片	苗高 /cm	单穴主茎数 /(个/穴)
中薯 5 号	原原种	6.50	8.09	13.58	32.00	18.80	39.55	1.76
	原种	7.75	9.41	13.85	33.95	17.60	44.89	2.00
	原种一代	8.80	10.51	15.14	42.00	17.54	42.05	2.05

2.3 经济性状差异显著

田间测产结果,三种类型的种薯处理产量最高的是原种,其次是原原种,原种一代的产量最低,原原种、原种、原种一代每 667 m^2 的单产分别是 1982.32 kg、2641.32 kg、1487.41 kg;单穴薯数量则是随世代的增加而增加,原原种、原种、原种一代单穴薯个数分别为 5.82 个、6.50 个、6.86 个;单穴产量最高的是原种,其次是原种一代,最低的是原原种,原原种、原种、原种一代单穴单产量分别为 0.39 kg、0.50 kg、0.47 kg;商品薯率最高的是原种 (63.07%),其次是原种一代(58.33%),最低的是原原种(56.56%)(表30)。

表 30 2016 年中薯 5 号不同世代种薯的经济性状观察汇总表

品种名称	种子世代	单穴薯数量 /个	单穴产量 /kg	平均单薯重 /g	收获密度 /(穴/667 米²)	单产 /(kg/667 m²)	商品薯率 /(%)
中薯 5 号	原原种	5.82	0.39	67.19	5069.2	1982.32	56.56
	原种	6.50	0.50	76.15	5336.0	2641.32	63.07
	原种一代	6.86	0.47	68.06	2801.4	1487.41	58.33

3. 讨论与建议

根据中薯 5 号不同世代种薯的出苗整齐度、抗病性、生长速度及商品薯率综合观测结果分析,中薯 5 号原原种苗芽不壮,结薯较迟,薯块不大,产量和商品薯率不高,适宜隔离生产原种;原种一代,出苗不齐,抗病性较差,不适宜大田生产;而原种,出苗整齐,苗芽粗壮,抗病性较好,生长较快,结薯早,产量和商品薯率高,应选用作为大田生产。

水稻科技成果总结

2016 年湖北省早稻新品种展示栽培技术总结

为积极调结构、转方式,稳定发展早稻生产,引导农民正确选用优良品种,加快早稻品种及集成技术的推广,促进农业提质增效。我们特组织开展了早稻新品种对比展示,给基层农技推广部门和新型职业农民选用良种提供技术支撑。

1. 参展品种

参展品种共 5 个,主要是申报 2017 年湖北省早稻主导的候选品种,种子由申报单位提供,参展品种和供(育)种单位见表 31。

表 31　参展品种和供(育)种单位

品　　种	供(育)种单位
两优 287	湖北省种子集团有限公司
两优 302	湖北中香农业科技股份有限公司
两优 358	湖北中香农业科技股份有限公司
两优 27	湖北荆楚种业股份有限公司
鄂早 18(常规)	湖北省种子集团有限公司

2. 试验设计

2.1　试验地点

试验安排在武汉市黄陂区武湖农场湖北省现代农业展示中心水田展示区 24 号田,属长江冲积平原,潮土土质,前茬作物为紫云英(绿肥)。

2.2　田间设计

试验不设重复,每个品种栽插 350 m² 左右,行距 20.0 cm,株距 13.3 cm,密度 2.5 万穴/667 米²,南北向栽插,每穴插 2～3 株谷苗。

2.3　观察记载

按照水稻品种试验观察记载项目及标准,详细记载物候期、植株形态特征、抗逆性等。稻穗扬花授粉后 20 天,取标准穗数的稻蔸,分株测定植株茎节上部 3 片功能叶、穗长等性状;成熟期在田间 3 点取样,选取有代表性的点随机横向连续取 20 蔸调查有效穗,取 2 个标准蔸用于室内考种,考察品种经济性状,选取有代表性的点收割 13.3 m² 单打计产。

3. 栽培管理

3.1 湿润育秧

3.1.1 种子处理 播种前晒种 2 个太阳日,于 3 月 23 日浸种,按 5 g 强氯精兑水 2.5 kg 浸种 3 kg 的比例统一浸种,浸种 8 h,再把种子捞起放在清水中清洗后浸泡 16 h,然后将种子捞起晾干后放在室内保温催芽。3 月 27 日当根芽生长到半粒谷长时播种。

3.1.2 耕整秧田 秧田冬季深翻炕土,3 月 18 日旋耕碎垡,3 月 20 日灌水后旋耕第二遍,旋耕前撒施底肥,每 667 m² 撒施"鄂福"牌复混肥($N_{26}P_{10}K_{15}$)30 kg,3 月 23 日人工平整田面,按 180 cm 宽开沟作畦,用木板稠平厢面,待厢面浮泥沉实后清理厢沟,将沟中稀泥捞起浇在厢面上稠平。

3.1.3 精细播种 播种前一天下午将田水排干,同时人工再次平整厢面,达到厢面没有低洼积水,浮泥沉实后播种。3 月 27 日播种,按每平方米秧床播种芽谷 50 g 左右称量到厢均匀撒播,然后插竹弓盖农膜。

3.1.4 秧田管理 播种后防鼠雀为害;厢沟保持半沟水,确保厢面湿润无积水;4 月 18 日,白天揭开膜两头通风;次日揭膜追肥,每 667 m² 秧田追施尿素 15 kg;遇寒潮晚上盖膜保温,移栽前于 4 月 25 日喷施啶虫脒＋毒死蜱＋5％二氯喹啉酸可湿性粉剂防治稻象甲、稻蓟马及二化螟和稗草。

3.2 整田施肥

大田冬季种植绿肥紫云英,结荚初期于 4 月 13 日用拖拉机粉碎还田,然后灌水促进绿肥腐烂;4 月 20 日旋耕第二遍;4 月 22 日旋耕第三遍,并结合整田撒施底肥,每 667 m² 施"鄂福"牌复混肥($N_{26}P_{10}K_{15}$)30 kg,然后平整田面。

3.3 规范移栽

4 月 26 日移栽,按设计标准牵绳、定距人工栽插,各品种的实际栽插情况见表 32。

3.4 追肥除草

移栽返青后于 5 月 3 日追施分蘖肥,每 667 m² 用尿素 10.0 kg 拌 14％苄·乙可湿性粉剂(水里欢)30 g 均匀撒施;5 月 15 日每 667 m² 用尿素 4.0 kg＋过磷酸钙 35 kg 补施平衡肥。

3.5 科学管水

插秧后保持 3～5 cm 的水层,以利于返青、撒施除草剂;分蘖期勤灌浅水,促进分蘖;5 月下旬末,当每 667 m² 茎蘖数达到 20 万蘖左右时开始排水晒田;孕穗期田间保持 3～5 cm 水层;灌浆期间歇式灌"跑马水"。

3.6 防治病虫

5 月 12 日喷施新甲胺＋阿维·毒死蜱防治稻蓟马和兼治二化螟等;5 月 29 日喷施三唑磷防治一代二化螟;齐穗期于 6 月 17 日喷施 1.0％甲维盐＋阿维·毒死蜱＋井冈霉素防治螟虫和纹枯病等。

4. 结果与分析

4.1 品种生育期

参展品种统一在 3 月 27 日播种,齐穗期在 6 月 23—25 日,成熟期在 7 月 18—21 日,全生育期在 113~116 天,熟期最早的两优 287 在 7 月 18 日成熟,最迟的两优 302 在 7 月 21 日成熟,品种的熟期相差 1~3 天(表 32)。

表 32 2016 年早稻品种田间生育期、密度汇总表

品种名称	全生育期						密度				秧苗素质		
	播种期(月/日)	移栽期(月/日)	始穗期(月/日)	齐穗期(月/日)	成熟期(月/日)	生育期/天	行距/cm	株距/cm	蔸数/(万蔸/667 米²)	基本苗/(万株/667 米²)	叶龄/片	分蘖/个	苗高/cm
两优 27	3/27	4/26	6/20	6/24	7/19	114	20.0	15.8	2.116	7.00	5.29	0.81	29.4
两优 287	3/27	4/26	6/20	6/23	7/18	113	21.4	15.0	2.079	7.70	4.53	0.63	26.4
两优 358	3/27	4/26	6/21	6/24	7/20	115	20.2	15.8	2.094	8.15	4.63	0.29	25.1
两优 302	3/27	4/26	6/22	6/25	7/21	116	20.0	14.6	2.29	9.39	4.81	0.37	23.4
鄂早 18	3/27	4/26	6/21	6/24	7/20	115	22.04	14.0	2.162	11.02	5.91	0.01	32.7

4.2 品种的叶蘖生长动态

从田间定期定株观测结果来看,展示品种大田叶片生长速度略有差异,每穴分蘖苗数差异明显。如返青后在 5 月 7 日调查展示品种叶龄在 6.09~7.85 片,每穴平均 3.3~6.0 苗;5 月 24 日叶龄在 9.53~10.05 片,每穴平均 9.6~12.0 苗;6 月 7 日叶龄在 10.28~11.97 片,每穴苗在 11.1~15.2 苗(表 33)。

表 33 2016 年早稻品种叶蘖生长动态

品种名称	2016 年 5 月 7 日		2016 年 5 月 17 日		2016 年 5 月 24 日		2016 年 6 月 7 日		2016 年 6 月 18 日	
	叶龄/片	苗数/(株/穴)	叶龄/片	苗数/(株/穴)	叶龄/片	苗数/(株/穴)	叶龄/片	苗数/(株/穴)	叶龄/片	苗数/(株/穴)
两优 358	7.31	3.3	8.59	5.3	9.83	9.6	11.63	13.2	12.2	11.0
两优 27	7.85	3.9	8.51	5.1	9.85	9.6	11.52	11.1	12.0	10.2
两优 287	6.09	3.8	7.40	5.6	9.64	9.6	10.28	11.6	11.7	10.3
两优 302	6.34	4.5	7.88	6.8	9.53	12.0	11.19	15.2	12.7	12.8
鄂早 18	7.70	6.0	8.68	6.9	10.05	11.7	11.97	13.3	12.6	12.8

出叶速度较快的是两优 287,从快到慢依次是两优 302、两优 358、两优 27,较慢的是鄂早 18;分蘖力较强的是两优 358,从强到弱依次是两优 302、两优 287、两优 27,较弱的是鄂早 18。

4.3 品种的植株性状

参展品种的株型两优 358、两优 287、两优 27 和两优 302 均为适中略偏紧束,鄂早 18 株型紧束。鄂早 18 叶色偏深,其余品种均为绿叶。株高以两优 358 较高,为 89.8 cm;其次是两优 302，为 86.0 cm；鄂早 18 较矮，为 75.8 cm，其余品种的株高在 81 cm 上下。品种的主茎叶片数在 11.8～12.8 片，较多的品种鄂早 18 为 12.8 片，其次是两优 302 为 12.6 片，较少的品种是两优 287 为 11.8 片，两优 358、两优 27 的叶片数在 12.1 片上下。上部 3 片功能叶较大的是两优 302，其次是两优 358，较小的是鄂早 18。地上基部第一个可见节的茎秆粗较粗的是两优 358，为 5.60 mm；其次是两优 27，为 5.59 mm；较细的是两优 287，为 4.21 mm（表 34）。

表 34　2016 年早稻品种植株农艺性状观测汇总表

品种名称	株型	剑叶形态	叶色	芒	稃尖色	主茎叶片数/片	株高/cm	穗长/cm	倒1节长/cm	倒2节长/cm	倒3节长/cm	倒4节长/cm	倒5节长/cm	剑叶长×宽/(cm×cm)	倒2叶长×宽/(cm×cm)	倒3叶长×宽/(cm×cm)	茎秆粗/mm
两优358	适中	挺直	绿色	无芒	无	12.2	89.8	21.1	28.5	20.6	14.4	3.7	1.5	25.6×1.9	39.2×1.4	37.7×1.2	5.60
两优27	适中	挺直	绿色	无芒	无	12.1	81.1	22.5	26.0	17.5	10	3.4	1.7	27.4×1.9	36.8×1.4	36.0×1.1	5.59
两优287	适中	挺直	绿色	无芒	无	11.8	80.9	20.9	27.0	17.0	12.4	3.3	0.3	22.3×1.7	31.5×1.3	29.8×1.0	4.21
两优302	适中	挺直	绿色	无芒	无	12.6	86.0	22.3	28.2	18.5	11.8	3.4	1.8	28.0×2.0	36.4×1.5	34.0×1.2	5.30
鄂早18	紧束	挺直	深绿	无芒	无	12.8	75.8	20.2	28.1	16.8	7.2	3.0	0.5	27.4×1.5	33.5×1.1	28.6×0.9	4.23

4.4　品种的经济性状

有效穗以常规稻品种鄂早 18 较多，为 24.87 万穗/667 米²；其次是两优 302，为 22.09 万穗/667 米²；其余品种有效穗差异很小，在 21.05 万～21.78 万穗/667 m²。品种穗实粒数在 74.8～91.8 粒/穗，两优 358 最多，为 91.8 粒/穗，其余品种依次是两优 27（89.6 粒/穗）、两优 287（89.5 粒/穗）、鄂早 18（74.8 粒/穗）；结实率较高的是两优 358，为 82.3%；其余四个品种的结实率均未超过 80%，较低的品种两优 27 的结实率为 74.5%，这与今年不利天气关联很大。展示品种的千粒重明显低于上年，千粒重较重的鄂早 18 为 25.552 g，较轻的两优 358 为 22.880 g，其余品种的千粒重依次是两优 27（24.748 g）、两优 302（24.620 g）、两优 287（24.140 g）（表 35）。

表 35　2016 年早稻新品种产量结构统计表

品种名称	最高苗/（万株/667 米²）	有效穗/（万穗/667 米²）	成穗率/(%)	穗粒数/(粒/穗)	实粒数/(粒/穗)	结实率/(%)	千粒重/g	实产/(kg/667 m²)
两优358	27.6	21.78	78.8	111.5	91.8	82.3	22.880	436.1
两优27	23.8	21.15	88.9	120.3	89.6	74.5	24.748	472.9
两优287	24.1	21.05	87.3	117.3	89.5	76.3	24.140	462.5
两优302	33.8	22.09	65.4	106.2	81.7	76.9	24.620	430.2
鄂早18	28.8	24.87	86.5	95.7	74.8	78.2	25.552	428.5

4.5　品种产量表现

鄂早 18 实收稻谷产量为 428.5 kg/667 m²，比其余四个杂交稻品种减产 1.7～44.4 kg/667 m²，减产幅度为 0.40%～10.36%。两优 27 产量较高，为 472.9 kg/667 m²，较鄂早 18

增产 44.4 kg/667 m²;其次是两优 287,产量为 462.5 kg/667 m²,较鄂早 18 增产 34 kg/667 m²;两优 358 产量为 436.1 kg/667 m²,较鄂早 18 增产 7.6 kg/667 m²;两优 302 与鄂早 18 产量持平(表 35)。

5. 讨论

5.1 天气与早稻生长

早稻生长期间,气象条件较差(表 36)。苗期的阴雨寡照导致分蘖迟缓,同品种同期分蘖苗数明显少于上年,6 月下旬持续的阴雨天,阻碍了早稻的晒田,分蘖期延长,主茎与分蘖穗差异明显,造成抽穗不整齐,由于孕穗、抽穗期恶劣气候条件,导致空壳率增加,灌浆期连续暴雨天气,光照不足,导致千粒重下降,生育期推迟,产量较上年下降。

表 36 2016 年早稻生育期间的气象资料

项 目		3 月		4 月		5 月		6 月		7 月	
		2016	常年	2016	常年	2016	常年	2016	常年	2016	常年
平均气温 /℃	上旬	12.34	9.3	17.38	15.5	20.87	21.4	23.30	25.2	26.11	28.4
	中旬	12.19	11.2	19.17	17.4	20.75	22.4	25.94	26.3	28.09	29.3
	下旬	13.31	12.1	19.77	19.4	21.20	23.9	24.60	27.1	31.98	29.7
	月	12.6	10.9	18.9	17.4	20.9	22.6	24.6	26.2	28.7	29.1
降水量 /mm	上旬	61.6	24.3	79.6	36.0	39.8	52.7	15.7	59.3	556.8	92.3
	中旬	0.7	32.4	64.1	45.4	73.8	45.8	122.6	65.4	67.8	77.1
	下旬	18.8	32.9	15.7	55.0	24.8	68.4	146.2	65.2	0	55.3
	月总数	81.1	89.6	159.4	136.4	138.4	166.9	284.5	189.9	624.6	224.7
	月降水天数	—	12.8	—	12.1	—	11.9	—	—	—	—
日照时数 /h	上旬	43.4	45.9	22.1	45.8	36.1	59.6	45.1	56.3	40.1	63.7
	中旬	43.9	36.5	56.0	50.1	57.1	59.0	61.5	59.9	42.0	69.8
	下旬	48.9	40.4	51.7	56.6	39.3	62.3	22.4	54.7	115.0	86.5
	月总时数	136.2	122.8	129.8	152.5	132.5	180.9	129.0	170.8	197.1	220.0

注:2016 年资料来源于马铃薯晚疫病监测预警系统,常年气象资料为黄陂 1981—2010 年平均值。

5.2 综合评价

展示品种的产量整体较上年减产,从产量构成三因素来看:结实率的下降和千粒重的降低是减产的主因,尽管如此,综合表现相对较好有两优 27、两优 287、两优 358 三个品种,两优 302 和鄂早 18 不仅产量、结实率较低,而且熟期较迟,作早稻种植,对晚季栽插影响较大。在大田生产上,应在早插促早发的基础上,加强中后期田间管理,喷施叶面肥,养根保叶提高结实率和千粒重,以实现增产增收。

2016年湖北省中稻新品种展示栽培技术总结

为充分发挥品种在农业"转方式、调结构"中的先导作用,优化品种布局,加快良种推广应用,推动湖北省中稻新一轮品种更新换代,我们特组织开展了中稻新品种展示试验,给基层农技推广部门和家庭农场等新型职业农民选用良种提供技术支撑。

1. 参展品种

参展品种共29个,主要是近几年湖北省审定或国审且适宜种植区域包含湖北省的突出品种,展示用种由申报单位提供,参展品种名称及供(育)种单位见表37。

表37 参展品种名称及供(育)种单位

品种名称	供(育)种单位	品种名称	供(育)种单位
广两优香66	湖北中香农业科技股份有限公司	深优9521	清华大学深圳研究生院
广两优5号	湖北惠民农业科技有限公司	隆两优华占	湖南亚华种业科学研究院
金科优651	湖北惠民农业科技有限公司	丰两优四号	武汉丰乐种业有限公司
荆两优10号	湖北荆楚种业股份有限公司	两优3905	武汉丰乐种业有限公司
绿稻Q7(常规)	湖北省种子集团有限公司	丰两优香一号	武汉丰乐种业有限公司
珞优8号	武汉国英种业有限责任公司	Y两优585	武汉市文鼎农业生物技术有限公司
两优234	武汉国英种业有限责任公司	广两优16	中国种子集团有限公司
甬优4949	武汉佳禾生物科技有限责任公司	两优3313	中国种子集团有限公司
全两优一号	湖北荃银高科种业有限公司	广两优1128	袁隆平农业高科技股份有限公司
巨2优108	中垦锦绣华农武汉科技有限公司	准两优608	湖南隆平种业有限公司
C两优0861	北京金色农华种业科技有限公司	深两优841	湖南隆平种业有限公司
扬两优6号	北京金色农华种业科技有限公司	武香优华占	德农正成种业有限公司
C两优华占	湖北华占种业科技有限公司	两优622	安徽华韵生物科技有限公司
徽两优华占	湖北华占种业科技有限公司	兆优5431	深圳市兆农农业科技有限公司
深两优5814	湖南亚华种子有限公司		

2. 展示设计

2.1 展示地点

试验安排在湖北省现代农业展示中心种子专业园农作物品种展示区15、16号田,属长江冲积平原,潮土土质,海拔 20.3 m,前茬作物为大麦。

2.2 田间设计

采用大区对比展示,品种在田间随机排列,不设重复,每个品种南北向栽插 135 m²,大区长 30.0 m×宽 4.5 m,推行宽行窄株栽插,即行距 30 cm、株距 13.3 cm,每 667 m² 栽插 1.67 万穴,每穴插 2 株谷苗,田间管理同大田生产。

2.3 观察记载

按湖北省水稻品种区域试验观察记载项目及标准进行田间观察记载,详细记载品种的生育期、特征特性、抗逆性及栽培管理措施等;稻穗扬花授粉后 20 天,取标准穗数的稻兜,分株测定植株茎节上部 3 片功能叶、穗长等性状;成熟期在田间进行 3 点取样计产,每点量取11 行和 21 兜的间距,计算株行距和密度,选有代表性的点横向连续调查 20 兜的有效穗,并取 2 个平均穗数兜用于室内考种,收割 13.33 m² 单打测产。

3. 栽培管理

3.1 湿润育秧

3.1.1 种子处理 浸种前晒种,依据种植面积、品种的千粒重及发芽率计算并称量出实际用种量;4 月 26 日同期浸种催芽,按 5 g 强氯精兑水 2.5 kg 浸种 3 kg 的比例统一浸种,浸种 8 h 后把种子捞起用清水清洗,再用清水浸种 16 h,然后将种子捞起滤水后在室内常温催芽,待根芽生长到半粒谷长时播种。

3.1.2 耕整秧田 秧田冬季深翻炕土,4 月 18 日旋耕碎垡;4 月 22 日灌水后旋耕第二遍,旋耕作业前撒施底肥,每 667 m² 撒施"鄂福"牌复混肥($N_{26}P_{10}K_{15}$)35 kg;4 月 25 日平整田面,次日按 200 cm 宽开沟作厢,用木板耥平厢面,待厢面浮泥沉实后清理厢沟,将沟中稀泥捞起浇在厢面上耥平。

3.1.3 精细播种 播种前一天将田间积水排干,同时人工再次平整厢面,使厢面没有低洼积水,浮泥沉实后播种。4 月 29 日播种,按芽谷重量推算秧床面积,实行定量均匀撒播,每平方米秧床播种芽谷 30 g 左右,最后用木板塌谷,让稀泥护住芽谷。

3.1.4 秧田管理 播种后人工驱赶麻雀,确保种子不遭雀害、不混杂,厢沟保持半沟水,确保厢面湿润无积水,立针现青后遇高温灌"跑马水";5 月 1 日每 667 m² 秧田用 30%丙草胺乳油(扫茀特)100 g 兑水 30 kg 喷雾封杀杂草;5 月 10 日排干秧田水后,喷施多效唑750 倍液(20 g 兑水 15 kg)促进分蘖,同时用二氯喹啉酸+新甲胺,防除稗草和害虫;次日上水后每 667 m² 秧田追施尿素 10 kg,移栽前于 5 月 30 日喷施阿维·毒死蜱+新甲胺防治稻象甲、稻蓟马及二化螟。

3.2 整田施肥

大田采取干耕湿整。前茬大麦收割后,秸秆全量粉碎还田,5 月 18 日用拖拉机旋耕碎垡后,灌水泡田 2～3 天,然后用拖拉机旋耕整田,初步整平田块。插秧前两天结合二次耕整撒施底肥,每 667 m² 施"鄂福"牌复混肥($N_{26}P_{10}K_{15}$)40 kg,均匀撒施后耖耙整田。移栽返青后于 6 月 9 日追施分蘖肥,每 667 m² 用尿素 12.5 kg 拌 14%苄·乙可湿性粉剂(水里欢)30 g均匀撒施;晒田复水后因苗追施促花肥,每 667 m² 施尿素 6.5 kg+氯化钾 7.5 kg。齐穗后结合喷药,喷施磷酸二氢钾叶面肥两次。

3.3 规范移栽

6月3日移栽,按设计要求牵绳定距规范栽插,各品种的实际栽插密度详见表38。

表38 2016年湖北省中稻展示品种秧苗素质及栽插情况汇总表

品　　种	秧　苗　素　质			栽　插　规　格			
	叶龄/片	分蘖/个	苗高/cm	行距/cm	穴距/cm	密度/(万株/667米²)	基本苗/(万株/667米²)
荃两优一号	7.0	3.0	24.6	30.20	15.03	1.47	6.15
丰两优香一号	6.9	1.7	29.2	29.19	15.00	1.52	6.95
C两优0861	7.1	3.1	26.7	31.28	14.46	1.47	7.37
深两优5814	7.0	3.3	26.8	29.65	14.80	1.52	9.03
扬两优6号	6.8	2.8	29.1	30.00	15.23	1.46	7.88
珞优8号	6.8	2.9	26.8	27.15	14.71	1.67	6.68
丰两优四号	7.0	3.4	28.1	30.00	16.45	1.35	8.08
广两优香66	7.0	2.3	27.2	29.19	15.87	1.44	9.90
准两优608	6.9	3.7	27.1	30.00	16.03	1.39	7.21
广两优5号	6.9	2.7	30.6	28.50	14.45	1.62	10.10
C两优华占	7.1	2.0	25.4	29.70	15.15	1.48	8.00
金科优651	6.9	2.3	29.6	27.41	16.35	1.49	7.59
荆两优10号	7.0	2.1	26.2	28.63	15.49	1.50	6.32
两优234	7.1	2.7	29.3	29.20	15.00	1.52	7.61
绿稻Q7	6.7	0.8	24.0	27.45	16.30	1.49	12.10
隆两优华占	7.1	2.3	26.9	27.55	14.85	1.63	6.05
Y两优585	7.2	2.0	27.6	27.00	15.21	1.63	6.17
深优9521	7.1	3.1	25.2	28.76	15.61	1.49	9.11
徽两优华占	7.3	2.6	23.7	28.20	14.71	1.61	9.33
巨2优108	6.9	2.4	30.8	28.86	15.79	1.46	6.73
两优3905	7.1	3.0	26.5	24.48	16.83	1.62	6.50
甬优4949	7.1	2.8	30.6	30.20	15.03	1.47	10.58
深两优841	7.1	2.3	26.7	30.20	16.78	1.32	6.19
广两优1128	7.1	1.5	32.8	30.20	15.49	1.43	7.99
两优3313	7.1	2.2	28.5	30.30	15.50	1.42	6.40
两优622	6.9	2.2	27.1	30.20	14.43	1.53	6.82
广两优16	7.1	2.8	28.6	30.74	14.38	1.51	6.94
兆优5431	6.9	3.2	26.7	27.55	14.63	1.66	6.96
武香优华占	7.0	2.3	33.1	27.89	15.38	1.55	8.55

3.4　科学管水

插秧后保持 3～5 cm 的水层,以利于返青、撒施除草剂;返青后灌浅水,湿润灌溉,促进分蘖;7月中旬,当每 667 m² 茎蘖数达到 25 万蘖左右时排水晒田;晒田复水后追施促花肥;孕穗末期遇高温(极端高温 35～38 ℃)灌 5 cm 深水层;灌浆期间歇式灌"跑马水"。

3.5　防治病虫

以物理、生物技术诱杀和生物农药防治为主,辅以高效低毒农药防治,实行统防统治。重点防治"两病四虫",即纹枯病、稻曲病,稻纵卷叶螟、二化螟、三化螟和稻飞虱。7月7日用 32000 IU/mg 苏云金杆菌(常宽)+阿维·毒死蜱+甲维盐防治螟虫。根据品种始穗期,8月3日用 10%阿维·氟酰胺(稻腾)悬浮剂+5.7%甲氨基阿维菌素苯甲酸盐+烯啶·噻嗪酮喷雾防治螟虫和稻飞虱,用 75%肟菌·戊唑醇水分散粒剂(拿敌稳)兼治纹枯病及稻曲病;每 667 m² 用 50%氯溴异氰尿酸可溶粉剂(独定安)20 g+0.136%赤·吲乙·芸苔可湿性粉剂(碧护)1 g,从发病日(8月4日)起隔 7 天连防两次,先控制发病中心,然后整田用药预防,有效地控制了细菌性条斑病蔓延。

4. 展示结果

4.1　气候影响

今年中稻生长期间天气不太正常(表39),苗期阴雨寡照,分蘖迟缓,使晒田苗数时间推迟,7月上、中旬正值晒田期,持续大到暴雨阻碍了中稻晒田,抽穗期推迟,在8月2—11日抽穗的品种,日平均气温在 30 ℃ 以内,开花结实正常,在8月11—25日期间,持续晴热高温天气,日最高气温在 33.7～38.4 ℃ 之间,尽管田间一直保持井水(18 ℃)灌溉,此期间抽穗扬花的部分品种,结实率受到不同程度影响,参展品种的千粒重和产量较上年降低。

表 39　2016 年中稻生育期间的气象资料

项　　目		5 月		6 月		7 月		8 月		9 月	
		2016	常年	2016	常年	2016	常年	2016	常年	2016	常年
平均气温/℃	上旬	20.87	21.4	23.30	25.2	26.11	28.4	28.49	29.8	26.67	25.9
	中旬	20.75	22.4	25.94	26.3	28.09	29.3	32.34	28.3	26.19	24.0
	下旬	21.20	23.9	24.60	27.1	31.98	29.7	27.22	27.3	22.89	22.3
	月	20.9	22.6	24.6	26.2	28.7	29.1	29.4	28.5	25.3	24.1
降水量/mm	上旬	39.8	52.7	15.7	59.3	556.8	92.3	51.2	38.1	1.5	32.8
	中旬	73.8	45.8	122.6	65.4	67.8	77.1	0	39.0	0.1	26.3
	下旬	24.8	68.4	146.2	65.2	0	55.3	18.1	40.4	9.1	15.2
	月总数	138.4	166.9	284.5	189.9	624.6	224.7	69.3	117.5	10.7	74.3
日照时数/h	上旬	36.1	59.6	45.1	56.3	40.1	63.7	46.1	79.9	62.2	62.9
	中旬	57.1	59.0	61.5	59.8	42.2	69.5	100.5	70.0	74.6	54.8
	下旬	39.3	62.3	22.4	54.7	115.0	86.5	74.2	76.3	44.2	57.9
	月总时数	132.5	180.9	129.0	170.8	197.1	220.0	220.8	226.2	181.0	175.6

注:2016年资料来源于马铃薯晚疫病监测预警系统,常年气象资料为黄陂 1981—2010 年平均值。

4.2 品种表现

4.2.1 品种生育期 参展品种在同一播栽条件下,成熟期在 9 月 4 日至 20 日之间,全生育期在 128 天至 144 天之间,其中,全生育期在 130 天以内有 2 个品种,分别是两优 234(128 天)、武香优华占(129 天),130 天至 140 天有 15 个品种,依次是准两优 608(134 天),C两优华占、丰两优香一号(135 天),C 两优 0861、广两优 5 号、金科优 651、微两优华占(136天),丰两优四号(137 天),甬优 4949(138 天),荃两优一号、两优 3905、深两优 5814、深优 9521、广两优 1128、两优 622(139 天),绿稻 Q7、Y 两优 585、巨 2 优 108、深两优 841、两优 3313(140 天),路优 8 号、广两优香 66、荆两优 10 号、广两优 16、隆两优华占(141 天),扬两优 6 号(142 天),兆优 5431(144 天)(表 40)。

表 40 2016 年湖北省中稻展示品种全生育期表

品种名称	播种期（月/日）	移栽期（月/日）	始穗期（月/日）	齐穗期（月/日）	播始历期/天	齐穗至成熟/天	成熟期（月/日）	全生育期/天
两优 234	4/29	6/3	7/31	8/3	93	32	9/4	128
武香优华占	4/29	6/3	8/2	8/5	95	31	9/5	129
准两优 608	4/29	6/3	8/8	8/11	101	30	9/10	134
C 两优华占	4/29	6/3	8/5	8/8	98	34	9/11	135
丰两优香一号	4/29	6/3	8/6	8/9	99	33	9/11	135
C 两优 0861	4/29	6/3	8/7	8/10	100	33	9/12	136
徽两优华占	4/29	6/3	8/6	8/10	99	33	9/12	136
金科优 651	4/29	6/3	8/8	8/12	101	31	9/12	136
广两优 5 号	4/29	6/3	8/10	8/13	103	30	9/12	136
丰两优四号	4/29	6/3	8/11	8/14	104	30	9/13	137
甬优 4949	4/29	6/3	8/6	8/10	99	35	9/14	138
荃两优一号	4/29	6/3	8/10	8/14	103	32	9/15	139
深优 9521	4/29	6/3	8/11	8/14	104	32	9/15	139
两优 3905	4/29	6/3	8/11	8/14	104	32	9/15	139
深两优 5814	4/29	6/3	8/12	8/15	105	31	9/15	139
广两优 1128	4/29	6/3	8/11	8/15	104	31	9/15	139
两优 622	4/29	6/3	8/13	8/16	106	30	9/15	139
Y 两优 585	4/29	6/3	8/9	8/13	102	34	9/16	140
巨 2 优 108	4/29	6/3	8/11	8/14	104	33	9/16	140
绿稻 Q7	4/29	6/3	8/13	8/16	106	31	9/16	140
深两优 841	4/29	6/3	8/13	8/16	106	31	9/16	140
两优 3313	4/29	6/3	8/14	8/17	107	30	9/16	140

品种名称	播种期（月/日）	移栽期（月/日）	始穗期（月/日）	齐穗期（月/日）	播始历期/天	齐穗至成熟/天	成熟期（月/日）	全生育期/天
隆两优华占	4/29	6/3	8/12	8/15	105	33	9/17	141
广两优香66	4/29	6/3	8/14	8/17	107	31	9/17	141
荆两优10号	4/29	6/3	8/14	8/17	107	31	9/17	141
广两优16	4/29	6/3	8/14	8/17	107	31	9/17	141
珞优8号	4/29	6/3	8/15	8/19	108	29	9/17	141
扬两优6号	4/29	6/3	8/15	8/18	108	31	9/18	142
兆优5431	4/29	6/3	8/15	8/19	108	32	9/20	144

4.2.2 品种的经济性状

有效穗：参展品种每 $667 m^2$ 有效穗数在12.26万～16.95万穗之间，大多数品种差异显著，其中每 $667 m^2$ 有效穗数在14.5万穗以上的品种依次有隆两优华占、兆优5431、武香优华占、C两优华占、徽两优华占、深优5814、C两优0861、广两优5号和金科优651，每 $667 m^2$ 有效穗少于13万穗的品种依次是广两优1128（12.26万穗）、巨2优108（12.30万穗）、广两优香66（12.35万穗）；其他品种的有效穗在13.08万～14.34万穗/667米²（表41）。

穗粒数：参展品种的平均穗总粒数在170～258粒之间，其中每穗穗粒较多的品种依次有甬优4949（258粒）、C两优0861（243.1粒）、荆两优10号（242粒）、两优622（241.2粒）、两优3905（241粒）、珞优8号（234.6粒）、珞优8号（234.6粒）、巨2优108（233.0粒）、丰两优香一号（231.1粒）；每穗穗粒数低于200粒以下的品种只有4个，分别是绿稻Q7、荃两优一号、两优234、深两优841；其他品种多为中穗型品种，每穗穗粒数在200～230粒（表41）。

结实率：受8月中下旬高温天气的影响，参展品种的结实率因抽穗期不同差异显著。两优234、甬优4949、徽两优华占、武香优华占、C两优华占、C两优0861、丰两优香一号等7个品种在8月10日前齐穗，受8月11日以后高温影响较小，结实率均在80%以上；8月11日以后齐穗的绿稻Q7、丰两优四号、两优3313、隆两优华占、两优622、广两优香66的结实率仍然在80%以上，此外广两优5号、深两优841、珞优8号、Y两优585、两优3905、金科优651、广两优16、扬两优6号、荃两优一号、广两优1128、深两优5814的结实率也在75%以上，表现出了较好的耐高温结实性。准两优608、荆两优10号、巨2优108、兆优5431、深优9521的结实率偏低，耐高温结实性较差（表41）。

表41 2016年湖北省中稻新品种展示品种经济性状及产量汇总表

品 种	基本苗/（万株/667米²）	最高苗/（万株/667米²）	有效穗/（万穗/667米²）	成穗率/（%）	穗粒数/（粒/穗）	实粒数/（粒/穗）	结实率/（%）	千粒重/g	实产/（kg/667 m²）
荃两优一号	6.15	21.4	13.52	63.1	192.3	147.1	76.5	27.126	523.6
丰两优香一号	6.95	19.9	13.56	68.1	231.1	193.3	83.6	25.489	662.3
C两优0861	7.37	23.4	14.96	63.9	243.1	198.2	81.5	23.541	675.2

续表

品　　种	基本苗/ (万株/ 667 米²)	最高苗/ (万株/ 667 米²)	有效穗/ (万穗/ 667 米²)	成穗率/ (%)	穗粒数/ (粒/穗)	实粒数/ (粒/穗)	结实率 /(%)	千粒重 /g	实产/(kg /667 m²)
深两优 5814	9.03	26.8	15.90	59.4	203.1	152.3	75.0	22.956	527.6
扬两优 6 号	7.88	22.3	13.12	58.7	210.3	161.2	76.7	29.020	597.0
珞优 8 号	6.68	22.0	13.12	59.5	234.6	185.1	78.9	25.112	576.5
丰两优四号	8.08	23.6	13.33	56.6	210.3	175.3	83.4	29.112	641.0
广两优香 66	9.90	23.6	12.35	52.4	220.1	177.5	80.6	28.782	588.6
准两优 608	7.21	19.9	14.01	70.4	201.2	147.2	73.2	28.572	585.9
广两优 5 号	10.10	23.7	14.57	61.4	208.3	165.3	79.4	26.860	626.7
C 两优华占	8.00	25.6	16.30	63.7	213.0	175.0	82.2	24.455	665.8
金科优 651	7.59	19.8	14.50	73.4	215.3	168.5	78.3	24.710	565.3
荆两优 10 号	6.32	19.8	13.51	68.4	242.0	165.0	68.2	28.406	596.1
两优 234	7.61	21.0	14.23	67.8	172.0	148.3	86.2	27.960	561.0
绿稻 Q7	12.10	18.8	14.12	75.1	197.0	165.0	83.8	25.634	591.2
隆两优华占	6.05	25.2	16.95	67.2	217.6	177.6	81.6	23.815	694.6
Y 两优 585	6.17	20.2	13.92	68.9	225.3	177.3	78.7	23.451	571.5
深优 9521	9.11	25.8	13.13	50.8	206.3	114.3	55.4	26.822	378.2
徽两优华占	9.33	26.7	15.92	59.6	225.1	188.9	83.9	23.108	687.5
巨 2 优 108	6.73	19.5	12.30	63.2	233.0	157.3	67.5	26.054	474.9
两优 3905	6.50	15.5	13.56	87.5	241.0	189.3	78.5	24.792	631.6
甬优 4949	10.58	16.1	13.38	83.0	258.0	218.6	84.7	22.252	642.1
深两优 841	6.19	25.5	14.34	56.2	170.0	134.3	79.0	25.664	475.2
广两优 1128	7.99	18.1	12.26	67.8	207.0	156.0	75.4	30.254	540.8
两优 3313	6.40	18.2	13.15	72.3	220.1	180.3	81.9	29.014	659.2
两优 622	6.82	21.1	13.98	66.2	241.2	196.3	81.4	23.852	650.7
广两优 16	6.94	23.7	13.08	55.1	217.0	167.3	77.1	30.158	621.9
兆优 5431	6.96	24.6	16.55	67.2	203.0	127.0	62.6	25.644	538.4
武香优华占	8.55	22.8	16.47	72.2	204.3	171.3	83.8	23.520	631.6

稻谷产量:实测稻谷产量,对照品种丰两优四号的单产为 641.0 kg,居展示试验第 9 位;29 个参展品种中比对照品种增产的品种有 8 个,单产从高到低依次是隆两优华占、徽两优华占、C 两优 0861、C 两优华占、丰两优香一号、两优 3313、两优 622、甬优 4949,单产在 642.1～694.6 kg 之间,较对照增产 0.1%～8.4%;武香优华占、两优 3905、广两优 5 号、广两优 16 等品种的减产幅度在 3%以内,减产不显著;扬两优 6 号、荆两优 10 号、绿稻 Q7、广两优香 66、准两优 608 等品种较对照减产 6%～10%;单产低于 500 kg 以下的有 3 个品种,分别是深优 9521、巨 2 优 108、深两优 841,减幅 25%～41%,其他品种较对照减产 10%～20%(表 42)。

表 42　2016 年湖北省中稻新品种展示品种农艺性状观测汇总表

品种名称	株型	剑叶形态	叶色	芒	释尖色	总叶片数/片	株高/cm	穗长/cm	倒1节长/cm	倒2节长/cm	倒3节长/cm	倒4节长/cm	倒5节长/cm	倒6节长/cm	倒7节长/cm	剑叶长×宽/(cm×cm)	倒2叶长×宽/(cm×cm)	倒3叶长×宽/(cm×cm)	茎秆粗/mm
荃两优一号	紧束	挺直	浓绿	无色	顶芒	15.9	124.2	29.7	41	19.4	18.7	10.3	4.1	1.0	—	34.9×2.10	50×1.74	60.6×1.61	7.94
丰两优香一号	适中	一般	绿色	无色	短顶	15.0	118.6	27.4	38.4	20.8	19.6	8.9	2.9	0.6	—	39.0×2.19	58.4×1.63	59.4×1.34	6.93
C 两优 0861	适中	一般	绿色	紫色	短顶	15.7	112.1	26.4	39.9	24.1	12.6	6.5	2.4	0.2	—	38.4×1.88	50×1.59	50.3×1.48	6.83
深两优 5814	紧束	卷挺	绿色	无色	短顶	15.4	127.4	27.8	38.3	19.1	19.7	15.1	5.5	1.9	0.3	27.9×21.4	36.5×1.75	50.8×1.54	6.95
扬两优 6 号	紧束	挺直	绿色	无色	短顶	16.0	119.9	25.5	39.4	19.1	19.6	11.4	4.4	0.5	—	35.5×2.20	50.0×1.70	62.9×1.60	6.89
路优 8 号	紧束	挺直	绿色	无色	短顶	17.0	119.9	22.6	38.3	17.0	17.6	13.6	8.3	2.5	0.1	34.6×1.78	43.0×1.64	58.0×1.45	7.06
丰两优四号	紧束	挺直	绿色	无色	顶顶	15.7	126.0	26.3	34.3	22.3	21.6	13.4	6.3	1.8	—	29.4×2.10	45.9×1.87	55.6×1.77	7.32
广两优香 66	紧束	挺直	绿色	无色	短顶	16.2	125.8	24.7	39.7	18.4	20.4	15.9	5.1	1.6	—	36.1×2.30	50.6×2.00	69.1×1.7	6.87
淮两优 608	紧束	卷挺	绿色	无色	短顶	14.8	116.6	28.5	36.1	18.9	17.1	9.1	5.8	1.1	—	44.8×2.33	53.7×2.18	67.7×1.73	6.47
广两优 5 号	紧束	一般	绿色	无色	短顶	15.6	121.0	28.8	36.5	17.3	21.0	11.3	5.3	0.8	—	33.2×2.21	51.5×1.83	61.0×1.70	7.36
C 两优华占	适中	挺直	绿色	无色	顶芒	15.4	111.8	26.5	40.1	21.5	12.8	6.7	2.3	1.9	—	39.1×1.75	48.0×1.34	48.8×1.18	6.12
金科优 651	适中	宽挺	浓绿	无色	短顶	15.6	121.5	30.4	41.8	22.8	13.8	8.3	4.0	0.4	—	49.6×2.15	61.0×1.73	61.4×1.66	7.25
荆两优 10 号	适中	挺直	绿色	无色	短顶	16.0	126.2	29.6	37.1	18.6	20.1	12.7	6.0	2.1	—	30.4×1.95	46.0×1.51	61.6×1.43	7.94
两优 234	适中	挺直	绿色	无色	短顶	14.8	111.8	25.0	38.9	20.8	15.7	8.4	3.0	—	—	30.7×2.12	48.3×1.80	54.5×1.59	6.20
绿稻 Q7	紧束	挺直	绿色	无色	顶顶	17.1	123.2	25.9	40.9	20.3	23.0	9.3	3.4	0.4	—	33.1×1.78	41.4×1.40	50.8×1.31	6.83
隆两优华占	紧束	卷挺	浓绿	无色	短顶	16.0	113.6	26.1	32.2	21.4	18.5	9.6	4.6	1.2	—	35.1×1.68	45.5×1.23	54.5×1.23	6.42
Y 两优 585	紧束	卷挺	浓绿	无色	顶芒	15.8	117.0	30.8	36.6	21.6	16.9	7.5	3.1	0.5	—	34.7×2.21	48.7×1.78	54.4×1.39	7.01

续表

品种名称	株型	剑叶形态	叶色	芒色	稃尖色	总叶片数/片	株高/cm	穗长/cm	倒1节长/cm	倒2节长/cm	倒3节长/cm	倒4节长/cm	倒5节长/cm	倒6节长/cm	倒7节长/cm	剑叶长×宽/(cm×cm)	倒2叶长×宽/(cm×cm)	倒3叶长×宽/(cm×cm)	茎秆粗/mm
深优9521	适中	挺直	绿色	紫色	顶芒	16.0	118.7	26.0	39.4	23	18.3	7.7	3.7	0.6	—	36.2×1.87	49.2×1.49	55.4×1.43	7.02
徽两优华占	适中	挺直	浓绿	无色	短顶	15.6	110.2	26.9	40.0	22.6	11.9	5.4	2.9	0.5	—	38.3×1.99	51.0×1.55	53.8×1.28	7.32
巨2优108	适中	一般	浓绿	无色	顶芒	15.7	117.8	32.1	37.6	19.3	16.5	9.0	2.7	0.6	—	49.0×2.05	62.3×1.70	58.5×1.48	6.91
甬优3905	适中	一般	浓绿	无色	顶芒	15.4	116.2	30.5	39.5	21.7	14.3	6.4	3.1	0.7	—	50.3×2.31	67.1×1.77	64.1×1.94	8.19
甬优4949	紧束	一般	绿色	无色	无	14.5	113.3	28.5	38.5	17.9	14.8	9.1	3.0	1.5	0.1	40.3×2.18	50.9×1.59	54.5×1.41	7.30
深优841	紧束	卷挺	浓绿	无色	顶芒	16.3	115.0	27.3	37.9	18.2	16.9	9.3	4.1	1.3	—	31.3×1.81	41.9×1.48	51.6×1.29	6.54
广两优1128	适中	一般	浓绿	无色	顶芒	14.4	129.3	28.2	37.3	24.0	21.3	12.6	5.2	0.7	—	36.5×2.08	50.7×1.75	62.4×1.59	8.58
两优3313	适中	一般	绿色	无色	短顶	16.3	128.4	27.7	42.4	21.0	18.0	12.5	6.0	0.8	—	38.3×1.98	45.9×1.61	56.2×1.36	7.10
两优622	适中	卷挺	浓绿	无色	短顶	15.2	119.3	27.6	38.1	17.1	18.9	12.8	4.4	0.4	—	34.6×2.41	51.4×1.92	57.3×1.79	7.83
广两优16	适中	挺直	绿色	紫色	短顶	16.5	114.4	27.4	39.3	18.3	16.5	8.7	3.8	0.4	—	33.4×1.78	52.0×1.05	56.4×1.36	7.20
兆优5431	适中	一般	绿色	紫色	短顶	17.0	123.5	30.7	40.6	21.8	16.0	9.0	4.2	1.2	—	41.4×1.95	49.8×1.59	56.0×1.36	6.99
武香优华占	适中	挺直	绿色	无色	短顶	15.8	122.5	27.1	43.8	23.8	15.3	9.0	2.6	0.9	—	33.7×1.85	44.6×1.60	51.9×1.41	5.71

5. 展示小结

在今年特殊气候的条件下,参展品种的生育期和耐高温结实性成为品种丰产性、稳产性的主要内因,即生育期较短的甬优4949、徽两优华占、武香优华占、C两优华占、C两优0861、丰两优香一号等品种,结实率未受到高温影响,丰产性表现较好;耐高温结实性和丰产性较好的品种有隆两优华占、两优3313、两优622、两优3905、广两优5号、广两优16、扬两优6号、绿稻Q7、广两优香66、珞优8号等,在类似的灾年里能表现出较好的稳产性和安全性,值得大面积推广应用;其他品种也有不同的优缺点,Y两优585等品种生长势强,株叶形态好,增产潜力大;广两优1128,茎秆粗壮(表42),穗大粒多;深两优5814分蘖力强,有效穗多;金科优651熟期适中,熟相好,但剑叶宽大、基部过于繁茂,有倒伏风险;两优234成熟期早,武香优华占抗倒性一般,可通过水肥管理,生产上搭配种植。荆两优10号常年表现较好,但今年不仅熟期迟,而且苗期不耐寒,后期结实差;兆优5431不仅熟期迟,剑叶披垂,存在倒伏风险,而且结实性差;深优9521、巨2优108等品种的遇高温结实性差,因此减产幅度较大,生产上应注意风险。

2016 年湖北省超级稻品种展示栽培技术总结

摘　要：通过对超级稻品种的对比展示试验，在秧苗分蘖和孕穗期，遇到长时间阴雨、低温寡照，抽穗扬花期遭受高温灾害条件下，使参展品种的抗逆性、耐高温、结实性、丰产性的差异得到了充分表现，其中：C两优华占、丰两优香一号、丰两优四号等品种表现出了较强的抗逆性及高产稳产性。

关键词：中稻；超级稻品种；展示试验；技术总结

为充分发挥超级稻品种在水稻中的增产优势，优化品种布局，加快良种推广应用。我们组织开展了超级稻新品种展示试验，给基层农技推广部门和新型职业农民选用良种提供技术支撑。

1. 材料与方法

1.1　参展品种

参展品种为近几年被农业部认定的超级稻，且法定适宜种植区域包含湖北省的突出品种 8 个，展示用种由省种子管理局组织有关单位提供，参展品种及供（育）种单位如表 43。

表 43　参展品种名称及供（育）种单位

品种名称	供（育）种单位	品种名称	供（育）种单位
广两优香 66	湖北中香农业科技股份有限公司	丰两优四号	武汉丰乐种业有限公司
珞优 8 号	武汉国英种业有限责任公司	丰两优香一号	武汉丰乐种业有限公司
扬两优 6 号	北京金色农华种业科技有限公司	准两优 608	湖南隆平种业有限公司
C 两优华占	湖北华占种业科技有限公司	深两优 5814	湖南亚华种子有限公司

1.2　展示设计

展示试验安排在武汉市黄陂区，湖北省现代农业展示中心农作物品种展示区 16 号田，属长江冲积平原，潮土土质，海拔 20.3 m，前茬作物均为大麦。采用大区对比展示，不设重复，品种在田间随机排列，每个品种东西向栽插 135 m²，大区长 30.0 m、宽 4.5 m，推行宽行窄株栽插，即行距 30 cm、株距 13.3 cm，每 667 m² 栽插 1.67 万穴，每穴插 2 株谷苗，田间管理同大田生产。

1.3　观察记载

按湖北省水稻品种区域试验观察记载项目及标准进行田间观察记载，详细记载品种的生育期、特征特性、抗逆性及栽培管理措施等；稻穗扬花授粉后 20 天，取标准穗数的稻蔸，分株测定植株茎节上部 3 片功能叶、穗长等性状;成熟期在田间进行 3 点取样计产,每点量取 11 行和 21 蔸的间距,计算株行距和密度,选有代表性的点横向连续调查 20 蔸的有效穗,并取 2 个平均穗数蔸用于室内考种,收割 13.33 m² 单打测产。

1.4 湿润育秧

1.4.1 种子处理 播种前晒种,依据种植面积、品种的千粒重及发芽率计算并称量出实际用种量;4 月 26 日同期浸种催芽,按 5 g 强氯精兑水 2.5 kg 浸种 3 kg 的比例统一浸种,浸种 8 h 后把种子捞起用清水清洗,再用清水浸种 16 h,然后将种子捞起滤水后在室内常温催芽,待根芽生长到半粒谷长时播种。

1.4.2 耕整秧田 秧田冬季深翻炕土,4 月 18 日旋耕碎垡;4 月 22 日灌水后旋耕第二遍,旋耕作业前撒施底肥,每 667 m² 撒施"鄂福"牌复混肥($N_{26}P_{10}K_{15}$)35 kg;4 月 25 日平整田面,次日按 200 cm 宽开沟作厢,用木板耱平厢面,待厢面浮泥沉实后清理厢沟,将沟中稀泥捞起浇在厢面上耱平。

1.4.3 精细播种 播种前一天将田间积水排干,同时人工再次平整厢面,使厢面没有低洼积水,浮泥沉实后播种。4 月 29 日播种,按芽谷重量确定秧床面积,实行定量均匀撒播,每平方米秧床播种芽谷 30 g 左右,最后用木板塌谷,让稀泥护住芽谷。

1.4.4 秧田管理 播种后人工驱赶麻雀,确保种子不遭雀害、不混杂,厢沟保持半沟水,确保厢面湿润无积水,立针现青后灌浅水;5 月 1 日每 667 m² 秧田用 30% 丙草胺乳油(扫弗特)100 g 兑水 30 kg 喷雾封杀杂草;5 月 10 日喷施多效唑 750 倍液(20 g 兑水 15 kg)促进分蘖,同时用二氯喹啉酸＋新甲胺,防除稗草和害虫;次日上水后每 667 m² 秧田追施尿素 10 kg,移栽前于 5 月 30 日喷施阿维·毒死蜱＋新甲胺防治稻象甲、稻蓟马及二化螟。

1.5 大田管理

1.5.1 整田施肥 大田采取干耕湿整。前茬大麦收割后,秸秆全量粉碎还田,5 月 18 日用拖拉机旋耕碎垡后,灌水泡田 2～3 天,然后用拖拉机旋耕整田,初步整平田块。插秧前两天结合二次耕整撒施底肥,每 667 m² 施"鄂福"牌复混肥($N_{26}P_{10}K_{15}$)40 kg,均匀撒施后耖耙整田。移栽返青后于 6 月 9 日追施分蘖肥,每 667 m² 用尿素 12.5 kg 拌 14% 苄·乙可湿性粉剂(水里欢)30 g 均匀撒施;晒田复水后因苗追施促花肥,每 667 m² 施尿素 6.5 kg＋氯化钾 7.5 kg。齐穗后结合喷药,喷施磷酸二氢钾叶面肥两次。

1.5.2 规范移栽 6 月 3 日移栽,按照试验设计要求,牵绳定距规范栽插,每蔸 2 株谷苗,各品种的实际栽插密度见表 44。

表 44 2016 年湖北省超级中稻展示品种秧苗素质及栽插情况汇总表

品种名称	秧苗素质			栽插规格			
	叶龄 /片	分蘖 /个	苗高 /cm	行距 /cm	穴距 /cm	密度/ (万株/667 米²)	基本苗/(万株/667 米²)
广两优香 66	7.0	2.3	27.2	29.2	15.9	1.440	9.90
珞优 8 号	6.8	2.9	26.8	27.2	14.7	1.670	6.68
扬两优 6 号	6.8	2.8	29.1	30.0	15.2	1.460	7.88
C 两优华占	7.1	2.0	25.4	29.7	15.2	1.482	8.00

品 种 名 称	秧 苗 素 质			栽 插 规 格			
	叶龄 /片	分蘖 /个	苗高 /cm	行距 /cm	穴距 /cm	密度/ (万株/667 米²)	基本苗/(万 株/667 米²)
深两优5814	7.0	3.3	26.8	29.7	14.8	1.519	9.03
丰两优四号	7.0	3.4	28.1	30.0	16.5	1.352	8.08
丰两优香一号	6.9	1.7	29.2	29.2	15.0	1.523	6.95
准两优608	6.9	3.7	27.1	30.0	16.0	1.387	7.21

1.5.3　科学管水　插秧后保持 3～5 cm 的水层,以利于返青、撒施除草剂;返青后灌浅水,湿润灌溉,促进分蘖;7月上旬,当每 667 m² 茎蘖数达到 25 万蘖左右时排水晒田;然后复水追施促花肥;孕穗末期遇高温(极端高温 35～38 ℃)灌 6～7 mm 水层;灌浆期间歇式灌"跑马水"。

1.5.4　防治病虫　以物理、生物技术诱杀和生物农药防治为主,辅以高效低毒农药防治,实行统防统治。重点防治"两病四虫",即纹枯病、稻曲病、稻纵卷叶螟、二化螟、三化螟和稻飞虱。7月7日用 32000 IU/mg 苏云金杆菌(常宽)＋阿维·毒死蜱＋甲维盐防治螟虫。根据品种始穗期,8月3日用 10％阿维·氟酰胺悬浮剂(稻腾)＋5.7％甲氨基阿维菌素苯甲酸盐＋烯啶·噻嗪酮喷雾防治螟虫和稻飞虱,用 75％肟菌·戊唑醇水分散粒剂(拿敌稳)兼治纹枯病及稻曲病;每 667 m² 用 50％氯溴异氰尿酸可溶粉剂(独定安)20 g＋0.136％赤·吲乙·芸苔可湿性粉剂(碧护)1 g,从发病日(8月2日)起每隔 7 天连防两次,先控制发病中心,然后整田用药预防,有效地控制了病害蔓延。

2. 结果与分析

2.1　品种全生育期

参展品种在统一播栽条件下,成熟期在 9 月 10—18 日之间,全生育期在 134～141 天之间,其中,全生育期较短的品种有准两优 608(134 天),C 两优华占和丰两优香一号(均为 135 天),丰两优四号和深两优 5814 全生育期分别为 137 天和 139 天,广两优香 66、珞优 8 号和扬两优 6 号全生育期为 141～142 天(表 45)。

表 45　2016 年湖北省超级中稻展示品种全生育期记载表

品种名称	播种期 (月/日)	移栽期 (月/日)	始穗期 (月/日)	齐穗期 (月/日)	成熟期 (月/日)	全生育期 /天
广两优香66	4/29	6/3	8/14	8/17	9/17	141
珞优8号	4/29	6/3	8/15	8/19	9/17	141
扬两优6号	4/29	6/3	8/15	8/18	9/18	142
C两优华占	4/29	6/3	8/5	8/8	9/11	135
深两优5814	4/29	6/3	8/12	8/15	9/15	139
丰两优四号	4/29	6/3	8/11	8/14	9/13	137
丰两优香一号	4/29	6/3	8/6	8/9	9/11	135
准两优608	4/29	6/3	8/8	8/11	9/10	134

2.2 植株形态性状

参展品种株高在 111.8～126.0 cm 之间，较矮的品种有 C 两优华占、准两优 608、丰两优香一号，较高的品种有广两优香 66、丰两优四号；茎秆地上基部第 1 节粗在 6.12～7.32 mm 之间，较粗的品种有丰两优四号、珞优 8 号（均超过了 7 mm），较细的品种是 C 两优华占。上部 3 片功能叶较大的品种有准两优 608、广两优香 66，较小的品种是深两优 5814（表 46）。

2.3 穗部经济性状

参展品种每 667 m² 有效穗在 12.35 万～16.3 万穗之间，每穗粒数在 201.2～234.6 粒之间，结实率在 75.0%～83.6% 之间，千粒重在 22.956～29.112 g 之间，每 667 m² 实产在 555.1～665.8 kg 之间（表 47）。

3. 讨论

3.1 气象灾害影响试验结果

今年中稻生长期间天气不太正常，苗期阴雨寡照，分蘖迟缓，使晒田苗数时间推迟，7 月上中旬正值晒田期，持续大到暴雨阻碍了中稻晒田，主茎叶片生长较常年慢 0.8 片左右，营养生长期延长，抽穗期推迟，抽穗期间在 8 月 2—11 日抽穗的品种，日平均气温在 30 ℃ 以内，开花结实正常，在 8 月 11—25 日期间，持续晴热高温天气，日最高气温在 33.7～38.4 ℃ 之间，尽管田间一直保持井水（18 ℃）灌溉，此期间抽穗扬花的部分品种，结实率受到不同程度影响，参展品种的千粒重和产量较上年降低。

3.2 品种的耐高温结实性得到表现

在气候条件的胁迫下，参试品种的抗逆性和经济产量差异性表现充分，其中 C 两优华占、丰两优香一号、丰两优四号等品种耐高温结实性好、产量较高；广两优香 66、珞优 8 号的全生育期较长，耐高温结实性较好；耐高温性较差、结实率和产量比较低的是深两优 5814 等品种，生产应用上应根据当地气候条件推算合理的播种期，使抽穗扬花期避开常年的高温期，遇高温可采取科学管水，调节田间小气候，提高稻株抗高温能力，实现抗灾夺丰收。

表46　2016年湖北省超级中稻展示品种农艺性状观测汇总表

品种名称	株型	剑叶形态	叶色	稃尖色	芒	总叶片数/片	株高/cm	穗长/cm	倒1节 长/cm	倒2节 长/cm	倒3节 长/cm	倒4节 长/cm	倒5节 长/cm	倒6节 长/cm	倒7节 长/cm	剑叶长×宽/(cm×cm)	倒2叶长×宽/(cm×cm)	倒3叶长×宽/(cm×cm)	茎秆粗/mm
广两优香66	紧束	挺直	绿色	无色	短顶	16.2	125.8	24.7	39.7	18.4	20.4	15.9	5.1	1.6	—	36.1×2.3	50.6×2.0	65.1×1.7	6.87
珞优8号	紧束	挺直	绿色	无色	短顶	17.0	119.9	22.6	38.3	17	17.6	13.6	8.3	2.5	0.1	34.6×1.8	43.0×1.6	58.0×1.5	7.06
扬两优6号	紧束	挺直	绿色	无色	短顶	16.0	121.9	25.5	39.4	19.1	19.6	13.4	4.4	0.5	—	35.5×2.2	50.0×1.7	62.9×1.6	6.89
C两优华占	适中	挺直	绿色	无色	顶芒	15.4	111.8	26.5	40.1	21.5	12.8	6.7	2.3	1.9	—	36.1×1.7	48.0×1.3	54.8×1.2	6.12
深两优5814	紧束	卷披	绿色	无色	短顶	15.4	122.4	27.8	38.3	19.1	19.7	10.1	5.5	1.9	0.3	27.9×2.1	36.5×1.7	50.8×1.5	6.95
丰两优四号	紧束	挺直	绿色	无色	顶芒	15.7	126.0	26.3	34.3	22.3	21.6	13.4	6.3	1.8	—	29.4×2.1	45.9×1.9	55.6×1.8	7.32
丰两优香一号	适中	一般	绿色	无色	短顶	15.0	118.6	27.4	38.4	20.8	19.6	8.9	2.9	0.6	—	39.0×2.2	48.4×1.6	59.4×1.3	6.93
准两优608	紧束	卷挺	绿色	无色	短顶	14.8	116.6	28.5	36.1	18.9	17.1	9.1	5.8	1.1	—	44.8×2.3	53.7×2.2	67.7×1.7	6.47

表47　2016年湖北省超级中稻展示品种经济性状及产量汇总表

品种名称	基本苗/(万株/667米²)	最高苗/(万株/667米²)	有效穗/(万穗/667米²)	成穗率/(%)	穗粒数/(粒/穗)	实粒数/(粒/穗)	结实率/(%)	千粒重/g	实产/(kg/667 m²)
广两优香66	9.9	23.6	12.35	52.4	220.1	177.5	80.6	28.782	605.7
珞优8号	6.7	22.0	13.23	59.5	234.6	185.1	78.9	25.112	585.1
扬两优6号	7.9	22.3	13.02	58.7	210.3	161.2	76.7	29.020	590.1
C两优华占	8.0	25.6	16.30	63.7	213.0	175.0	82.2	24.455	665.8
深两优5814	9.0	26.8	15.90	59.4	203.1	152.3	75.0	22.956	551.1
丰两优四号	8.1	23.6	13.33	56.6	210.3	175.3	83.4	29.112	641.0
丰两优香一号	7.0	19.9	14.06	68.1	223.0	186.4	83.6	25.489	662.3
准两优608	7.2	19.9	14.01	70.4	201.2	152.2	75.6	28.572	585.9

2016 年湖北省中稻新品种生产试验栽培技术总结

为进一步系统观察中稻生产试验品种的特征特性，鉴定品种的丰产性、稳产性及抗逆性，摸索配套的高产栽培技术，为品种审定及以后大面积推广提供技术支撑，特组织开展中稻新品种生产试验。

1. 参试品种

按照湖北省水稻品种审定程序，特组织湖北省中稻品种区试中表现突出的 26 个品种进行生产试验，包括以丰两优四号、中粳以扬两优 6 号作对照的中籼品种，由湖北省种子管理局组织参试单位供种，参试品种及其供（育）种单位见表 48。

表 48　参试品种名称及供（育）种单位

品种名称	供（育）种单位	品种名称	供（育）种单位
7A/R370	中垦锦绣华农武汉科技有限公司	广两优 1133	湖南金健种业科技有限公司
粤农丝苗	广东省农业科学院水稻研究所	095S/R92067	武汉武大天源生物科技股份有限公司
六两优 628	安徽绿亿种业有限公司	荃优金 1 号	深圳市金谷美香实业有限公司
华两优 655	华中农业大学	隆两优 1146	武汉市福达经济发展有限公司
M 两优 534	湖南隆平种业有限公司	晶两优 1177	四川隆平高科种业有限公司
E 两优 1453	武汉隆福康农业发展有限公司	荃优华占	湖北荃银高科种业有限公司
巨风优 650	湖北省农科院粮作所	全两优 3 号	湖北荃银高科种业有限公司
创两优 627	湖北鄂科华泰种业股份有限公司	957A/华占	武汉敦煌种业有限公司
云两优 247	武汉市文鼎农业生物技术有限公司	华两优 2821	湖北惠民农业科技有限公司
巨 2 优 3137	海南广陵高科实业有限公司	丰两优四号	合肥丰乐种业股份有限公司
C 两优 33	湖南金色农华种业科技有限公司	甬优 4953	宁波市种子有限公司
巨 2 优 60	湖北省农科院粮作所	扬两优 6 号	北京金色农华种业科技有限公司
雨两优 471	中国水稻研究所	万象优 111	江西弘一种业科技股份有限公司

2. 试验设计

2.1　试验地点

试验分别安排在湖北省现代农业展示中心种子专业园水田展示区的 3、4、5、6、14 号田；属长江冲积平原，潮土土质，海拔 20.3 m，3 号田前茬为大麦，其他田前茬作物为小麦。

2.2 田间设计

试验不设重复,每个品种栽植 667~1000 m²,实行宽行窄株人工栽插,即行距 30 cm(9寸)、株距 13.3 cm(4 寸),每 667 m² 栽插 1.67 万穴,每穴插 2 株谷苗,基本苗 5 万~8 万株,田间管理与大田生产相接近。

2.3 观察记载

参试品种在同一田块内栽插一个小区(13.33 m²),并按水稻品种试验观察记载项目及标准,进行田间观察记载,详细记载品种的全生育期、特征特性、抗逆性及栽培管理措施等;齐穗后 15 天左右取两个标准蔸考察植株农艺性状;成熟期在田间选有代表性的点横向连续调查 20 蔸的有效穗,选取 2 个平均穗数蔸用于室内考种,小区单打单收计实产。

3. 栽培管理

3.1 湿润育秧

3.1.1 种子处理　播种前晒种,依据种植面积、品种千粒重及发芽率计算并称量出实际播种量;5 月 4 日同期浸种催芽,按 5 g 强氯精兑水 2.5 kg 浸种 3 kg 的比例统一浸种,浸种 8 h 后把种子捞起用清水清洗,再用清水浸种 16 h,然后将种子捞起滤水后在室内催芽,待根芽生长到半粒谷长时播种。

3.1.2 耕整秧田　秧田冬季深翻炕土,4 月 22 日旋耕碎垡;4 月 28 日灌水后旋耕第二遍,旋耕作业前撒施底肥,每 667 m² 撒施"鄂福"牌复混肥($N_{26}P_{10}K_{15}$)30 kg;5 月 4 日人工平整田面,次日按 200 cm 宽开沟作厢,用木板糊平厢面,待厢面浮泥沉实后清理厢沟,将沟中稀泥捞起铺在厢面上糊平。

3.1.3 精细播种　播种前一天将田水排干,同时人工再次平整厢面,使厢面没有低洼积水,浮泥沉实后播种。5 月 6 日播种(表 49),芽谷按单位面积播种量称量到厢,均匀撒播,然后用木板塌谷,盖住芽谷。

表 49　2016 年湖北省中稻生产试验新品种全生育期观察记载汇总表

品种名称	播种期 (月/日)	移栽期 (月/日)	移栽秧龄 /天	始穗期 (月/日)	齐穗期 (月/日)	成熟期 (月/日)	全生育期 /天
7A/R370	5/6	6/5	30	8/16	8/20	9/18	135
粤农丝苗	5/6	6/4	29	8/6	8/10	9/10	127
六两优 628	5/6	6/5	30	8/12	8/16	9/15	132
华两优 655	5/6	6/6	31	8/14	8/18	9/15	132
M 两优 534	5/6	6/4	29	8/12	8/15	9/13	130
E 两优 1453	5/6	6/6	31	8/12	8/15	9/14	131
巨风优 650	5/6	6/5	30	8/12	8/16	9/14	131
创两优 627	5/6	6/4	29	8/12	8/15	9/16	133
云两优 247	5/6	6/6	31	8/15	8/19	9/16	133

品种名称	播种期（月/日）	移栽期（月/日）	移栽秧龄/天	始穗期（月/日）	齐穗期（月/日）	成熟期（月/日）	全生育期/天
巨2优3137	5/6	6/6	31	8/16	8/20	9/20	137
C两优33	5/6	6/6	31	8/9	8/13	9/12	129
巨2优60	5/6	6/5	30	8/12	8/15	9/14	131
雨两优471	5/6	6/6	31	8/12	8/16	9/14	131
广两优1133	5/6	6/4	29	8/11	8/15	9/11	128
095S/R92067	5/6	6/4	29	8/13	8/16	9/16	133
荃优金1号	5/6	6/6	31	8/16	8/20	9/19	136
隆两优1146	5/6	6/4	29	8/12	8/16	9/15	132
晶两优1177	5/6	6/6	31	8/16	8/20	9/15	135
荃优华占	5/6	6/4	29	8/11	8/14	9/14	130
全两优3号	5/6	6/4	29	8/13	8/17	9/14	131
957A/华占	5/6	6/4	29	8/4	8/8	9/6	123
华两优2821	5/6	6/5	30	8/12	8/17	9/14	131
甬优4953	5/6	6/6	31	8/11	8/16	9/17	134
丰两优四号	5/6	6/6	31	8/13	8/17	9/16	133
扬两优6号	5/6	6/6	31	8/17	8/21	9/20	137
万象优111	5/6	6/6	31	8/10	8/14	9/13	130

3.1.4　秧田管理　播种后防麻雀,确保种子不遭雀害、不混杂,厢沟保持半沟水,确保厢面湿润无积水,立针现青后灌浅水;5月8日每667 m^2 秧田用30%丙草胺乳油(扫莪特)100 g兑水30 kg喷雾封杀杂草;5月18日前后喷施多效唑750倍液(20 g兑水15 kg)促分蘖,同时喷施二氯喹啉酸＋新甲胺喷雾,防杂草和害虫;5月19日前后(三叶期)每667 m^2 秧田追施尿素10 kg;移栽前喷施"阿维菌素＋甲维盐＋吡蚜酮或乙酰甲胺磷"防治稻象甲、稻蓟马及二化螟等。

3.2　机械耕整

大田采取干耕湿整。5月20日前后大小麦收割后,秸秆粉碎还田,次日用拖拉机翻耕炕土,5月下旬灌水泡田3~4日,再用拖拉机旋耕整田,整平田块。

3.3　规范移栽

6月4—6日移栽,按照试验设计要求,牵绳定距人工栽插,各品种的实际栽插密度详见表50。

表 50　2016 年湖北省中稻生产试验新品种秧苗素质及栽插情况汇总表

品种名称	移栽期秧苗素质			大田栽插质量			
	苗高 /cm	叶龄 /片	单株分蘖 /个	株距 /cm	行距 /cm	栽插密度 /(万蔸/667 米²)	基本苗 /(万株/667 米²)
7A/R370	36.6	6.34	1.5	15.8	29.3	1.44	8.06
粤农丝苗	23.9	6.33	1.4	14.6	29.3	1.56	6.86
六两优 628	33.6	6.32	1.8	15.0	29.3	1.52	6.84
华两优 655	29.3	6.06	2.0	14.6	26.0	1.76	7.92
M 两优 534	28.6	6.47	2.6	14.5	29.3	1.57	8.01
E 两优 1453	32.6	6.81	3.9	14.3	26.1	1.79	9.31
巨风优 650	29.9	6.31	2.3	15.0	30.0	1.48	5.77
创两优 627	24.6	6.33	1.9	14.0	27.3	1.74	9.92
云两优 247	26.8	6.30	1.3	15.0	28.6	1.55	6.51
巨 2 优 3137	32.6	5.95	1.9	14.3	28.6	1.63	5.71
C 两优 33	27.4	6.34	2.7	14.3	28.6	1.63	7.50
巨 2 优 60	28.1	5.92	1.6	15.0	28.6	1.55	5.89
雨两优 471	27.7	6.47	3.3	15.0	28.6	1.55	6.51
广两优 1133	30.6	6.07	2.2	14.0	28.6	1.67	6.51
095S/R92067	28.6	6.63	2.0	14.6	30.0	1.52	7.14
荃优金 1 号	31.6	6.88	2.9	14.6	29.3	1.56	7.49
隆两优 1146	29.7	6.39	2.1	14.3	30.0	1.55	5.89
晶两优 1177	23.1	6.08	2.3	14.6	27.3	1.67	8.18
荃优华占	29.6	6.28	1.6	15.0	29.3	1.51	6.80
全两优 3 号	29.7	6.17	1.5	14.6	29.0	1.58	7.58
957A/华占	30.8	6.68	1.5	14.6	29.3	1.56	7.02
华两优 2821	29.8	6.03	1.8	15.4	28.6	1.51	6.80
甬优 4953	21.4	5.94	2.0	14.6	26.1	1.75	7.18
丰两优四号	29.4	5.98	1.5	15.0	28.6	1.55	5.89
扬两优 6 号	31.1	6.29	2.8	13.3	28.6	1.75	8.05
万象优 111	31.3	6.69	3.1	14.6	29.3	1.56	8.58

3.4　因苗追肥

大田旋耕第二遍前撒施底肥,每 667 m² 用尿素 10～15 kg 拌 14％苄·乙可湿性粉剂(水里欢)30 g 均匀撒施;晒田复水后因苗追施促花肥,每 667 m² 施尿素 5 kg、氯化钾 5 kg,灌浆结实期结合喷药防虫,叶面喷施磷酸二氢钾两次。

3.5　科学管水

插秧后保持 3～5 cm 的水层,以利于返青、撒施除草剂;返青后灌浅水,湿润灌溉,促进分蘖；7月上、中旬叶龄余数为3.5片时复水，并追施促花肥；孕穗抽穗期灌水防热害；灌浆期间歇灌水。

3.6 防治病虫

以杀虫灯性诱剂诱杀和生物农药防治为主，辅以高效低毒农药防治，实行统防统治。前期按照"防虫不治病"的原则开展稻纵卷叶螟、二化螟、三化螟和稻飞虱等害虫的防治。6月中旬喷施32000 IU/mg苏云金杆菌（常宽）+阿维菌素防治稻蓟马、稻象甲等；7月上旬喷施40％氯虫·噻虫嗪（福戈）+阿维菌素防治稻纵卷叶螟等；8月2—3日用氯溴异氰尿酸+0.136％赤·吲乙·芸苔可湿性粉剂（碧护）+磷酸二氢钾防治细菌条斑病；8月8—11日再用氯溴异氰尿酸+0.136％赤·吲乙·芸苔可湿性粉剂（碧护）+磷酸二氢钾+10％阿维·氟酰胺（稻腾）+吡蚜酮防治细菌性条斑病、稻纵卷叶螟、稻飞虱等。

4. 天气情况

今年中稻新品种生产试验期间的气象灾害较重。首先是6月中旬至7月中旬的长达42天梅雨，降雨强度大，低温寡照致使大田秧苗分蘖迟缓，主茎叶片数较常年少0.8片左右，持续的阴雨天阻碍了中稻晒田，营养生长期延长，抽穗期推迟，7月22日至8月2日持续高温天气，日最高气温在35.6～39.7 ℃，对此时抽穗品种的授粉结实不利；8月上旬晴雨相间，日平均气温在30 ℃以内，有利于此时抽穗品种扬花结实；8月10—25日出现第二段晴热高温天气，日最高气温在33.7～38.4 ℃，尽管在高温期采取了井水灌溉、保持深水层改善田间小气候、喷施叶面肥提高稻株抗性等措施，但气温高、空气湿度小、持续时间长，参试品种的结实、灌浆均受到了不同程度的影响。

5. 结果与分析

5.1 全生育期

参试品种在同一播种条件下，始穗期、齐穗期、成熟期差异明显，其中播始历期在90～103天，极差值13天；齐穗至成熟28～33天，极差值5天；全生育期123～137天，极差值14天。这表明品种的熟期早迟主要取决播始历期的长短，早熟品种是957A/华占、广两优1133、粤农丝苗、M两优534等大多在8月15日之前齐穗，9月13日之前成熟，全生育期不超过130天，较对照品种丰两优四号熟期早3天以上，熟期较迟的品种是荃优金1号、巨2优3137、粳稻的对照品种扬两优6号等全生育期天数在136天以上，甬优4953较扬两优6号熟期提早3天，其余品种的全生育期在131～135天之间，熟期适中（表49）。

5.2 苗情动态

5.2.1 秧苗素质 在移栽前1～2天考察秧苗素质，参试品种平均叶龄约为6.3片，苗高约为29.2 cm，单株分蘖2.13个，达到了壮秧标准。秧苗素质较好的是E两优1453、雨两优471、万象优111、扬两优6号、荃优金1号、C两优33、M两优534，这些品种的单株分蘖都在2.5个以上，秧苗素质较差的粤农丝苗、云两优247单株分蘖在1.5个以下（表50）。

5.2.2 大田叶蘖生长动态 秧苗移栽返青后，同品种同田进行5点调查基本苗，平均基本苗约为7.23万株/667米²，达到了设计要求（表50）。在基本苗大体相近的情况下，最高苗极差值为 17.89 万/667 m²（表 52），品种间差异显著，分蘖力相对较强的品种是 095S/R92067、丰两优四号、荃优华占、晶两优 1177、隆两优 1146、荃优金 1 号、巨 2 优 60、C 两优 33、创两优 627 等，这些品种分蘖率达到 400% 以上，最高苗都在 31 万株/667 米² 以上；分蘖力偏弱的品种是万象优 111、扬两优 6 号、全两优 3 号、巨 2 优 3137、巨风优 650、华两优 655、7A/R370 等品种的分蘖率小于 290%。主茎叶片数在 15.3～17.8 片，以 095S/R92067 较多，为 17.8 片；其次是云两优 247，为 17.7 片；叶片数在 17 片以上的还有 7A/R370、创两优 627、荃优华占；主茎叶片数较少的品种是全两优 3 号，为 15.3 片，少于 16 片叶的品种还有丰两优四号、957A/华占、六两优 628、隆两优 1146，其余品种的主茎叶片数在 16～17 片（表 51）。

5.3　品种农艺性状

大部分品种地上部分有 6 个伸长节。株高以扬两优 6 号为最高，为 130.9 cm；其次是巨 2 优 60(130.8 cm)、巨 2 优 3137(129.8 cm)、7A/R370(129.1 cm)、华两优 2821(128.8 cm)。株高最矮的品种为 957A/华占，仅 98.9 cm；其次是创两优 627 和云两优 247，均为 108.7 cm；还有 M 两优 534 为 110.0 cm，E 两优 1453 为 110.2 cm；其他品种株高为 112.5～126.9 cm。穗长为 20.8～29.9 cm，云两优 247 最短，巨风优 650 最长。地上部第一节茎秆粗，最粗的品种为扬两优 6 号为 8.39 cm，超过 7 mm 的品种还有全两优 3 号(7.75 mm)、7A/R370(7.66 mm)、华两优 2821(7.50 mm)、巨风优 650(7.43 mm)、巨 2 优 3137(7.30 mm)、雨两优 471(7.26 mm)、丰两优四号(7.26 mm)、荃优金 1 号(7.10 mm)、万象优 111(7.10 mm)、广两优 1133(7.02 mm)；茎秆粗最细的品种为 957A/华占，为 5.44 mm，还有粤农丝苗较细，为 5.61 mm，其余品种为 6.14～6.99 mm（表 51）。

5.4　经济性状

5.4.1　有效穗　有效穗每 667 m²（以下同）最多的是 C 两优 33，为 19.01 万穗；其次是创两优 627(17.80 万穗)、粤农丝苗(17.24 万穗)、957A/华占(17.11 万穗)、M 两优 534(17.04 万穗)、荃优华占(16.36 万穗)、隆两优 1146(16.07 万穗)。有效穗最少的品种为甬优 4953，为 12.24 万穗；其次是全两优 3 号(12.45 万穗)、巨 2 优 60(12.60 万穗)、扬两优 6 号(12.95 万穗)，其余品种为 13.40 万～15.36 万穗（表 52）。

5.4.2　穗粒（率）数　参试品种的实粒数较多的品种是粳稻品种甬优 4953，每穗为 192.6 粒，其次是中籼品种创两优 627(180.6 粒/穗)、晶两优 1177(180.2 粒/穗)；穗实粒数较少的品种依次是隆两优 1146(107.7 粒/穗)、C 两优 33(112.8 粒/穗)、巨风优 650(116.7 粒/穗)、巨 2 优 3137(126.2 粒/穗)，其余品种的每穗实粒数在 132.6～178.4 粒。大多数试验品种在抽穗扬花期间经历 35 ℃ 以上的高温，抗高温结实性较好的品种有晶两优 1177、扬两优 6 号、雨两优 471、丰两优四号、创两优 627、7A/R370、E 两优 1453 等结实率均在 84% 以上；抗高温结实性相对较差的品种只有万象优 111 为 72.3%，巨风优 650 为 74.5%，其余品种的结实率在 75%～84%。

5.4.3　千粒重　灌浆期间受高温逼熟的影响，灌浆期缩短，千粒重较常年下降，除巨风优 650 为 30.1 g 以外，其他品种均未达到 30 g。千粒重相对较高的品种是扬两优 6 号(29.8 g)、隆两优 1146(29.6 g)、E 两优 1453(29.6 g)、广两优 1133(29.2 g)、华两优 655(28.5 g)；千粒重较低的品种是创两优 627(20.4 g)、957A/华(20.6 g)、粤农丝苗(20.7 g)、M 两优 534

（21.0 g）、C 两优 33（22.0 g）、095S/R92067（22.1 g）；其他品种千粒重为 23.1～28.1 g（表52）。

5.5 稻谷产量

小区实收单产最高的品种是创两优 627，为 602.8 kg，其次是 M 两优 534（597.5 kg）、晶两优 1177（585.3 kg）、雨两优 471（562.9 kg）、荃优华占（562.7 kg）、7A/R370（562.5 kg）、华两优 2821（561.3 kg），均高于对照扬两优 6 号，比对照丰两优四号增产的，除上述品种外，还有华优 655（557.4 kg）、荃优金 1 号（550.2 kg）、957A/华占（537.6 kg）、E 两优 1453（532.7 kg），其他品种均低于丰两优四号，其中常规稻粤农丝苗的产量最低，为 404.6 kg（表52）。

6. 讨论

综合品种丰产性、稳产性、抗逆性等因素来分析，创两优 627、M 两优 534、雨两优 471、荃优华占、华两优 655、957A/华占、E 两优 1453 等品种表现突出，可大面积推广种植；7A/R370、华两优 2821，产量高、茎秆粗壮、坚韧，后期熟相好，增产潜力大；晶两优 1177、荃优金 1 号产量高，抗性强，后期叶青籽黄，但熟期较长，通过加强栽培管理，调控水肥和播种期，可夺取高产；其他品种可根据品种特性因地制宜推广应用。

表51 2016年湖北省中稻生产试验新品种植株农艺性状观测汇总表

品种名称	株型	剑叶形态	叶色	芒	释头色	总叶片数/片	株高/cm	穗长/cm	倒1节长/cm	倒2节长/cm	倒3节长/cm	倒4节长/cm	倒5节长/cm	倒6节长/cm	剑叶长×宽/(cm×cm)	倒2叶长×宽/(cm×cm)	倒3叶长×宽/(cm×cm)	茎秆粗/mm
7A/R370	紧束	挺	一般	无	无	17.5	129.1	28.5	39.4	17.9	19.5	12.6	6.9	4.3	30.0×2.13	54.0×1.99	68.8×1.78	7.66
粤农丝苗	紧束	挺	淡绿	无	无	16.7	112.5	26.9	40.0	23.8	11.6	7.0	2.6	0.6	29.3×1.61	39.8×1.33	46.9×1.11	5.61
六两优628	紧束	挺	浓绿	有	无	15.6	117.9	24.4	35.3	20.0	19.3	11.5	5.8	1.6	40.9×2.09	63.1×1.76	66.8×1.59	6.82
华两优655	适中	一般	一般	无	有	16.3	120.7	26.4	38.8	18.1	18.3	11.3	6.3	1.5	34.0×1.90	48.7×1.51	55.0×1.46	6.74
M两优534	紧束	挺	浓绿	无	有	16.8	110.0	24.6	34.0	21.0	16.3	8.7	5.0	0.4	26.1×1.53	36.9×1.31	55.2×1.27	6.92
E两优1453	适中	挺	一般	无	无	16.0	110.2	27.8	38.3	19.7	19.4	10.1	4.1	0.9	34.1×1.85	50.9×1.53	60.9×1.39	6.87
巨风优650	适中	一般	一般	有	无	16.3	125.1	29.9	39.8	20.3	17.0	10.1	5.9	2.1	41.5×2.24	64.0×1.88	74.5×1.74	7.43
创两优627	紧束	挺	一般	无	有	17.3	108.7	28.6	39.4	20.5	12.4	4.9	2.9	—	44.4×1.82	46.0×1.36	47.0×1.13	6.14
云两优247	紧束	挺	浓绿	无	无	17.7	108.7	20.8	34.6	17.6	15.7	10.6	5.5	3.9	30.0×2.09	41.7×1.80	51.8×1.59	6.99
巨2优3137	适中	一般	淡绿	有	无	16.5	129.8	24.8	42.5	21.8	18.0	14.2	7.8	0.7	33.8×2.15	47.7×1.82	61.3×1.52	7.30
C两优33	紧束	挺	浓绿	无	有	16.4	114.8	27.6	41.1	23.9	14.2	5.3	2.3	0.3	37.7×1.83	54.2×1.46	54.1×1.31	6.44
巨2优60	松散	一般	一般	有	无	17.0	130.8	27.3	37.1	21.6	19.6	14.3	7.5	3.4	33.4×2.06	54.4×1.71	66.1×1.51	6.90
雨两优471	紧束	挺	浓绿	有	有	16.6	121.0	23.9	36.8	20.1	17.7	14.1	6.1	2.3	32.4×2.01	48.3×1.79	60.9×1.61	7.26
广两优1133	紧束	挺	浓绿	无	无	16.0	112.8	26.0	34.6	15.8	17.6	11.5	6.4	0.9	27.1×1.75	38.1×1.40	51.6×1.39	7.02
095S/R92067	紧束	挺	浓绿	有	有	17.8	114.7	23.1	33.9	18.6	18.0	10.8	6.6	3.7	32.3×1.64	44.4×1.50	55.3×1.21	6.80
奎优金1号	适中	一般	一般	有	无	17.0	124.8	24.4	38.0	18.4	19.8	12.9	8.3	3.0	27.7×2.31	45.0×2.01	58.3×1.84	7.10
隆两优1146	适中	一般	浓绿	有	无	15.7	123.1	26.4	39.0	23.5	19.8	9.7	4.4	0.3	33.4×1.63	44.8×1.45	53.6×1.39	6.39
晶两优1177	紧束	挺	一般	无	无	16.5	123.3	27.6	43.6	18.0	14.0	12.9	5.0	2.2	30.8×1.95	39.6×1.78	49.6×1.54	6.70

续表

品种名称	株型	剑叶形态	叶色	芒	稃尖色	总叶片数/片	株高/cm	穗长/cm	倒1节 长/cm	倒2节 长/cm	倒3节 长/cm	倒4节 长/cm	倒5节 长/cm	倒6节 长/cm	剑叶长×宽/(cm×cm)	倒2叶长×宽/(cm×cm)	倒3叶长×宽/(cm×cm)	茎秆粗/mm
莹优华占	适中	一般	一般	无	无	17.3	122.5	25.4	36.1	19.2	19.3	13.4	7.2	1.9	26.4×1.71	38.8×1.43	50.4×1.37	6.51
全两优3号	适中	一般	浓绿	有	无	15.3	126.4	29.1	42.0	25.8	17.9	8.4	2.9	0.3	40.0×1.90	57.0×1.80	64.1×1.56	7.75
957A/华占	适中	一般	一般	无	无	15.6	98.9	22.6	32.5	19.0	12.6	9.8	2.4		27.8×1.36	41.8×1.25	45.3×1.06	5.44
华两优2821	适中	一般	浓绿	无	无	16.0	128.8	28.2	40.1	19.6	20.0	13.0	5.8	2.1	37.0×2.19	53.6×1.75	65.3×1.69	7.50
甫优4953	紧束	挺	一般	无	无	16.2	122.2	27.4	36.5	17.5	18.9	7.6	3.5	0.8	43.0×2.08	54.9×1.56	58.8×1.36	6.87
丰两优四号	适中	一般	浓绿	无	无	15.4	126.9	26.8	39.0	19.4	20.0	14.9	5.3	1.4	34.1×2.04	46.1×1.80	60.3×1.46	7.26
扬两优6号	适中	挺	一般	无	无	16.9	130.9	28.9	43.8	21.3	18.0	11.6	5.4	1.9	36.7×2.22	48.5×1.73	58.7×1.52	8.39
万象优111	适中	一般	一般	无	有	16.0	117.4	26.6	40.9	20.3	17.1	7.4	4.0	1.1	35.1×2.11	52.8×1.71	68.1×1.53	7.10

表52　2016年湖北省中稻生产试验新品种产量结构考种汇总表

品种	基本苗/(万株/667米²)	最高苗/(万株/667米²)	有效穗/(万穗/667米²)	成穗率/(%)	穗粒数/(粒/穗)	实粒数/(粒/穗)	结实率/(%)	千粒重/g	实产/(kg/667 m²)
7A/R370	7.80	25.62	13.40	52.3	205.7	173.4	84.3	26.4	562.5
粤农丝苗	7.36	32.57	17.24	52.9	175.1	132.6	75.7	20.7	404.6
六两优628	7.01	28.91	14.41	49.8	168.1	138.3	82.3	27.2	482.8
华两优655	7.91	28.28	13.45	47.6	186.1	155.6	83.6	28.5	557.4
M两优534	7.63	36.45	17.04	46.7	204.4	173.5	84.9	21.0	597.5
E两优1453	7.12	30.80	14.56	47.3	162.5	136.7	84.1	29.6	532.7
巨风优650	6.17	24.50	14.11	57.6	156.6	116.7	74.5	30.1	427.6

续表

品　种	基本苗 /(万株/667米²)	最高苗 /(万株/667米²)	有效穗 /(万穗/667米²)	成穗率 /(%)	穗粒数 /(粒/穗)	实粒数 /(粒/穗)	结实率 /(%)	千粒重 /g	实产 /(kg/667 m²)
创两优627	7.19	38.85	17.80	45.8	214.0	180.6	84.4	20.4	602.8
云两优247	6.60	32.90	14.86	45.2	178.2	146.8	82.4	25.2	519.3
巨2优3137	5.57	21.35	14.76	69.1	154.6	126.2	81.6	28.1	490.7
C两优33	6.73	39.24	19.01	48.4	139.4	112.8	80.9	22.0	441.2
巨2优60	5.98	31.12	12.60	40.5	178.1	148.5	83.4	28.1	487.5
雨两优471	7.63	32.21	15.21	47.2	181.2	155.6	85.9	25.8	562.9
广两优1133	7.65	33.90	13.83	40.8	168.4	139.3	82.7	29.2	517.8
095S/R92067	6.17	37.44	15.32	40.9	176.8	146.1	82.6	22.1	457.6
荃优金1号	6.17	31.59	13.57	43.0	214.7	178.4	83.1	24.2	550.2
隆两优1146	7.36	37.26	16.07	43.1	142.7	107.7	75.5	29.6	477.4
晶两优1177	6.38	32.23	14.12	43.8	203.6	180.2	88.5	24.8	585.3
荃优华占	6.77	35.53	16.36	46.0	186.7	153.6	82.3	23.9	562.7
全两优3号	7.32	23.09	12.45	53.9	192.4	159.1	82.7	28.1	520.2
957A/华占	6.69	32.85	17.11	52.1	203.7	165.8	81.4	20.6	537.6
华两优2821	5.74	25.81	14.11	54.7	187.7	151.9	80.9	27.8	561.3
甬优4953	6.94	29.28	12.24	41.8	245.1	192.6	78.6	23.1	489.6
丰两优四号	5.51	31.71	13.59	53.7	184.1	155.3	84.4	27.2	527.4
扬两优6号	7.48	25.62	12.95	50.5	185.8	160.7	86.5	29.8	558.7
万象优111	8.04	28.05	15.36	54.8	208.9	151.1	72.3	25.2	512.1

注:为了便于品种间比较,苗情动态在同一块田的计产小区内调查,与大田的苗情有差异。

2016 年湖北省中粳新品种
展示试验总结

湖北省地处亚热带,光、热、水资源丰富,因地制宜地发展种植中迟熟粳稻,充分利用本地区 9 月初至 10 月中下旬的温光资源和昼夜温差提高稻谷产量和品质,是促进农业提质增效的新途径,因此,特组织开展中粳新品种展示试验。

1. 展示品种

在前几年多点展示试验的基础上,湖北省农业技术推广总站从省内外科研单位筛选引进表现突出的中粳品种 5 个,分别是 13JF03、13LB05A/恢 13、0B19A/14HR07、JD818、15DF03。

2. 展示设计

2.1 展示地点

展示地点安排在湖北省现代农业展示中心种子专业园农作物品种展示区 15 号田,属长江冲积平原,潮土土质,海拔 20.3 m,前茬作物为大麦。

2.2 田间设计

采用大区对比展示,品种在田间随机排列,不设重复,以中籼扬两优 6 号为对照。每个品种南北向栽插 135 m²,大区长 30.0 m、宽 4.5 m,推行宽行窄株栽插,即行距 30 cm、株距 13.3 cm,每 667 m² 栽插 1.67 万穴,每穴插 2 株谷苗,田间管理同大田生产。

2.3 观察记载

按湖北省水稻品种区域试验观察记载项目与标准进行田间观察记载,详细记载品种的全生育期、特征特性、抗逆性及栽培管理措施等;成熟期在田间进行 3 点取样计产,每点量取 21 行和 21 蔸的间距,计算株行距和密度,选有代表性的点横向连续调查 20 蔸的有效穗,并取 2 个平均穗数蔸用于室内考种,收割 13.33 m² 单打测产。

3. 栽培管理

3.1 湿润育秧

3.1.1 种子处理 浸种前晒种,依据种植面积、品种的千粒重及发芽率计算并称量出实际用种量;4 月 26 日同期浸种催芽,按 5 g 强氯精兑水 2.5 kg 浸种 3 kg 的比例统一浸种,浸种 8 h 后把种子捞起用清水清洗,再用清水浸种 16 h,然后将种子捞起滤水后在室内常温催芽,待根芽生长到半粒谷长时播种。

3.1.2 耕整秧田 秧田冬季深翻炕土,4 月 18 日旋耕碎垡;4 月 22 日灌水后旋耕第二遍,旋耕作业前撒施底肥,每 667 m² 撒施"鄂福"牌复混肥($N_{26}P_{10}K_{15}$)35 kg;4 月 25 日平整田面,次日按 200 cm 宽开沟作厢,用木板耥平厢面,待厢面浮泥沉实后清理厢沟,将沟中稀泥捞起浇在厢面上耥平。

3.1.3 精细播种 播种前一天将田间积水排干,同时人工再次平整厢面,使厢面没有低洼积水,浮泥沉实后播种。4 月 29 日播种(表 53),按芽谷重量推算秧床面积,实行定量均匀撒播,每平方米秧床播种芽谷 30 g 左右,最后用木板塌谷,让稀泥护住芽谷。

表 53 2016 年湖北省中粳新品种展示试验全生育期及植株性状观测结果汇总表

品种名称	播种期(月/日)	移栽期(月/日)	始穗期(月/日)	齐穗期(月/日)	成熟期(月/日)	全生育期/天	群体整齐度	株型	叶色	叶姿	长势	熟期转色	落粒性
13JF03	4/29	6/3	8/18	8/21	9/23	147	一般	紧束	绿色	挺直	一般	好	较难
13LB05A/恢 13	4/29	6/3	8/7	8/12	9/14	138	一般	紧束	浓绿	挺直	一般	一般	较难
0B19A/14HR07	4/29	6/3	7/30	8/3	9/9	133	一般	紧束	浓绿	挺立	较好	一般	较难
JD818	4/29	6/3	8/2	8/6	9/12	136	整齐	紧束	浓绿	挺立	一般	一般	难
15DF03	4/29		8/4	8/10	9/16	140	不整齐	紧束	浓绿	挺立	好	好	较难
扬两优 6 号	4/29	6/3	8/15	8/18	9/19	143	较整齐	紧束	绿色	挺直	较好	较好	易

3.1.4 秧田管理 播种后人工驱赶麻雀,确保种子不遭雀害、不混杂,厢沟保持半沟水,确保厢面湿润无积水,立针现青后灌浅水;5 月 1 日每 667 m² 秧田用 30%丙草胺乳油(扫莎特)100 g 兑水 30 kg 喷雾封杀杂草;5 月 10 日喷施多效唑 750 倍液(20 g 兑水 15 kg)促进分蘖,同时用二氯喹啉酸＋新甲胺,防除稗草和害虫;次日上水后每 667 m² 秧田追施尿素 10 kg,移栽前于 5 月 30 日喷施阿维·毒死蜱＋新甲胺防治稻象甲、稻蓟马及二化螟。

3.2 整田施肥

大田采取干耕湿整。前茬大麦收割后,秸秆全量粉碎还田,5 月 18 日用拖拉机旋耕碎垡后,灌水泡田 2~3 天,然后用拖拉机旋耕整田,初步整平田块。插秧前两天结合两次耕整撒施底肥,每 667 m² 施"鄂福"牌复混肥($N_{26}P_{10}K_{15}$)40 kg,均匀撒施后耖耙整田。移栽返青后于 6 月 9 日追施分蘖肥,每 667 m² 用尿素 12.5 kg 拌 14%苄·乙可湿性粉剂(水里欢)30 g 均匀撒施;晒田复水后因苗追施促花肥,每 667 m² 施尿素 6.5 kg＋氯化钾 7.5 kg。齐穗后结合喷药,喷施磷酸二氢钾叶面肥两次。

3.3 规范移栽

6 月 3 日移栽,按试验设计要求,人工牵绳定距规范栽插,各品种的实际栽插密度详见表 54。

表 54 2016 年湖北省中粳新品种展示试验秧苗素质及栽插情况汇总表

品种名称	秧苗素质			栽插规格			
	叶龄/片	分蘖/个	苗高/cm	行距/cm	穴距/cm	密度/(万穴/667 米²)	基本苗/(万株/667 米²)
13JF03	6.17	1.9	30.5	28.33	15.17	1.552	8.38
13LB05A/恢 13	5.26	1.1	26.1	28.14	14.87	1.594	7.65

续表

品种名称	秧苗素质			栽插规格				
	叶龄/片	分蘖/个	苗高/cm	行距/cm	穴距/cm	密度/(万穴/667 米²)	基本苗/(万株/667 米²)	
0B19A/14HR07	5.96	1.4	29.0	27.95	16.19	1.474	6.04	
JD818	5.48	1.3	24.4	27.91	13.44	1.779	8.54	
15DF03	6.06	1.6	29.8	28.00	13.36	1.783	7.85	
扬两优 6 号	6.80	2.8	29.1	30.00	15.23	1.460	7.88	

3.4 科学管水

插秧后保持 3～5 cm 的水层,以利于返青、撒施除草剂;返青后灌浅水,湿润灌溉,促进分蘖;7月上旬,当每 667 m² 茎蘖数达到 25 万蘖左右时排水晒田;晒田复水后追施促花肥;孕穗期至齐穗期遇高温(极端高温 35～38 ℃)灌 5 cm 深水层;灌浆期间歇式灌"跑马水"。

3.5 防治病虫

以物理、生物技术诱杀和生物农药防治为主,辅以高效低毒农药防治,实行统防统治。重点防治"两病四虫",即纹枯病、稻曲病、稻纵卷叶螟、二化螟、三化螟和稻飞虱;7月7日用 32000 IU/mg 苏云金杆菌(常宽)+阿维·毒死蜱+甲维盐防治螟虫。根据品种始穗期,8月3日用 10%阿维·氟酰胺悬浮剂(稻腾)+5.7%甲氨基阿维菌素苯甲酸盐+烯啶·噻嗪酮喷雾防治螟虫和稻飞虱,用 75%肟菌·戊唑醇水分散粒剂(拿敌稳)兼治纹枯病及稻曲病,每 667 m² 用 50%氯溴异氰尿酸可溶粉剂(独定安)20 g+0.136%赤·吲乙·芸苔可湿性粉剂(碧护)1 g,从发病日(8月2日)起每隔 7 天连防两次,先控制发病中心,然后整田用药预防,有效地控制了细菌性条斑病蔓延。

4. 结果与分析

4.1 全生育期差异

在同期播插的情况下,品种间的播始历期天数相差 19 天,成熟期相差 14 天。对照扬两优 6 号齐穗至成熟天数较短,为 32 天,其次是 13JF03、13LB05A/恢 13 为 33 天,0B19A/14HR07、JD818、15DF03 三个品种齐穗至成熟天数较长为 37 天,展示品种齐穗至成熟在 32～37 天。播始历期长短决定了成熟期的迟早,如 0B19A/14HR07 播始历期天数为 92 天,成熟期在 9 月 9 日,全生育期为 133 天;13JF03 虽然齐穗至成熟天数为 33 天,比 0B19A/14HR07 灌浆速度快,齐穗至成熟天数短 4 天,但其播始历期天数较长为 111 天,最终成熟期也较迟为 9 月 23 日,全生育期也最长为 147 天(表 53)。

4.2 农艺性状差异

参展品种株高差异很大,株高较高的是 15DF03,为 134.2 cm,其次是 13LB05A/恢 13,为 132.0 cm,较矮的是 JD818,为 94.0 cm,其余品种的株高都在 119 cm 左右;株型都为紧束型;孕穗期的叶色除对照扬两优 6 号和 13JF03 为绿色外,其余品种叶色均为浓绿;扬两优 6 号、13JF03、13LB05A/恢 13 的剑叶都为挺直,其余品种的剑叶都为挺立;JD818 群体整齐,

15DF03 的群体不整齐,且齐穗期拉得较长,13JF03、15DF03、13LB05A/恢 13、0B19A/14HR07 群体整齐度一般;13JF03、15DF03 两个品种熟期转色好,13LB05A/恢 13、0B19A/14HR07、JD818 3 个品种因中后期纹枯病和茎基腐病发生较重,后期转色一般;与籼稻扬两优 6 号相比,参展中粳品种的落粒性较难或难(表 53)。

4.3 经济性状差异

在产量构成三要素中,参展品种的有效穗在 13.12 万~14.95 万穗/667 米² ,较高的品种有 0B19A/14HR07、13JF03、15DF03,在 14 万穗/667 米² 以上,其他品种的差异不大;每穗总粒最多的是 13LB05A/恢 13(209.3 粒),最少的是 JD818(163.7 粒),每穗总粒在 200 粒以上的品种还有 15DF03(202.7 粒)、对照扬两优 6 号(202.3 粒),其余品种的每穗总粒少于 200 粒;结实率以 JD818 最高,为 88.9%,结实率超过 80% 的还有 13JF03,为 81.0%,其余品种的结实率都低于 80%,以对照扬两优 6 号最低(76.7%);千粒重以对照扬两优 6 号为最高(29.0 g),参展品种中千粒重从高到低依次是 JD818(25.5 g)、0B19A/14HR07(24.3 g)、15DF03(24.0 g)、13JF03(22.5 g)、13LB05A/恢 13 为最低(22.3 g)(表 55)。

表 55　2016 年湖北省中粳新品种展示试验经济性状表

品种名称	基本苗/ (万株/ 667 米²)	最高苗/ (万株/ 667 米²)	有效穗/ (万穗/ 667 米²)	成穗率/ (%)	株高 /cm	穗长 /cm	总粒数 /(粒/穗)	实粒数 /(粒/穗)	结实率 /(%)	千粒重/g
13JF03	8.38	22.5	14.42	64.1	119.4	20.6	195.3	158.2	81.0	22.5
13LB05A/恢 13	7.65	22.5	13.90	61.8	132.0	21.9	209.3	160.8	76.8	22.3
0B19A/14HR07	6.04	23.5	14.95	63.6	111.8	21.4	170.5	132.1	77.5	24.3
JD818	8.54	24.1	13.15	54.6	94.0	17.3	163.7	145.5	88.9	25.5
15DF03	7.85	16.9	14.10	83.2	134.2	21.3	202.7	158.7	78.3	24.0
扬两优 6 号	7.88	22.4	13.12	58.7	121.4	25.5	202.3	161.2	76.7	29.0

4.4 稻谷产量差异

田间小区实收测产结果表明,5 个参展中粳品种的平均产量约为 466.5 kg/667 m²,比中籼对照扬两优 6 号平均减产 38.9 kg/667 m²,减产 7.7%。其中 15DF03 与对照扬两优 6 号产量相当,其次是 13JF03,产量为 470.5 kg/667 m²,较对照减产 6.9%,其他品种每 667 m² 产量在 450 kg 左右,较对照减产 8.8%~12.7%(表 56)。

表 56　2016 年湖北省中粳新品种展示试验产量结果及特征特性汇总表

品种名称	小区产量 /kg	折算单产 /(kg/667 m²)	位次	主要优缺点	等级评价
13JF03	9.410	470.5	3	病害较轻,后期叶片青秀,但熟期较长	B
13LB05A/恢 13	9.112	455.6	5	株型紧束,穗大粒多,禾秆偏高,纹枯病发生较重	C
0B19A/14HR07	8.824	441.2	6	分蘖力较强,有效穗多,茎基腐病、纹枯病较重,导致产量低	C

续表

品种名称	小区产量/kg	折算单产/(kg/667 m²)	位次	主要优缺点	等级评价
JD818	9.214	460.7	4	株型紧束,分蘖力较强,结实率较高,纹枯病发生较重	C
15DF03	10.091	504.6	2	熟相好,分蘖力一般,穗大粒多,禾秆偏高,穗层不整齐	A
扬两优6号	10.107	505.4	1	生长势强,穗大粒多	A

5. 讨论与建议

5.1 灾害性天气影响了试验结果

本年度中粳品种展示期间,前期的阴雨低温、汛期的雨涝及扬花灌浆期间的晴热高温三灾叠加,严重影响了中粳的生长发育及品种的增产潜力发挥。苗期阴雨寡照,分蘖迟缓,分蘖末期总苗数偏少,晒田期推迟,孕穗期遭遇四轮强降雨天气,田间几度受涝,诱发茎基腐病、纹枯病发生;抽穗灌浆期,又遭受两段高温危害(7月21日至8月2日、8月11日至8月23日),造成授粉结实不正常,结实率和千粒重降低,限制了品种丰产性的发挥。

5.2 灾害性天气放大了品种的优缺点

在灾害性天气条件下,虽然参展品种的产量水平不高,但品种间主要特征特性差异明显,便于鉴评品种。综合分析认为:参展品种15DF03的分蘖力一般,丰产性、熟相好,穗大粒多,但禾秆偏高,穗层不整齐,建议提纯选优后参加区试,以生产培育优良的中粳品种;13JF03病害较轻,结实率较高,后期叶片青秀,但熟期较长,其他品种的纹枯病发生较重,有待于下年度继续试验验证;不同中粳品种的全生育期差异较大,生产应用上要因品种适期播种,把齐穗期调节在立秋前后,让灌浆期后移,充分利用秋高气爽的光热资源提米质、增粒重、增效益。

中稻新品种 E 两优 1453 密度栽培试验总结

为摸索中稻新品种 E 两优 1453 在本地区的适宜栽培密度,特开展不同栽插密度试验,给品种的高产技术集成及审定后的大面积推广应用提供科学依据。

1. 材料与方法

1.1 试验材料

试验品种 E 两优 1453 为武汉隆福康农业发展公司选育的两系中稻品种,该品种属中熟品种,株型、株高适中,分蘖力较强;肥料选用"鄂福"牌复混肥($N_{26}P_{10}K_{15}$)、尿素($\geqslant 46\%$),农药主要选用虫螨酮、甲维盐、8000IU/mg 苏云金杆菌、10%阿维·氟酰胺(稻腾)、苯甲·丙环唑(爱苗)、烯啶·噻嗪酮、14%苄·乙可湿性粉剂等。

1.2 试验地点

试验选在武汉市黄陂区武湖农场湖北省现代农业展示中心种子专业园新品种展示区 4 号田,海拔 20.3 m,属长江冲积平原,潮土土质,地势平坦,肥力中等,前茬作物为小麦。

1.3 试验设计

试验以密度为因素,其行距设定为 30 cm,穴距设 5 个处理,以 A、B、C、D、E 表示。田间随机区组排列,3 次重复,小区宽 3 m、长 4.44 m,面积 13.32 m²。每小区按南北向栽插 10 行,每穴栽 2 株谷苗,小区间留走道 40 cm,四周留保护区。处理设置及穴距见表 57。

表 57 处理设置及穴距

处理代号	行距/cm	穴距/cm	设计密度/(穴/667 米²)	行穴数/(穴/行)
A	30	25.9	8589	17
B	30	17.6	12649	25
C	30	13.3	16709	33
D	30	10.7	20769	41
E	30	9.0	24829	49

1.4 栽培管理

1.4.1 湿润育秧 秧田冬季深翻炕土,4 月 22 日旋耕碎垡,4 月 28 日灌水后旋耕第二遍,旋耕作业前撒施底肥,每 667 m² 撒施"鄂福"牌复混肥($N_{26}P_{10}K_{15}$)30 kg,5 月 4 日平整田面,次日按 200 cm 宽开沟作畦,用木板耥平厢面,待厢面浮泥沉实后清理厢沟,将沟中稀泥捞起铺在厢面上耥平。播种前晒种,依据种植面积、品种千粒重及发芽率计算并称量出实际播种量;5月2日同期浸种催芽,待根芽生长到半粒谷长时播种。5月6日播种,芽谷按单位面积播种量称量到厢,每平方米秧床播种芽谷30g左右,均匀撒播,然后用木板塌谷,盖住芽谷。科学管水、化调、追肥、防虫,培育壮秧。

1.4.2　整田施肥　大田采取干耕湿整。前茬小麦收割后,秸秆全量粉碎还田,5月20日用拖拉机旋耕碎垡后,灌水泡田2~3日,然后用拖拉机旋耕整田,初步整平田块。插秧前两天结合两次耕整撒施底肥,每667 m² 施"鄂福"牌复混肥($N_{26}P_{10}K_{15}$)40 kg,均匀撒施后秒耙整田。移栽返青后追施分蘖肥,每667 m² 用尿素12.5 kg拌14%苄·乙可湿性粉剂(水里欢)30 g均匀撒施;晒田复水后追施促花肥,每667 m² 施尿素2.5 kg、氯化钾7.5 kg。

1.4.3　规范移栽　规范移栽。于6月7日移栽,根据试验设计牵绳定距栽插。

1.4.4　科学管水　插秧后保持3~5 cm的水层,以利于返青、撒施除草剂;返青后灌浅水,湿润灌溉,促进分蘖;返青后15天左右排水晒田;晒田复水后追施促花肥;孕穗期灌2寸左右(约6.7 cm)深水层;灌浆期间歇式灌"跑马水"。

1.4.5　防治病虫　6月5日喷施蚍蚜酮+甲维盐防治稻蓟马、稻象甲等;7月7日用32000 IU/mg苏云金杆菌(常宽)+甲维盐防治稻纵卷叶螟。根据大多数品种始穗期,8月2日用10%阿维·氟酰胺悬浮剂(稻腾)+5.7%甲氨基阿维菌素苯甲酸盐+苯甲·丙环唑(爱苗)+烯啶·噻嗪酮喷雾防治螟虫和稻飞虱兼治纹枯病和稻曲病,每667 m² 用50%氯溴异氰尿酸可溶粉剂(独定安)20 g+0.136%赤·吲乙·芸苔可湿性粉剂(碧护)1 g预防细菌性条斑病发生。

1.5　观察记载

按移栽时每种处理在第三重复第三行中连续标定10穴,每穴栽插秧苗素质一致的两粒谷苗,定点进行苗情动态观测。其他观察记载项目按湖北省水稻品种区域试验观察记载项目与标准进行观测;成熟期分重复和小区取样考种,全区收获计产。

2. 结果与分析

2.1　栽插密度对品种全生育期的影响

该品种的全生育期在130天左右,试验处理统一于5月6日播种育秧,6月7日移栽,秧龄31天,在统一栽培管理的情况下,品种的物候期有随密度增加出现略有提早的现象,如密度大的E、D处理,始穗期在8月12日,密度较大的B、C处理,始穗期在8月13日,A处理的最晚,在8月14日,齐穗期、成熟期也是密度大的较早,A处理的最晚,A处理的全生育期较其他处理延长一天左右(表58)。

表58　E两优1453密度试验各处理全生育期表

处　理	播种期 (月/日)	移栽期 (月/日)	始穗期 (月/日)	齐穗期 (月/日)	成熟期 (月/日)	全生育期 /天
A	5/6	6/7	8/14	8/16	9/15	132
B	5/6	6/7	8/13	8/16	9/14	131
C	5/6	6/7	8/13	8/15	9/14	131
D	5/6	6/7	8/12	8/15	9/14	131
E	5/6	6/7	8/12	8/15	9/14	131

2.2 栽插密度对苗情动态的影响

统一育秧,秧苗素质一致,栽插期调查秧苗叶龄6.9片、苗高30.9 cm、单株分蘖3.5个,按照试验设计,每穴栽插两株谷苗,返青后调查单穴基本苗数在3.7～4.2苗之间,基本苗个体相差较小,而基本苗群体则随密度的增加而接近直线上升,如图1所示;分蘖盛期调查显示,随密度的增加,最高苗个体的苗数减少,而最高苗群体的总苗数增加,但密度达到2万株/米²以后,群体随密度递增的趋势减缓(图2);后期调查有效穗,随密度的增加,每穴的有效穗减少,五个密度处理的平均单穴穗数从13.10个减少到7.50个,群体的有效穗则从11.25万穗/667米²增加到18.63万穗/667米²,成穗率也有递增的趋势,但比较稳定,在51.6%～59.5%之间(表59)。

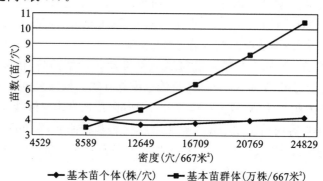

图1 返青后密度对个体、群体基本苗的影响曲线图

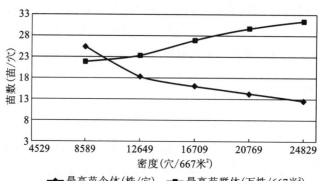

图2 分蘖盛期密度对个体、群体最高苗的影响曲线图

表59 E两优1453密度试验各处理苗情动态观测汇总表

| 处理 | 基本苗 | | 最高苗 | | 有效穗 | | 成穗率 |
	个体/(株/穴)	群体/(万株/667米²)	个体/(株/穴)	群体/(万株/667米²)	个体/(株/穴)	群体/(万株/667米²)	/(%)
A	4.1	3.52	25.40	21.82	13.10	11.25	51.6
B	3.7	4.68	18.40	23.27	10.00	12.65	54.4
C	3.8	6.35	16.05	26.83	9.10	15.21	56.7
D	4.0	8.31	14.30	29.70	7.90	16.41	55.2
E	4.2	10.43	12.60	31.30	7.50	18.63	59.5

2.3 栽插密度对品种农艺性状的影响

栽插密度对个体、群体的影响取决于个体生长量与密度的关系,试验观测显示,个体主茎总叶片数随密度的增加从 16.4 片递减到 15.3 片,这与上述的营养生长期及全生育期缩短的原因和趋势一致;随密度的增加,个体所占的空间和资源相对减少,穗长递减,株高呈先增后降趋势,其中从 A 处理到 B 处理,平均株高增加,B 处理以后的平均株高从 132.3 cm 逐渐降至 121.9 cm(表 60)。

表 60　E 两优 1453 密度试验各处理农艺及经济性状考种汇总表

处理	总叶片数/片	株高/cm	穗长/cm	有效穗/(万穗/667 米²)	总粒数/(粒/穗)	实粒数/(粒/穗)	结实率/(%)	千粒重/g
A	16.4	129.0	27.7	11.25	161.0	129.8	80.6	30.270
B	15.6	132.3	26.9	12.65	152.6	122.2	80.1	30.050
C	15.6	128.1	26.2	15.21	126.3	102.5	81.2	29.672
D	15.5	124.9	26.0	16.41	126.0	101.3	80.4	29.484
E	15.3	121.9	25.6	18.63	124.7	99.4	79.7	29.067

2.4 栽插密度对经济性状的影响

在产量结构三要素中,随着密度的增加,有效穗增多,5 个密度处理的每 667 m² 有效穗从 11.25 万穗递增到 18.63 万穗,而每穗总粒数和每穗实粒数均表现出递减的趋势,如 A 处理的每穗总粒数和每穗实粒数分别为 161.0 粒、129.8 粒,E 处理的分别为 124.7 粒、99.4 粒;结实率比较稳定,5 个处理的结实率在 79.7%～81.2%之间,差异不大;千粒重有随密度增加而降低的趋势,但是差异甚微,均在 30 g 左右(表 60)。

2.5 栽插密度对稻谷产量的影响

依据小区产量进行方差分析和多重比较,结果表明区组间差异不显著,密度处理间的差异达显著水平,且随密度的增加,稻谷产量递增,即 E 处理的产量最高,为 562.4 kg/667 m²,较 A 处理增产极显著,较 B 处理增产显著,其次是 D 处理,产量为 553.8 kg/667 m²,较 A 处理增产也达到极显著水平,C 处理产量居中,与任何处理的产量差异均不显著,其他处理间增减产均不显著(表 61)。

表 61　E 两优 1453 密度试验小区产量结果及多重比较表(LSR 法)

处理	小区产量/kg				单产/(kg/667 m²)
	Ⅰ	Ⅱ	Ⅲ	平均	
A	10.136	10.055	10.286	10.159	508.0
B	10.144	10.955	10.436	10.512	525.6
C	10.366	11.122	10.626	10.705	535.2
D	10.846	10.988	11.394	11.076	553.8
E	11.074	11.634	11.036	11.248	562.4

3. 试验小结

本年度试验期间的天气异常,三灾连发,首先是 6 月中旬至 7 月中下旬的梅雨,长期的低温寡照,致使秧苗大田分蘖迟缓,生育进程减缓,营养生长期延长,有效分蘖数及有效穗数相对减少;再就是 7 月 22 日至 8 月 2 日、8 月 10 日至 8 月 25 日出现两段高温,致使涝旱形势急转,长期的高温天气又带来了高温热害和轻微的旱灾,三灾叠加导致中稻的结实率、千粒重及单产降低,试验品种 E 两优 1453 的丰产性未得到充分发挥,有待下年度继续试验研究。品种的特征特性、抗逆性及稳产性得到了表现:E 两优 1453 在本地区作中稻种植,全生育期 131 天左右,属中熟品种;株型、株高适中;分蘖力强,成穗率较高,穗多穗粒数较少,结实率较高,属多穗型品种;穗、粒结构协调,千粒重较高,稳产性好。综合产量和种植效益比较结果,大田生产的适宜栽插密度在 1.26 万～2.08 万株/667 米^2 之间,高产稳产栽培密度在 1.67 万株/667 米^2 左右,每 667 m^2 基本苗在 5 万～8 万株,应用时可根据土壤肥力、秧苗素质及移栽秧龄等因素确定合理密度,力求高产高效。

超级稻"丰两优香一号"不同种植方式对比试验总结

摘　要：通过对超级稻品种"丰两优香一号"人工插秧、机械插秧、旱育抛秧、机械条播和人工撒播 5 种不同种植方式的同田对比试验，结果表明，超级稻品种"丰两优香一号"在遭受到中期阴雨寡照、抽穗扬花期两段高温期的多重灾害的情况下，结实率和千粒重下降，但单产仍然达到了 600 kg 左右，而不同种植方式的播种期不同致使同时期的生育进程不一致，受灾程度也不同，其中旱育抛栽、人工插秧、机械插秧的受灾较重，产量和效益均比直播低。

关键词：超级稻；丰两优香一号；种植方式；比较试验

近年来，农业生产受农产品大丰收和大进口的影响，市场价格下滑、生产成本升高、种植效益降低，如何提高种田效益，已经成为农业生产发展比较突出的矛盾。为破解难题，农业生产需要调结构、转方式，大力推广机械化生产、轻简化操作、能节省劳动力投入的生产方式，提质增效谋发展。为比较、探索水稻生产的高效种植方式，特开展水稻机械插秧、旱育抛栽、机械直播等种植方式的对比示范。

1. 材料与方法

1.1　试验地点

试验安排在武汉市黄陂区武湖农场湖北省现代农业展示中心基地水稻展示区 18 号田（东经 114°91′，北纬 30°48′，海拔 20.3 m），南临长江，地势平坦，潮土土质，土壤肥力中上等，前茬作物为小麦。

1.2　试验设计

设人工插秧、机械插秧、旱育抛秧、机械条播、人工撒播五种处理，同田大区对比示范，不设重复，每种方式种植面积 667 m² 左右。按照水稻品种试验观察记载项目及标准进行田间观测，成熟期分区单收计产，并分析经济效益。

1.3　生产资料

品种选用丰两优香一号；机插秧选用秧钵式毯状软盘、人工抛秧选用 353 孔抛秧盘；化肥选用"鄂福"牌复混肥（$N_{26}P_{10}K_{15}$）、尿素、氯化钾、壮秧剂；病虫害防治选用二氯喹啉酸、30％丙草胺乳油（扫莆特）、新甲胺、烯啶·噻嗪酮、阿维·氟酰胺悬浮剂（稻腾）、75％肟菌·戊唑醇水分散粒剂（拿敌稳）等高效低毒农药；插秧机选用洋马 VP8D 乘坐式高速插秧机。

1.4　培育壮秧

按照试验设计于播种前两天浸种催芽,待谷芽长到半粒谷长时按时播种,芽前统一用吡虫啉悬浮种衣剂(高巧)和先正达咯菌腈悬浮种衣剂(适时乐)拌种防病、防虫、防雀鼠为害。机插秧选用钵式毯状软盘湿板育秧方式,每两张秧盘并排纵向摆在秧床上,均匀填入过筛细土,约占孔穴深度的70%,浇透底墒水。每盘均匀撒播100 g芽谷,然后用过筛细土盖种,以填平盘面不漏籽为宜;抛栽育秧用353孔抛秧盘(58 cm×33 cm)育秧,将秧盘两张一排摆在床面,将过筛细土均匀填入孔穴,约2 cm厚,然后均匀撒播种子,每盘约播芽谷50 g,再用过筛细土盖种0.5 cm左右;人工插秧采取湿润育秧,按每80 m²秧床播种1 kg的比例精量播种,播后塌谷;机插秧、抛秧秧床统一扎竹弓覆盖遮阳网防雀保湿,播种至出苗保持半沟水,秧苗一叶一心期揭去遮阳网,遇高温天气厢面灌"跑马水",秧苗两叶一心期结合灌水撒施苗肥,统一防虫治病、培育壮秧,移栽前3天,喷施新甲胺+甲维盐防虫,机插秧和抛栽秧田排水落干,以利于起苗。

1.5　大田栽培及管理

1.5.1　直播处理　直播前5天用拖拉机旋耕整田,结合整田每667 m²底施"鄂福"牌复混肥($N_{26}P_{10}K_{15}$)42.5 kg,按4 m宽取沟作厢,整平厢面,5月26日将沟中稀泥捞起铺在厢面上耥平,沟中保持半沟水,5月28日同期进行直播,播量为每667 m²大田6万株基本苗,依据千粒重、发芽率及田间成苗率,将种子称量到厢实行精量播种。机械直播将行距调到20 cm,亩基本苗以6万株苗的芽谷种子重量进行机械直播。播种后人工清沟确保厢面无明水,6月1日喷施30%丙草胺乳油(扫莎特)封杀杂草,秧苗两叶一心时喷施多效唑+新甲胺+二氯喹啉酸除稗草、防害虫和控制秧苗生长。秧苗三叶一心时每667 m²秧田追施尿素10 kg,够苗及时晒田,看苗追施穗粒肥,补施钾肥,防止倒伏,全生育期间单排单灌、湿润管水。

1.5.2　旱育抛秧　在抛秧的当天上午再次平整田面,再根据大田面积定量抛秧,确保每667 m²6万~7万株的基本苗,活泥抛栽,以利于秧苗扎根,抛栽当天进行人工匀苗、补缺。立苗期保持花档水,扎根活棵后重施分蘖肥,中后期增施钾肥防倒伏。

1.5.3　机械插秧和人工插秧处理　将插秧机的栽插密度和取样量均调节到中等量栽插,即行距为13.3 cm、株距为30 cm,插完之后,并进行人工补缺,人工插秧采取牵绳定距栽插,株行距为13.33 cm×29.8 cm,栽插密度为1.66万株/667米²。大田秧苗返青后3天追施分蘖肥,每667 m²施尿素10 kg,采取浅灌勤灌,6月底7月初排水控苗;7月中旬结合灌水追施穗肥,每667 m²施"鄂福"牌复混肥($N_{26}P_{10}K_{15}$)7.5 kg,孕穗至齐穗期遇高温采用井水深水灌溉降温,灌浆期间歇灌水,干湿交替至成熟,统一用药防虫治病。

2. 结果与分析

2.1　不同种植方式对水稻全生育期的影响

丰两优香一号人工插秧的全生育期最长,为130天,旱育抛秧为129天,机械插秧为124天,机械条播和人工撒播均为119天,可见直播的全生育期比育秧移(抛)栽的缩短10天以上,其中齐穗至成熟的天数只相差1~2天,差异主要来源于营养生长期的变化(表62)。

表 62　超级稻丰两优香一号不同种植方式试验处理全生育期观测表

处　理	播种期 (月/日)	栽插(抛)秧期 (月/日)	始穗期 (月/日)	齐穗期 (月/日)	播种期历期 /天	齐穗至成熟 /天	成熟期 (月/日)	全生育期 /天
人工插秧	5/11	6/7	8/14	8/17	95	32	9/18	130
机械插秧	5/18	6/6	8/15	8/18	89	32	9/19	124
旱育抛秧	5/11	6/7	8/12	8/15	93	33	9/17	129
机械条播	5/28	—	8/19	8/21	83	34	9/24	119
人工撒播	5/28	—	8/19	8/21	83	34	9/24	119

2.2　不同种植方式对植株性状的影响

通过定点定期观测显示,5种种植方式单株分蘖较多的是机械条播,其次是人工插秧和机械插秧;总叶片数最少的是人工撒播,为12.0片(表63);植株高度(株高)是插(抛)秧的比条(撒)播的略高,茎秆粗是插秧的比条(撒)播的粗(表64)。

表 63　超级稻丰两优香一号不同种植方式定点定株观测苗情动态表

处　理	基本苗 /(株/蔸)	6 月 21 日 叶龄/片	6 月 21 日 株/蔸	6 月 30 日 叶龄/片	6 月 30 日 株/蔸	7 月 10 日 叶龄/片	7 月 10 日 株/蔸	7 月 20 日 叶龄/片	7 月 20 日 株/蔸	7 月 31 日 叶龄/片	7 月 31 日 株/蔸	8 月 21 日 总叶片数	8 月 21 日 有效穗/(穗/穴)
人工插秧	3.5	8.5	6.7	10.13	9.4	11.6	12.3	12.3	12.9	13.9	11.2	14.6	7.9
旱育抛秧	2.9	7.37	6.0	10.16	7.7	11.7	9.2	13.1	11.7	14.3	9.7	15.5	5.1
机械插秧	4.2	6.45	12.6	8.40	17.8	9.8	19	11.3	17.4	12.5	13.8	14.0	10.4
机械条播	1.0	5.25	3.4	7.06	5.4	8.8	7.3	10.1	8.9	11.5	9.7	12.8	3.1
人工撒播	1.0	6.14	4.0	6.59	3.6	8.3	3.4	9.8	3.1	11.0	3.0	12.0	2.5

注:表中数据来源于田间连续 10 株(蔸)调查平均值。

表 64　超级稻丰两优香一号不同种植方式植株性状观测表

处理	株高 /cm	穗长 /cm	倒 1 节 /cm	倒 2 节 /cm	倒 3 节 /cm	倒 4 节 /cm	倒 5 节 /cm	倒 6 节 /cm	剑叶长×宽 /(cm×cm)	倒 2 叶长×宽 /(cm×cm)	倒 3 叶长×宽 /(cm×cm)	茎秆粗 /mm
人工插秧	119.3	26.5	39.9	20.8	18.5	9.9	3.5	0.2	39.3×2.3	59.8×1.7	64.3×1.6	7.39
机械插秧	119.5	25.3	38.9	17.3	19.8	10.1	5.2	2.9	38.0×2.3	53.6×1.8	65.8×1.6	7.47
旱育抛秧	116.3	24.5	38.8	18.5	18.3	11.6	4.0	0.25	34.5×2.0	47.8×1.7	58.3×1.4	6.96
机械条播	115.8	23.3	40.0	17.8	18.0	10.8	5.1	0.66	36.6×2.3	51.9×1.9	56.8×1.5	6.97
人工撒播	112.8	23.0	39.9	17.3	17.4	10.3	4.8	0.1	43.5×2.1	61.7×1.6	55.9×1.4	6.49

2.3　不同种植方式对水稻产量的影响

以构成产量三要素数据分析,旱育抛秧和条(撒)播的有效穗比人工插秧和机械插秧的多,每穗实粒数是人工插秧和机械插秧的多;千粒重变化没有规律性;实收每 667 m² 稻谷产量是人工撒播居第一位,为 613.5 kg,其次是机械条播,为 603.8 kg,差异不显著,再次是机械插秧(581.4 kg)、人工插秧(576.5 kg)、旱育抛秧(565.2 kg)(表65)。

表65　超级稻丰两优香一号不同种植方式经济性状及产量结果表

处理	亩密度/（穴/667米²）	基本苗/（万株/667米²）	有效穗/（万穗/667米²）	总粒数/（粒/穗）	实粒数/（粒/穗）	结实率/（%）	千粒重/g	理论产量/（kg/667 m²）	实产/（kg/667 m²）
人工插秧	1.527	5.35	13.36	226.9	167.1	73.6	27.42	612.1	576.5
机械插秧	1.406	5.91	14.20	185.2	156.9	84.7	27.69	616.9	581.4
旱育抛秧	1.859	5.39	18.17	141.2	119.3	84.5	26.67	578.1	565.2
机械条播	5.432	5.452	17.22	147.2	131.2	89.1	28.19	636.9	603.8
人工撒播	7.192	7.192	17.98	142.3	125.7	88.3	27.99	632.3	613.5

2.4　五种种植方式经济效益的比较

通过对水稻五种种植方式基本生产资料、物化投入、耕地使用费以及人工投入、稻谷及副产品价值的计算，净产值较高的是人工撒播，为620.6元/667 m²，其他处理每667 m² 净产值依次是机械条播（605.1元）、旱育抛秧（440.6元）、机械插秧（440.4元）、人工插秧（326.5元）（表66）。

3. 讨论

今年中稻生产期间遭遇多重自然灾害，首先是分蘖至孕穗期遭受连续阴雨寡照天气，分蘖迟缓，生育进程延缓；人工插秧、旱育抛秧和机械插秧处理在抽穗灌浆期，遭受两段高温（7月21日至8月2日，8月11日至8月23日）危害较重，造成授粉结实不正常，结实率和千粒重降低，对产量影响较大；机械条播和人工撒播抽穗扬花的时间在8月21日以后，避开了高温危害，结实率和千粒重相对比较高，因而稻谷产量比较高，放大了水稻直播种植的经济效益。

表 66 超级稻丰两优香一号不同种植方式经济效益比较表

处理	主产品		副产品		合计总产值/(元/667米²)	投入/(元/667米²)	种子		化肥 价格/(元/667米²)	农药 价格/(元/667米²)	水费/(元/667米²)	农机费/(元/667米²)	耕地使用费/(元/667米²)	人工费		净产值/(元/667米²)
	产量/kg	产值/元	产量/kg	产值/元			数量/kg	价格/(元/667米²)						人数/人	价格/(元/667米²)	
人工插秧	576.5	1452.8	691.8	69.2	1522	1195.5	1.0	56	176.5	65	30	190	150	4.8	528	326.5
机械插秧	581.4	1465.1	697.7	69.8	1534.9	1094.5	1.75	98	166.5	60	30	260	150	3.0	330	440.4
旱育抛秧	565.2	1424.3	678.2	67.8	1492.1	1051.5	1.25	70	166.5	60	30	190	150	3.5	385	440.6
机械条播	603.8	1521.6	724.6	72.5	1594.1	989.0	2.0	112	156	50	25	210	150	2.6	286	605.1
人工撒播	613.5	1546	736.2	73.6	1619.6	999	2.5	140	156	50	25	170	150	2.8	308	620.6

注:1. 稻谷 2.52 元/kg,稻草 0.1 元/kg,种子 60 元/kg,复合肥 3.13 元/kg,尿素 1.8 元/kg,氯化钾 2.5 元/kg,水费 30 元/667 米²,微肥 10 元/667 米²。

2. 人工费:110 元/人;其中人工插秧每亩用工 2 人,旱育抛秧用工 1 人,机械插秧用工 0.5 人,机械条播用工 0.3 人(含移苗补缺);人工插秧、旱育抛秧,机械插秧育秧用工 0.5 人,田管用工 2 人;整田 100 元/667 米²,机械插秧费用 70 元/667 米²,机械条播费用 20 元/667 米²。人工插秧、旱育抛秧,机械插秧育秧用工 0.5 人,田管用工 0.5 人,机收 90 元/667 米²。

超级中稻"一种两收"品种对比展示栽培技术总结

摘　要:通过超级稻丰两优香一号与杂交水稻新品种 Y 两优 900 再生栽培的对比展示,结果表明:受秧苗分蘖期和孕穗期低温阴雨寡照天气影响,头季成熟期推迟,并造成再生腋芽推迟发芽与生长,遭遇"寒露风"危害,全生育期较短的丰两优香一号受害轻,再生季稻谷产量达 401.2 kg/667 m²,Y 两优 900 的再生季则不能正常成熟,稻谷产量只有 262.0 kg/667 m²。

关键词:超级稻品种;再生栽培;品种比较;技术总结

近年来随着农业调结构、转方式的深入,在一季稻季节有余,双季稻季节不足的地区,因地制宜地发展超级中稻"一种两收"再生栽培,成为稳粮提质增效的有效途径,为筛选、示范适宜本地区再生栽培的水稻品种,特组织开展超级稻再生栽培品种对比展示。

1. 材料与方法

1.1 展示品种
选用的超级稻品种有丰两优香一号和杂交中稻品种 Y 两优 900。

1.2 试验设计

1.2.1 试验地点　安排在湖北省现代农业展示中心农作物品种展示区 14 号田,属长江冲积平原,潮土土质,海拔 20.3 m,冬炕田。

1.2.2 田间设计　采用大区对比展示,随机排列,不设重复,每个品种南北向栽插 240 m²,大区长 30.0 m、宽 8 m,宽行窄株机插,即行距 25 cm、株距约 14 cm,每 667 m² 栽插约 1.9 万穴(表 67),每穴插 3~4 株谷苗,田间管理与大田生产相接近。

1.2.3 观察记载　按水稻品种试验观察记载项目及标准,进行田间观察记载,详细记载品种的全生育期、特征特性、抗逆性及栽培管理措施等;稻穗扬花授粉后 20 天,取标准穗数的稻苑,分株测定植株茎节上部 3 片功能叶、穗长等性状;成熟期在田间进行 3 点取样计产,每点量取 11 行和 21 苑的间距,计算株行距和密度,选有代表性的点横向连续调查 20 苑的有效穗,并取 2 个平均穗数苑用于室内考种,收取 13.33 m² 的稻穗用于测产。

1.3 栽培管理

1.3.1 头季栽培

1.3.1.1 种子处理　播种前晒种 2 个太阳日,于 3 月 23 日浸种,按 5 g 强氯精兑水 2.5 kg 浸种 3 kg 的比例统一浸种,浸种 8 h,再把种子捞起放在清水中清洗后浸泡 16 h,然后将种子捞起晾干后放在室内保温催芽。3月27日当谷芽大多破胸时播种。

1.3.1.2 塑盘育秧 育秧地点选在玻璃连栋大棚内育秧,播种前一天将机械插秧专用壮秧剂与过筛细土按1：100的重量比混合均匀、堆闷,播种时先将营养土铺在盘内,抹平填实,厚度约2.5 cm,润水后均匀撒播种子,每盘约播芽谷120 g;然后覆盖0.3~0.5 cm厚的过筛细土(不拌壮秧剂),将地膜用竹棒支取距苗床3 cm左右平铺覆盖保湿。

1.3.1.3 苗床管理 当大多秧苗长到一叶一心时,揭去地膜用花洒洒水,遇晴天时,中午大棚内温度较高,先打开顶窗和遮阳网,再打湿帘随后打开风扇来增加湿度和降温,避免秧苗脱水变黄,遇阴天盖膜保温,防止秧苗温度变幅过大,秧苗出现青枯。秧苗长到两叶一心时,少施勤施断奶肥,结合补水前撒施或将尿素＋磷酸二氢钾＋移栽灵兑水浇施,补充养分和预防青枯病。秧苗长到三叶一心时,移栽前,喷施新甲胺和磷酸二氢钾,增强秧苗活力和防虫。

1.3.1.4 整田施肥 大田冬季种植绿肥紫云英,结荚初期于4月17日用拖拉机耕整,然后灌水促进绿肥腐烂;4月22日旋耕第二遍,并结合整田撒施底肥,每667 m²施"鄂福"牌复混肥($N_{26}P_{10}K_{15}$)30 kg,然后平整田面。

1.3.1.5 适期移栽 4月28日移栽,选用洋马VP8D乘坐式高速插秧机,株距14 cm,行距25 cm,每667 m² 1.9万穴,每穴插3~4株谷苗,基本苗7万株左右。

1.3.1.6 合理施肥 移栽返青后,5月15日追施分蘖肥,每667 m²用10 kg尿素拌18%苄·乙可湿性粉剂25 g撒施,促分蘖早发。晒田复水后根据田间苗情追施穗粒肥,每667 m²施尿素2.5 kg、氯化钾5 kg。

1.3.1.7 科学管水 插秧后保持3~5 cm水层,以利于返青;分蘖期保持浅水层,够苗后于5月25日开始排水晒田。晒田后的孕穗期,结合天气管水,田间保持5 cm深水层,灌浆期间歇灌"跑马水",干湿交替,保根护叶直至成熟。

1.3.1.8 病虫防治 5月12日,用新甲胺＋阿维·毒死蜱防治稻蓟马和兼治二化螟等;5月29日,喷施"三唑磷"防治二化螟;6月29日,喷施用10%阿维·氟酰胺悬浮剂(稻腾)＋爱苗＋烯啶·噻嗪酮喷雾防治螟虫和稻飞虱兼治纹枯病,8月2日每667 m²用50%氯溴异氰尿酸可溶粉剂(独定安)20 g＋0.136%赤·吲乙·芸苔可湿性粉剂(碧护)1 g预防细菌性条斑病发生。

1.3.1.9 及时收割 根据品种的熟期不同,于8月17—27日人工收割,稻兜留茬高度保持在40~50 cm,做到整齐一致,及时运出田外机械脱粒。

1.3.2 再生季栽培

1.3.2.1 肥水促芽 季稻齐穗后15天,结合灌"跑马水",每667 m²追施尿素5 kg促进再生腋芽萌发生长;收割前田间保持薄皮水,收割后第2天,每667 m²用"九二〇"1 g、磷酸二氢钾200 g兑水75 kg喷兜,每667 m²撒施尿素12.5 kg、氯化钾2.5 kg。

1.3.2.2 防治病虫 9月3日、9月29日分别选用阿维·毒死蜱、吡蚜酮、爱苗防治稻纵卷叶螟、稻飞虱、纹枯病等。

1.3.2.3 湿润管水 除腋芽萌发期、孕穗期、喷施农药及降温时,田间灌3~5 cm的水层外,其他时期均保持湿润灌溉。11月上旬适时收割。

2. 结果与分析

2.1 全生育期

头季稻生育期,Y两优900在7月26日齐穗、8月27日成熟,全生育期为153天;丰两优香一号在7月17日齐穗、8月17日成熟,全生育期较Y两优900短10天。因Y两优900头季收割过迟,再生季在11月7日遭遇强寒潮导致低温剑叶受冻失绿,灌浆终止,未达到成熟标准;丰两香优一号的头季全生育期为143天,再生季齐穗期在9月30日,虽然生育期延长,但在寒露风来临时几近成熟,双季全生育期为221天(表68)。

2.2 植株性状

2.2.1 头季植株性状差异不大
Y两优900的株高为106.9 cm,丰两优香一号的株高为107.1 cm;Y两优900的倒1节长为34.7 cm,丰两优香一号的倒1节长为36.9 cm;Y两优900的倒2节距田面高度为29.8 cm,丰两优香一号的倒2节距田面高度为29.5 cm;Y两优900地上基部第1节茎秆粗为6.28 mm,丰两优香一号的地上基部第1节茎秆粗为6.50 mm(表69)。

2.2.2 再生季植株性状差异较大
Y两优900的株高为63.0 cm,丰两优香一号为67.2 cm;Y两优900着生在母茎上的高度为8.25 cm,丰两优香一号为3.70 cm;再生季叶片数Y两优900为5.3片,丰两优香一号为4.2片(表70)。

2.3 经济性状

2.3.1 Y两优900的头季产量高
Y两优900有效穗为12.7万穗/667米^2,丰两优香一号为15.6万穗/667米^2;穗总粒数Y两优900为255.0粒/穗,丰两优香一号为165.3粒/穗;穗实粒数Y两优900为198.3粒/穗,丰两优香一号为136.8粒/穗;结实率Y两优900为77.8%,丰两优香一号为82.8%;实产Y两优900为592.0 kg/667 m^2,丰两优香一号为561.5 kg/667 m^2(表71)。

2.3.2 丰两优香一号的再生季经济性状优
再生季有效穗:丰两优香一号达25.5万穗/667米^2,Y两优900较少为23.54万穗/667米^2;观测显示再生季有效穗主要以基部分蘖芽成穗,其中Y两优900单个母茎成穗1.85个,丰两优香一号单个母茎成穗1.65个;穗总粒数Y两优900每穗为101.2粒,丰两优香一号每穗为99.4粒,而穗实粒数丰两优香一号每穗较Y两优900多13.2粒;结实率同样是丰两优香一号较高,为64.7%,Y两优900为50.5%;千粒重丰两优香一号较重,为25.01 g,Y两优900为20.95 g;实测单产丰两优香一号为401.2 kg/667 m^2,Y两优900为262.0 kg/667 m^2。

3. 讨论

3.1 天气条件影响产量潜力发挥

据统计,本年度4月、5月、6月三个月的日平均气温较常年低1.17 ℃、雨量多59.1 mm、日照少111.29 h,阴雨低温导致头季分蘖迟缓,生育期推迟,以致再生季齐穗同样推迟;同时光照少和雨量多导致头季病害的加重,造成再生季的腋芽萌发减少,基部分蘖芽成穗占多数,导致再生季有效穗减少,齐穗期推迟,灌浆期又遭遇寒露风影响;头季稻灌浆后期遇持续晴热高温天气,气温偏高,昼夜温差小,导致千粒重与产量均下降。

3.2 依据再生季的安全性筛选品种

头季的成熟期推迟,对 Y 两优 900 再生季的生长影响更大,抽穗灌浆期间受寒露风危害较大,未能正常成熟,结实率和千粒重大幅下降,该品种在本地区不能做再生栽培。丰两优香一号虽然头季成熟未抢在 8 月 15 日之前成熟收割,也影响到再生季的生长发育,但今年的寒露风出现在 9 月 28 日至 10 月 1 日,较历史上推迟 11 天左右,抽穗灌浆期间受"寒露风"危害影响很小,再生稻仍然获得高产,适宜同生态地区作中稻再生栽培。

表 67 超级稻再生栽培品种对比展示栽插情况汇总表

品种名称	秧苗素质			栽插规格			
	叶龄/片	苗高/cm	分蘖/个	行距/cm	穴距/cm	密度/(万穴/667米²)	基本苗/(万株/667米²)
Y两优900	4.46	21.7	0.71	25	14.11	1.876	6.95
丰两优香一号	4.86	27.7	0.65	25	14.08	1.895	7.31

表 68 超级稻再生栽培品种对比展示生育期表

品种名称	头季							再生季							双季全生育期/天
	播种期(月/日)	移栽期(月/日)	始穗期(月/日)	齐穗期(月/日)	成熟期(月/日)	全生育期/天	收割期/天	再生芽萌发期(月/日)	收割至萌发发芽出现天数/天	齐穗期(月/日)	成熟期/天	全生育期/天	收割期(月/日)	头季收割至再生齐穗天数/天	
Y两优900	3/27	4/25	7/24	7/26	8/27	153	8/27	9/1	5	10/3	—	—	11/15	37	—
丰两优香一号	3/27	4/25	7/14	7/17	8/17	143	8/17	8/26	9	9/30	11/3	78	11/15	44	221

表 69 超级稻再生栽培品种对比展示头季植株农艺性状

品种名称	株型	剑叶形态	叶色	株高/cm	主茎叶片数/片	穗长/cm	倒1节长/cm	倒2节长/cm	倒3节长/cm	倒4节长/cm	倒5节长/cm	倒6节长/cm	倒7节长/cm	倒2节距田面/cm	剑叶长×宽/(cm×cm)	倒2叶长×宽/(cm×cm)	倒3叶长×宽/(cm×cm)	茎秆粗/mm
Y两优900	适中	挺直	浓	106.9	14.7	25.9	34.7	16.5	14.8	7.9	4.8	2.1	0.2	29.8	29.6×2.5	46.4×2.1	53.9×1.7	6.28
丰两优香一号	适中	挺直	绿	107.1	15.0	21.6	36.9	19.1	15.6	7.5	3.6	2.8	—	29.5	42.5×2.0	57.0×1.5	53.7×1.1	6.50

表 70　超级稻再生栽培品种对比展示再生季植株农艺性状表

品种名称	再生稻总株高/cm	再生芽着生 高度/cm	再生芽着生 位置/节	穗长/cm	倒1节 长/cm	倒2节 长/cm	倒3节 长/cm	倒4节 长/cm	倒5节 长/cm	倒6节 长/cm	基部第1节 粗/mm	叶片数/片	剑叶长/cm	倒2叶 长/cm
Y两优900	71.3	8.25	1.06	19.1	21.4	10.9	7.0	2.8	1.4	0.4	3.35	5.3	17.1	29.1
丰两优香一号	70.9	3.70	0.60	21.3	23.4	12.5	6.4	3.4	0.2	—	3.21	4.2	22.3	29.0
平均	71.1	6.00	0.83	20.2	22.4	11.7	6.7	3.1	0.8	0.4	3.28	4.8	19.7	29.1

表 71　超级稻品种再生稻栽培展示双季经济性状和产量结构表

	品种名称	基本苗/(万株/667米²)	最高苗/(万株/667米²)	有效穗/(万穗/667米²)	成穗率/(%)	穗总粒数/(粒/穗)	穗实粒数/(粒/穗)	结实率/(%)	千粒重/g	实产/(kg/667 m²)
头季	Y两优900	6.85	29.8	12.7	42.6	255.0	198.3	77.8	24.69	592.0
头季	丰两优香一号	7.61	46.7	15.6	33.4	165.3	136.8	82.8	26.82	561.5

	品种名称	潜伏芽成穗/(%)	单个母茎成穗个数/个	有效穗/(万/667 m²)	穗总粒数/(粒/穗)	穗实粒数/(粒/穗)	结实率/(%)	千粒重/g	实产/(kg/667 m²)
再生季	Y两优900	47.1	1.85	23.54	101.2	51.1	50.5	20.95	262.0
再生季	丰两优香一号	36.4	1.65	25.5	99.4	64.3	64.7	25.01	401.2

不同中稻品种直播对比试验初报

水稻直播是一种轻简化栽培方法。随着农村劳动力转移到城镇务工,在农村种田的劳动力体质下降,已经成为农村生产比较突出的矛盾。为解决这些问题,我们不断探索和大力推广水稻直播,以节省劳动力投入,降低劳动强度;为了加快水稻直播推广步伐,特进行直播中稻品种筛选试验,为大田生产提供服务。

1. 材料与方法

1.1 试验地点

试验安排在武汉市黄陂区武湖农场湖北省现代农业展示中心基地水稻展示区 18 号田(东经 114°91′,北纬 30°48′,海拔 20.3 m),南临长江,地势平坦,潮土土质,土壤肥力中上等,前茬作物小麦。

1.2 试验设计

同田小区对比试验,随机排列,不设重复,小区长 2.2 m、宽 6.82 m,面积为 15.0 m^2。

1.3 生产资料

品种有鄂丰丝苗、荆占 1 号、深优 513、荣优华占、广源占 16、田佳优华占、两优 1316、福稻 88、华两优黄占、黄华占、荃优 727、鄂优华占共 12 个品种,以黄华占为对照;化肥选用"鄂福"牌复混肥($N_{26}P_{10}K_{15}$)、尿素、氯化钾;病虫害防治选用二氯喹啉酸、30％丙草胺乳油(扫茀特)、新甲胺、烯啶·噻嗪酮、阿维·氟酰胺悬浮剂(稻腾)、75％肟菌·戊唑醇水分散粒剂(拿敌稳)等高效低毒农药。

1.4 观察记载

按照湖北省水稻品种区域试验观察记载项目与标准,详细观察记载各品种的全生育期、叶龄、株高等,选定 1 m^2 定点观察基本苗、最高苗、有效穗等,成熟时取 10 株标准蔸用于室内考种,全区实打计产。

1.5 栽培管理

1.5.1 精细整田　小麦腾茬后,用拖拉机旋耕一次,然后泡田,直播前 5 天再次用拖拉机整平田面,结合整田每 667 m^2 施"鄂福"牌复混肥($N_{26}P_{10}K_{15}$)35 kg,按 2.2 m 宽取沟作厢,厢长 6.05 m,整平厢面,5 月 26 日将沟中稀泥捞起铺在厢面上耥平厢面,沟中保持半沟水。

1.5.2 精量播种　按设定的 8 万株/667 米^2 基本苗播种量计算,每小区所需要的谷粒数,依据品种的千粒重,将种子称量到小区实行精量播种,在播种前两天浸种催芽,待谷芽破胸后用吡虫啉悬浮种衣剂(高巧)和先正达咯菌腈悬浮种衣剂(适时乐)拌种,厢面紧泥后均匀撒播芽谷,然后用木板轻轻塌压,使芽谷充分接触泥土,以利于较快扎根出苗,最后清理好厢沟,保证厢面无明水,以利于苗全苗匀。

1.5.3　栽培管理　播种后第3天,于5月30日喷施30％丙草胺乳油(扫弗特)封杀杂草,秧苗两叶至三叶一心时,于6月9日喷施多效唑＋新甲胺＋二氯喹啉酸除稗草、防害虫和控制秧苗徒长,次日上水每667 m² 追施尿素7.5 kg;三叶至四叶期进行移密补稀;6月27日排水晒田,晒田复水后结合灌水补施穗粒肥每667 m² 追施尿素2.5 kg＋氯化钾7.5 kg;孕穗期灌5 cm左右水层;抽穗期间遇高温用18 ℃井水深水灌溉,灌浆期间歇式灌"跑马水",直到成熟。采用科学防治病虫害的方法,7月7日用新甲胺＋阿维·氟酰胺悬浮剂(稻腾)防治稻蓟马和螟虫;8月2日用32000 IU/mg苏云金杆菌(常宽)＋阿维·毒死蜱＋烯啶·噻嗪酮＋75％肟菌·戊唑醇水分散粒剂(拿敌稳)防治三化螟、稻纵卷叶螟,兼治稻飞虱、纹枯病。

1.6　气候条件对直播品种的影响

水稻生长期间的天气不太正常,播种后第3天连续阴雨天,因种苗未扎根漂移造成苗不均匀。苗期阴雨寡照,分蘖迟缓,生育进程减慢,无效分蘖数相对减少,减少养分的消耗,有利于大穗形成。在8月11—23日期间,持续晴热高温天气,日最高气温在33.7~38.4 ℃之间,而直播品种的齐穗期大多在8月13—24日期间,越迟抽穗的品种对高温影响越小,灌浆期间,晴热高温,导致高温逼熟、灌浆期缩短,籽粒充实度差,千粒重下降。

2.　品种表现

2.1　全生育期

参试品种统一在5月28日播种条件下,成熟期在9月13—27日,全生育期在108~122天。其中全生育期在110天以内的是深优513,在8月13日齐穗,9月13日成熟,全生育期为108天;全生育期在110~120天有8个品种,依次是华两优黄占(112天),田佳优华占(114天),荆占1号、福稻88和黄华占(均为115天),广源占16(117天),荣优华占(118天),鄂优华占(119天);全生育期超过120天的有三个品种,依次是荃优727(120天)、两优1316(121天)和鄂丰丝苗(122天)(表72)。

2.2　植株性状

参试品种广源占16、两优1316两个品种株型紧束,其余品种株型适中;荆占1号、广源占16、田佳优华占、福稻88、鄂优华占等叶色偏淡,华两优黄占、黄华占、荃优727叶色为绿色,其余品种叶色均为浓绿色;荃优727剑叶较宽,华两优黄占、黄华占、荣优华占剑叶适中,其余品种的剑叶都为挺直;华两优黄占、黄华占、广源占16长势一般,其余品种均为繁茂;成熟期的熟相鄂优华占、华两优黄占为一般,荆占1号、深优513、荣优华占、广源占16、两优1316为较好,其余品种的熟相均好(表73)。

2.3　经济性状

品种的主茎总叶片数在13.0~15.3片叶之间,较多的品种两优1316(15.3片),其次是鄂丰丝苗和鄂优华占(均为15片),较少的品种是深优513(13.0片)、黄华占(13.1片)、荣优华占(13.5 片),其余 6 个品种主茎总叶片数都在 14 片叶以上;株高较高的是两优 1316(126.6 cm)、茎优 727(122.4 cm),较矮的是黄华占(不足 110 cm,为 104.2 cm),其余 9 个品种在 110~120 cm 之间;在基本苗变化不大的情况下,品种间的最高苗差别较大,最多的华两优黄占(40.2 万株/667 米²)与最少的荆占 1 号(25.3 万株/667 米²)相差 14.9 万株/667 米²;有效穗以田佳优华占最多(20.01 万穗/667 米²),超过 19 万穗有华两优黄占(19.14 万穗/667 米²)、黄华占(19.10 万穗/667 米²)、两优 1316(19.01 万穗/667 米²),其余品种在 15 万~18 万穗/667 米²;每穗实粒数在 121.8~170.3 粒之间,以鄂丰丝苗最多,其次是荆占 1 号、广源占 16、荣优华占、鄂优华占,这 4 个品种的实粒数都超过 150 粒,实粒数最少是华两优黄占,其次是黄华占、茎优 727、两优 1316,这 4 个品种的实粒数都在 125 粒上下;结实率较高是荣优华占(88.8%)、深优 513(88.6%)、茎优 727(88.3%),结实率低于 80% 是两优 1316、鄂优华占、鄂丰丝苗;茎优 727 的千粒重最高(27.686 g),最轻的荆占 1 号(20.495 g),其次是鄂丰丝苗(21.112 g)、鄂优华占(21.610 g)、黄华占(21.812 g)、广源占 16(21.857 g)。

2.4　品种产量水平

以黄华占为对照,12 个参展品种比黄华占增产有的 5 个品种,增产幅度为 0.78%~19.3%,从高到低依次是荣优华占、田佳优华占、鄂丰丝苗、鄂优华占、广源占 16 共 5 个品种,其产量在 580.3~687.0 kg。增产的品种中只有广源占 16 是常规稻(比黄华占增产 0.78%),其余 4 个均为籼型杂交稻品种。其余 6 个品种比黄华占减产 0.38%~11.97%,其中,福稻 88 与黄华占产量持平,荆占 1 号产量较低比黄华占减产幅度较大,减产稻谷 68.9 kg/667 m²。

3. 品种抗性表现

在今年特殊气象条件,参展品种的三大病害发生较轻,品种间差异不明显,但品种在抽穗灌浆期,遭受 8 月 11—23 日高温危害,对于结实率和灌浆影响很大,鄂优华占、两优 1316、鄂丰丝苗 3 个品种结实率不足 80%,由于品种的株高、茎秆的粗细和韧性不同,导致了深优 513、鄂优华占、荣优华占在成熟末期出现了部分轻度贴地倒伏,茎优 727、华两优黄占、田佳优华占也出现近似倒伏的倾斜。

4. 主要优缺点及利用评价

就熟期、产量、抗性等综合因素来分析:鄂丰丝苗、广源占 16、福稻 88、黄华占等品种在生产具有较高的推广价值(表 74);荣优华占、田佳优华占、鄂优华占 3 个品种产量虽居前四位,但都是杂交品种,受种子来源限制,且用于直播栽培抗倒伏性一般,大面积生产推广种植需要精细的栽培管理来预防倒伏,其余几个品种的产量和抗性都不及黄华占,大面积生产推广或存在减产的风险,本试验结果仅为本地今年的数据,其丰产性、稳产性、抗逆性有待下年度继续试验验证。

表 72　品种生育期及产量结果表

品种名称	播种期(月/日)	出苗期(月/日)	始穗期(月/日)	齐穗期(月/日)	成熟期(月/日)	全生育期/天	基本苗(万株/667米²)	最高苗(万株/667米²)	分蘖率/(%)	有效穗(万穗/667米²)	成穗率/(%)	株高/cm	穗长/cm	总粒数/(粒/穗)	实粒数/(粒/穗)	结实率/(%)	千粒重/g
鄂丰丝苗	5/28	5/30	8/23	8/26	9/27	122	7.2	30.5	323.6	17.24	56.5	116.8	24.5	214.0	170.3	79.6	21.112
荆占1号	5/28	5/30	8/15	8/18	9/20	115	7.1	25.3	256.3	15.07	59.6	110.4	23.8	210.5	168.6	80.1	20.495
深优513	5/28	5/30	8/10	8/13	9/13	108	6.6	37.1	462.1	18.47	49.8	112.9	24.3	147.7	130.8	88.6	23.115
荣优华占	5/28	5/30	8/16	8/18	9/23	118	6.3	36.8	484.1	18.27	49.6	111.5	22.0	170.0	151.0	88.8	23.105
广源占16	5/28	5/30	8/19	8/22	9/22	117	6.9	28.3	310.1	16.14	57.0	117.5	24.3	187.0	155.0	82.9	21.857
田佳优华占	5/28	5/30	8/16	8/18	9/19	114	6.3	36.3	476.2	20.01	55.1	119.7	21.0	160.3	139.2	86.8	23.512
两优1316	5/28	5/30	8/21	8/24	9/26	121	6.2	35.1	466.1	19.01	54.2	126.6	22.6	167.6	128.6	76.7	23.730
福稻88	5/28	5/30	8/17	8/19	9/20	115	6.8	31.1	357.4	18.91	60.8	110.6	22.3	168.4	142.3	84.5	22.270
华两优黄占	5/28	5/30	8/13	8/17	9/17	112	6.0	40.2	570.0	19.14	47.6	112.9	22.9	151.2	121.8	80.6	23.995
黄华占	5/28	5/30	8/17	8/19	9/20	115	6.8	37.5	451.5	19.10	50.9	104.2	20.8	150.2	122.5	81.6	21.812
茎优727	5/28	5/30	5/21	8/23	9/25	120	5.8	39.2	575.9	18.34	46.8	122.4	23.6	145.0	128.0	88.3	27.686
鄂优华占	5/28	5/30	8/17	8/21	9/24	119	5.2	37.1	613.5	17.74	47.8	119.8	22.6	195.8	150.7	77.0	21.610

表 73　品种产量、农艺性状及抗性表

品种名称	小区产量/kg	折亩产量/kg	位次	整齐度	株型	叶色	叶姿	长势	熟期转色	主茎总叶片数/片	抗倒伏性	叶瘟	穗颈瘟	白叶枯病	纹枯病
鄂丰丝苗	14.35	638.1	3	一般	适中	浓绿	挺直	繁茂	好	15.0	抗倒	轻	无	无	很轻
荆占1号	11.40	506.9	12	整齐	适中	淡绿	挺直	繁茂	较好	14.0	抗倒	轻	无	无	轻
深优513	11.95	531.4	11	整齐	适中	浓绿	挺直	繁茂	较好	13.0	差	轻	无	无	轻
荣优华占	15.46	687.0	1	一般	适中	浓绿	适中	繁茂	较好	13.5	差	轻	无	无	轻
广源占16	13.05	580.3	5	一般	紧束	淡绿	挺直	一般	较好	14.5	抗倒	轻	无	无	轻
田佳优华占	14.36	638.1	2	整齐	适中	淡绿	挺直	繁茂	好	14.4	一般	轻	无	无	很轻

续表

品种名称	小区产量/kg	折亩产量/kg	位次	整齐度	株型	叶色	叶姿	长势	熟期转色	主茎总叶片数/片	抗倒伏性	叶瘟	穗颈瘟	白叶枯病	纹枯病
两优1316	12.85	571.4	9	较整齐	紧束	浓绿	挺直	繁茂	较好	15.3	抗倒	轻	无	无	轻
福稻88	12.90	573.6	7	整齐	适中	淡绿	挺直	繁茂	好	14.3	抗倒	轻	无	无	很轻
华优黄占	12.50	555.8	10	一般	适中	绿色	适中	一般	一般	14.8	一般	轻	无	无	轻
黄优占	12.95	575.8	6	较整齐	适中	绿色	适中	一般	好	13.1	抗倒	轻	无	无	轻
荃优727	12.85	571.4	8	整齐	适中	绿色	宽挺	繁茂	好	14.7	一般	轻	无	无	轻
鄂优华占	13.20	587.0	4	整齐	适中	淡绿	挺直	繁茂	一般	15.0	差	轻	无	无	轻

表74 品种综合评价表

品种名称	等级	主要优点	主要缺点	备注
鄂丰丝苗	A	产量较高·熟相好·抗倒伏性强	迟熟·包颈·结实一般·千粒重低	
荆占1号	D	穗大粒多·生长整齐·长势好	有效穗少·千粒重低·产量低	
深优513	D	熟期短·结实率高	穗小·不抗倒伏·产量较低	
荣优华占	A	结实率较高·产量高	不抗倒伏	
广源占16	B	穗大粒多·熟相好	迟熟·抗倒伏性一般·千粒重低	
田佳优华占	A	有效穗多·产量高	抗倒伏性一般	
两优1316	C	长势繁茂·株型紧束	株高偏高·结实率低	
福稻88	B	株型适中·抗倒伏性强·熟相较好	产量一般	
华优黄占	C	熟期适中	抗倒伏性一般	
黄华占	B	熟相好·株高矮·茎秆韧性好·抗倒伏	穗小粒轻	
荃优727	C	千粒重高·抽穗整齐	禾秆高·剑叶宽挺	
鄂优华占	B	长势繁茂·分蘖力强·剑叶挺直	不抗倒伏	

2016 年湖北省晚稻新品种展示栽培技术总结

为了确保粮食生产安全,稳定发展晚稻生产,依靠科技提高单产和经济效益,引导农民正确选用优良品种,优化品种布局,加快良种推广应用,推动湖北省晚稻新一轮品种的换代,我们特组织开展了晚稻新品种展示试验,给基层农技推广部门和新型职业农民提供技术支撑。

1. 参展品种

参展品种共 12 个,主要选择近年来湖北省审定或者国家审定种植区域包含湖北省的新品种。种子由育种单位或具有品种生产经营权的种子企业供种,参展品种及供(育)种单位见表 75。

表 75　参展品种及供(育)种单位

品 种 名 称	类 型	供(育)种单位
A 优 442	籼稻	黄冈市农业科学院
中 9 优 168	籼稻	中国种子集团有限公司湖北分公司
泰优 398	籼稻	武汉弘耕种业有限公司
泸香优 869	籼稻	湖北荆楚种业股份有限公司
金优 957	籼稻	湖北华之夏种子有限责任公司
金优 207	籼稻	湖南杂交水稻研究中心
鑫优 9113	籼稻	湖南洞庭高科种业股份有限公司
鄂糯优 91	粳稻	湖北中香农业科技股份有限公司
鄂晚 17(常规)	粳稻	湖北中香农业科技股份有限公司
鄂粳糯 29(常规)	粳稻	湖北中香农业科技股份有限公司
鄂粳 403(常规)	粳稻	湖北省农业科学院粮作所
武育粳 33 号(常规)	粳稻	江苏(武进)水稻研究所

2. 试验设计

2.1 试验地点

试验地点安排在湖北省现代农业展示中心种子专业园农作物展示区 24 号田,属长江冲积平原,潮土土质,前茬作物为早稻。

2.2 田间设计

不设重复,每个品种栽插 200~300 m²,密度为 2 万蔸/667 米²,基本苗 7 万~8 万株/667 米²,田间管理与大田生产相近。

2.3 观察记载

按水稻品种试验观察记载项目及标准,进行田间观察记载,详细记载品种的全生育期、特征特性、抗逆性及栽培管理措施等,稻穗扬花授粉后 20 天,取标准穗数的稻蔸,分株测定植株茎节上部 3 片功能叶、穗长等性状;成熟期在田间进行取样计产,每品种选有代表性的点收割 13.33 m² 计产,并选有代表性的点横向连续调查 20 蔸的有效穗,并取 2 个平均穗数蔸用于室内考种。

3. 栽培管理

3.1 湿润育秧

3.1.1 种子处理 播种前晒种 2 个太阳日,依据各品种种植面积、千粒重及发芽率计算并称量出实际播种量;6 月 24 日,按 5 g 强氯精兑水 2.5 kg,浸种 3 kg 的比例统一浸种,浸种 8 h 后把种子捞起用清水清洗,再用清水浸种 16 h,然后将种子捞起滤水后在室内催芽,待根芽生长到半粒谷长时播种。

3.1.2 耕整秧田 中稻秧田腾茬后,于 6 月 16 日上水旋耕泡田,6 月 21 日旋耕第二遍,旋耕作业前撒施底肥,每 667 m² 撒施"鄂福"牌复混肥($N_{26}P_{10}K_{15}$)30 kg。6 月 23 日平整田面,次日按 1.8 m 宽开沟作厢,用木板耥平厢面,待厢面浮泥沉实后清理厢沟,将沟中稀泥捞起铺在厢面上耥平。

3.1.3 精细播种 播种前一天将田水排干,并再次平整厢面,达到厢面没有低洼积水,待浮泥沉实后播种。6 月 26 日播种(表 76),芽谷按单位面积播种量称量到厢,均匀撒播,然后用木板轻轻塌压,使芽谷充分接触泥土,以利于较快扎根出苗。

3.1.4 秧田管理 播种后人工驱赶麻雀,确保种子不遭雀害、不混杂;厢沟保持半沟水,确保厢面湿润无积水;6 月 29 日每 667 m² 秧田用 30%丙草胺乳油(扫莆特)100 g 兑水 30 kg 喷雾封杀杂草,立针现青后灌浅水;7 月 10 日均匀喷施多效唑 750 倍液(20 g 兑水 15 kg)促进分蘖,同时喷施二氯喹啉酸+新早胺喷雾,防治杂草和害虫;7 月 11 日在秧苗两至三叶一心时,每 667 m² 追施尿素 5 kg;移栽前于 7 月 25 日下午喷施阿维·毒死蜱+新甲胺,防治稻蓟马、二化螟,使秧苗带药下田。

3.2 整田施肥

前茬作物早稻收获时将秸秆粉碎还田,然后每 667 m² 撒施有机物腐熟剂(倍泽)2 kg,再用拖拉机旋耕整田,然后耖耙两遍,整平田块;结合整田撒施底肥,每 667 m² 施"鄂福"牌复混肥($N_{26}P_{10}K_{15}$)20 kg+碳酸氢铵 35 kg。

3.3 规范移栽

于 7 月 28 日移栽,实行牵绳定距栽插,设计行距 20.0 cm,穴距 16.6 cm,每 667 m² 栽插 2 万蔸,每蔸插 2 株谷苗,各品种的实际栽插密度详见表 77。

3.4　因苗追肥

移栽返青后,追施分蘖肥,每 667 m² 用尿素 12.5 kg 拌 14％苄·乙可湿性粉剂(水里欢)30 g;晒田复水后,追施促花肥,每 667 m² 追施尿素 2.5 kg、氯化钾 8.5 kg。

3.5　科学管水

插秧后保持 3～5 cm 的水层,以利于返青;返青后灌浅水,湿润灌溉,促进分蘖;移栽后 20 天左右,开始排水晒田,轻晒轻搁;8 月中旬复水,并追施促花肥;抽穗期田间保持 5 cm 水层;灌浆期间歇灌"跑马水",保持田面湿润。

3.6　防治病虫

8 月 15 日喷施 32000 IU/mg 苏云金杆菌(常宽)＋甲维盐＋三唑磷防治稻纵卷叶螟、二化螟、三化螟等;同时每 667 m² 用 50％氯溴异氰尿酸可溶粉剂(独定安)20 g＋0.136％赤·吲乙·芸苔可湿性粉剂(碧护)1 g＋磷酸二氢钾预防细菌性条斑病的发生,9 月 14 日喷施毒死蜱＋吡蚜酮＋菌刀防治三化螟、稻纵卷叶螟,兼治稻飞虱、纹枯病和稻曲病。

4. 结果与分析

4.1　品种全生育期

参展 7 个籼稻品种以金优 207 为对照,6 月 26 日播种,7 月 28 日移栽,9 月 13—17 日齐穗,10 月 22—30 日成熟,全生育期在 118～126 天。其中比对照金优 207 早的品种有 A 优 442(118 天)、泰优 398(119 天)、鑫优 9113(121 天)、金优 957(123 天),比对照迟的有中 9 优 168(125 天)、泸香优 869(126 天)等。参展 5 个粳稻品种以鄂晚 17 为对照,同期播栽条件下,9 月 11—16 日齐穗,10 月 27 日—11 月 3 日成熟,全生育期在 123～130 天,其中比对照鄂晚 17 早的品种有鄂粳 403(为 123 天),和对照鄂晚 17 相同全生育期的品种鄂粳糯 29(为 127 天),比对照迟的有鄂糯优 91 和武育粳 33 号,均为 130 天(表 76)。

表 76　2016 年湖北省晚稻展示品种全生育期观察记载汇总表

品种名称	播种期(月/日)	移栽期(月/日)	移栽秧龄/天	始穗期(月/日)	齐穗期(月/日)	成熟期(月/日)	全生育期/天
A 优 442	6/26	7/28	32	9/8	9/13	10/22	118
中 9 优 168	6/26	7/28	32	9/11	9/16	10/29	125
泰优 398	6/26	7/28	32	9/10	9/14	10/23	119
泸香优 869	6/26	7/28	32	9/12	9/17	10/30	126
金优 957	6/26	7/28	32	9/10	9/15	10/27	123
金优 207	6/26	7/28	32	9/11	9/16	10/28	124
鑫优 9113	6/26	7/28	32	9/14	9/14	10/25	121
鄂糯优 91	6/26	7/28	32	9/12	9/15	11/3	130
鄂晚 17(常规)	6/26	7/28	32	9/13	9/16	10/31	127
鄂粳糯 29(常规)	6/26	7/28	32	9/12	9/15	10/31	127
鄂粳 403(常规)	6/26	7/28	32	9/8	9/11	10/27	123
武育粳 33 号(常规)	6/26	7/28	32	9/12	9/15	11/3	130

4.2 秧苗素质

7月26日根据田间实际调查秧苗素质,主茎叶片数在6.0~7.2片,其中籼稻品种平均为6.53片,粳稻品种平均为6.32片,籼稻比粳稻品种主茎叶片数多0.21片;籼稻平均单株带蘖达1.77个,粳稻平均单株带蘖达1.4个,单株带蘖较多的品种是鑫优9113(为2.6个),其次是泰优398(为2.5个),带蘖较少的是武育粳33号,只有1个分蘖;苗高超过30 cm以上有5个品种,较高的是金优957(为34.0 cm),籼稻平均苗高为30.3 cm,粳稻品种的苗高普遍较矮,在20.3~26.8 cm之间(表77)。

表77 2016年湖北省晚稻展示品种栽插情况汇总表

品 种 名 称	秧 苗 素 质			栽 插 规 格			
	主茎叶片数/片	分蘖/个	苗高/cm	行距/cm	穴距/cm	密度/(万穴/667米²)	基本苗/(万株/667米²)
A优442	6.8	1.7	30.6	18.9	15.8	2.226	6.90
中9优168	6.8	1.3	30.0	21.7	15.6	1.973	6.51
泰优398	7.2	2.5	30.7	21.8	16.3	1.881	6.02
泸香优869	6.0	1.6	30.1	21.1	15.0	2.112	5.91
金优957	6.4	1.4	34.0	23.0	15.8	1.837	6.80
金优207	6.1	1.3	28.9	21.8	16.4	1.865	5.60
鑫优9113	6.4	2.6	27.8	23.2	15.8	1.819	9.46
鄂糯优91	6.2	1.8	26.8	20.0	15.7	2.115	8.04
鄂晚17(常规)	6.7	1.5	20.3	20.4	15.4	2.122	10.19
鄂粳糯29(常规)	6.1	1.1	23.9	20.0	14.5	2.294	9.65
鄂粳403(常规)	6.5	1.6	24.7	20.6	15.8	2.049	9.53
武育粳33号(常规)	6.1	1.0	20.4	20.5	15.8	2.065	9.23

4.3 植株性状

籼稻品种的株型适中,粳稻品种株型紧束。籼稻品种的剑叶为较挺或一般,粳稻品种的剑叶都为挺直。主茎叶片数以粳稻品种较多,籼稻品种平均为14.9片叶,粳稻品种平均为15.7片叶,其中鄂晚17最多,为16.6片;A优442最少,为14.5片叶。籼稻平均株高为88.1 cm,粳稻平均株高为77.3 cm,其中植株较高的品种是金优207,为106.6 cm;其次是中9优168,为95.6 cm;最矮的是鄂晚17,为71. cm。籼稻品种穗长比粳稻长,金优957、中9优168两个品种平均穗长25.6 cm,粳稻品种的穗长都小于20 cm,以鄂晚17较短,为15.1 cm。地上部第一个可见节茎秆粗最粗的品种是A优442为6.60 mm,超过6.00 mm的品种还有泸香优869(6.51 mm)、中9优168(6.44 mm),最细的品种是鄂晚17,为4.03 mm,其余品种在4.86~5.76 mm之间(表78)。

表 78 2016 年湖北省晚稻展示品种种植株农艺性状观测汇总表

品种名称	株型	剑叶形态	叶色	稃尖色	叶片数/片	株高/cm	穗长/cm	倒1节长/cm	倒2节长/cm	倒3节长/cm	倒4节长/cm	倒5节长/cm	倒6节长/cm	剑叶长×宽/(cm×cm)	倒2叶长×宽/(cm×cm)	倒3叶长×宽/(cm×cm)	茎秆粗/mm
A优442	适中	一般	绿色	无色	14.5	81.2	24.7	28.4	15.1	7.4	4.4	1.2	—	37.3×1.75	44.5×1.31	39.5×1.15	6.60
中9优168	适中	一般	绿色	无色	14.8	95.6	25.6	30.5	17.9	11.9	6.6	2.3	0.8	39.0×1.75	48.7×1.26	49.1×1.10	6.44
泰优398	适中	较挺	绿色	无色	14.7	74.3	20.8	27.5	14.6	7.9	2.8	0.7	—	25.3×1.44	34.7×0.82	33.3×0.61	5.46
泸香优869	适中	一般	绿色	紫色	15.2	90.8	24.3	31.0	17.2	11.2	5.2	1.9	—	36.6×1.88	48.4×1.10	47.5×0.91	6.51
金优957	适中	一般	绿色	紫色	14.7	88.9	25.6	28.8	17.5	9.9	4.9	1.9	0.3	35.2×1.74	46.4×1.32	38.0×1.06	5.76
金优207	适中	一般	绿色	紫色	15.2	106.6	24.2	35.9	21.1	15.9	7.4	2.1	—	39.4×1.93	51.3×1.54	51.0×1.29	5.64
鑫优9113	适中	较挺	绿色	无色	14.9	79.1	25.3	27.9	12.2	7.4	3.5	2.2	0.6	31.3×1.44	38.1×1.19	39.5×0.95	5.25
鄂糯优91	紧束	挺直	浓绿	无色	15.5	80.8	16.2	25.7	17.3	14.7	6.4	0.5	—	20.4×1.74	34.0×1.34	29.7×0.77	4.86
鄂晚17（常规）	紧束	挺直	浓绿	无色	16.6	71.1	15.1	24.9	14.6	9.8	4.8	1.9	—	18.5×1.16	20.3×0.78	21.3×0.58	4.03
鄂梗糯29（常规）	紧束	挺直	浓绿	无色	15.0	77.0	16.8	23.0	18.1	13.1	5.1	0.9	—	20.9×1.54	32.3×1.08	26.6×0.84	5.24
鄂梗403号（常规）	紧束	挺直	浓绿	无色	16.4	79.5	17.4	25.3	16.8	11.3	6.1	2.4	0.2	23.9×1.88	32.6×1.46	25.6×1.11	5.45
武育梗33号（常规）	紧束	挺直	浓绿	无色	15.0	77.9	17.4	22.6	16.7	14.5	6.3	0.4	—	17.9×1.68	29.1×1.23	26.2×0.83	5.12

4.4 经济性状

4.4.1 有效穗 籼稻品种有效穗平均为 20.9 万穗/667 米²，粳稻品种有效穗平均为 18.8 万穗/667 米²，相差 2.1 万穗/667 米²，在参展品种中，有效穗最多的是鑫优 9113，为 30.65 万穗/667 米²；有效穗最少的是鄂粳 403，为 15.84 万穗/667 米²，其余品种在 17.23 万～22.62 万穗/667 米² 之间。

4.4.2 穗粒数 穗总粒数较多的籼稻品种依次是泸香优 869、中 9 优 168、金优 957、A 优 442，都在 190 粒/穗以上；较少的是鑫优 9113，为 117.5 粒/穗，粳稻品种平均每穗总粒数为 148.5 粒/穗。结实率较高的前三位超过了 80%，依次是 A 优 442(83.1%)、金优 207 (81.9%)、鄂粳 403(80.6%)；较低的后四位品种结实率低于 75.0%，依次是中 9 优 168 (71.1%)、鑫优 9113(72.4%)、鄂糯优 91(73.7%)、金优 957(73.3%)。千粒重较重的是武育粳 33 号(29.920 g)、鄂粳 403(29.510 g)，千粒重较低的品种是鄂晚 17(21.890 g)，其次是泸香优 869(23.644 g)(表 79)。

4.4.3 稻谷实产 7 个籼型杂交稻品种的实际单产在 624.7～692.6 kg 之间，其中比对照增产的品种有 A 优 442(692.6 kg)、泸香优 869(685.4 kg)、鑫优 9113(647.5 kg)、金优 957(629.3 kg)与对照相当，其余两个品种比对照略减；5 个粳稻品种的 667 m² 产量在 494.1～615.1 kg 之间，比对照鄂晚 17 增产的品种有鄂糯优 91 为 615.1 kg，武育粳 33 号为 577.7 kg，而鄂粳糯 29 和鄂粳 403 分别比对照减产 1.3% 和 6.4%(表 79)。

表 79 2016 年湖北省晚稻展示品种产量结构统计表

品 种 名 称	最高苗/（万株/667 米²)	有效穗/（万穗/667 米²)	成穗率/(%)	总粒数/(粒/穗)	实粒数/(粒/穗)	结实率/(%)	千粒重/g	实产/(kg/667 m²)
A 优 442	23.2	18.14	78.4	191.2	158.8	83.1	25.290	692.6
中 9 优 168	24.0	17.56	73.1	197.1	140.2	71.1	25.791	624.9
泰优 398	28.7	22.62	78.8	149.3	119.3	79.9	24.640	624.7
泸香优 869	27.2	19.03	69.9	198.5	156.2	78.7	23.644	685.4
金优 957	25.3	17.23	68.1	194.2	142.2	73.3	26.795	629.3
金优 207	27.4	21.14	77.0	145.6	119.3	81.9	25.900	628.4
鑫优 9113	49.3	30.65	62.2	117.5	85.1	72.4	26.205	647.5
鄂糯优 91	25.7	18.81	73.1	156.4	115.3	73.7	26.196	615.1
鄂晚 17(常规)	40.9	22.56	55.2	147.6	110.8	75.1	21.890	527.9
鄂粳糯 29(常规)	34.3	19.03	55.5	148.6	113.2	76.2	24.555	521.1
鄂粳 403(常规)	24.0	15.84	66.0	142.1	114.6	80.6	29.510	494.1
武育粳 33 号(常规)	24.4	17.56	71.8	147.9	112.3	75.9	29.920	577.7

5. 讨论

5.1 天气条件

秧苗生长期间，雨水多、温度低、光照少(表 80)，移栽前观察秧苗素质较历年秧苗矮、分蘖少、主茎叶片数少1片叶左右;由于移栽期的推迟,秧龄偏长,大田分蘖受到影响;孕穗期间雨水调和,光照充足,养分协调,有利于穗粒分化和大穗形成;抽穗期(9月中下旬)日平均气温较常年高1.39 ℃,有利于扬花授粉和结实,寒露风出现在9月28日至10月1日,较历史上推迟11天左右,所有品种都安全齐穗;灌浆期间(9月15日至10月底),虽然日平均最低气温为17.2 ℃,较上年高0.55 ℃,10月24日才出现日平均气温低于15 ℃,但日平均最高气温为24.3 ℃,较上年低0.65 ℃,整个灌浆时间只有8个左右晴天日,天气以多云或阴雨天为主,光照少,光合物质积累慢,粒间顶端优势明显,谷粒转色慢,穗末端籽粒充实欠饱,青头多,千粒重下降,成熟期推迟。

表80　2016年晚稻全生育期间的气象资料

项目		6月		7月		8月		9月		10月	
		2016	常年	2016	常年	2016	常年	2016	常年	2016	常年
平均气温/℃	上旬	23.30	25.2	26.11	28.4	28.49	29.8	26.67	25.9	21.17	20.2
	中旬	25.94	26.3	28.09	29.3	32.34	28.3	26.19	24.0	18.70	18.4
	下旬	24.60	27.1	31.98	29.7	27.22	27.3	22.89	22.3	—	16.3
	月	24.6	26.2	28.7	29.1	29.4	28.5	25.3	24.1	19.9	18.3
降水量/mm	上旬	15.7	59.3	556.8	92.3	51.2	38.1	1.5	32.8	32.7	23.9
	中旬	122.6	65.4	67.8	77.1	0	39.0	0.1	26.3	21.9	32.3
	下旬	146.2	65.2	0	55.3	18.1	40.4	9.1	15.2	—	25.1
	月总数	284.5	189.9	624.6	224.5	69.3	117.5	10.7	74.3	54.6	81.3
日照时数/h	上旬	45.1	56.3	40.1	63.7	46.1	79.9	62.2	62.9	44.4	50.3
	中旬	61.5	59.8	42.0	69.8	100.5	70.0	74.6	54.8	13.1	42.7
	下旬	22.4	54.7	115.0	86.5	74.2	76.3	44.2	57.9	—	58.8
	月总时数	129.0	170.8	197.1	220.0	220.8	226.2	181.0	175.6	57.5	151.8

注:2016年资料来源于马铃薯晚疫病监测预警系统,常年气象资料系黄陂1981—2010年平均值。

5.2　品种抗性表现

由于特定的气象条件,水稻各种病害轻度发生或未发生,品种间的差异不明显,而品种其他性状如株高、茎秆粗细等因素不同,抗倒伏差异较大,5个粳稻抗倒性较强,而7个籼稻品种中,中9优168抗倒性较差,金优957次之,其余几个品种抗倒性较强。所有品种均未受到寒露风危害;灌浆中后期,光照少,光合物质积累慢,少数穗型较大的迟熟品种粒间顶端优势明显,谷粒转色慢,穗末端籽粒充实欠饱,秕粒增多,千粒重下降。

5.3　主要优缺点及利用评价

A优442、鑫优9113品种熟期早,株高矮、产量较高、综合性状较好,可大面积推广种植;泸香优869产量高、增产潜力大,但成熟期相对偏迟,通过早播早插,确保安全齐穗,夺取高产;金优207和金优957综合表现尚可,可搭配种植;中9优168因灌浆末期的倒伏对产量形成略有影响,但此品种增产潜力较大,在大田生产中注意后期水肥管理,可选择性种植;鄂糯优91和鄂粳糯29为糯稻品种,根据市场需求确定种植面积;粳稻品种耐迟插、秧龄弹性较大、耐寒、耐肥、抗倒伏,特别适合类似今年早季推迟收割而导致晚季迟插的田块,根据地力水平和自身条件来确定种植面积。

2016 年湖北省晚稻新品种生产试验栽培技术总结

为一步观察湖北省推荐审定的晚稻品种的特征特性,在接近大田生产的情况下,鉴定品种的丰产性、稳定性及抗逆性,对品种进行综合观察,给品种审定和审定后大面积推广应用提供科学依据,特组织开展晚稻新品种生产试验。

1. 参试品种

按照湖北省晚稻品种审定程序,特组织连续两年在湖北省晚稻品种区域试验中表现突出的苗头品种(组合)进行生产试验,由湖北省种子管理局组织报审单位供种。品种及供(育)种单位如表 81。

表 81 品种及供(育)种单位

品 种 名 称	供(育)种单位
奥富优 899	武汉市文鼎农业生物技术有限公司
弘两优 822	武汉弘耕种业有限公司
长农优 982	武汉大学
荆楚优 867	湖北荆楚种业科技有限公司
巨风优 1098	咸宁市农业科学院
28 优 158	湖北惠民农业科技有限公司
金优 207(CK)	湖南隆平高科种业科技研究院有限公司

2. 试验设计

2.1 试验地点

试验地点安排在湖北省现代农业展示中心种子专业园农作物展示区 24 号田,属长江冲积平原,潮土土质,前茬作物为早稻。

2.2 田间设计

生产试验不设重复,每个品种栽插 667～1333 m²,密度为 2 万蔸/667 米²,基本苗 7 万～8 万株/667 米²,田间管理与大田生产相近。

2.3 观察记载

按水稻品种试验观察记载项目及标准,进行田间观察记载,详细记载品种的全生育期、特征特性、抗逆性及栽培管理措施等;成熟期在田间取样计产,每品种选有代表性的点收割

13.33 m² 计产,并选有代表性的点横向连续调查 20 蔸的有效穗,取 2 个平均穗数蔸用于室内考种。

3. 栽培管理

3.1 湿润育秧

3.1.1 种子处理　播种前晒种 2 个太阳日,依据各品种种植面积、千粒重及发芽率计算并称量出实际播种量;6 月 24 日按 5 g 强氯精兑水 2.5 kg,浸种 3 kg 的比例统一浸种,浸种 8 h 后把种子捞起用清水清洗,实行"三浸三起"让其自然发芽,待根芽生长到半粒谷长时播种。

3.1.2 耕整秧田　中稻秧田腾茬后,于 6 月 16 日上水旋耕泡田,6 月 21 日旋耕第二遍,旋耕作业前撒施底肥,每 667 m² 撒施"鄂福"牌复混肥($N_{26}P_{10}K_{15}$)30 kg,6 月 23 日平整田面,次日按 1.8 m 宽开沟作厢,用木板糊平厢面,待厢面浮泥沉实后清理厢沟,将沟中稀泥捞起铺在厢面上糊平。

3.1.3 精细播种　播种前一天将田水排干,并再次平整厢面,达到厢面没有低洼积水,浮泥沉实后播种。于 6 月 26 日播种(表 82),芽谷按单位面积播种量称量到厢,均匀撒播,然后用木板轻轻塌压,使芽谷充分接触泥土,以利于较快扎根出苗。

3.1.4 秧田管理　播种后人工驱赶麻雀,确保种子不遭雀害、不混杂;厢沟保持半沟水,确保厢面湿润无积水;6 月 29 日每 667 m² 秧田用 30% 草胺乳油(扫莆特)100 g 兑水 30 kg 喷雾封杀杂草,立针现青后灌浅水;7 月 10 日均匀喷施多效唑 750 倍液(20 g 兑水 15 kg)促进分蘖,同时喷施二氯喹啉酸＋新甲胺,防治杂草和害虫;7 月 11 日在秧苗两至三叶一心时,每 667 m² 追施尿素 5 kg;移栽前于 7 月 25 日下午喷施阿维·毒死蜱＋新甲胺防治稻蓟马、二化螟,让秧苗带药下田。

3.2 整田施肥

前茬作物早稻收获时将秸秆粉碎还田,然后撒施有机物腐熟剂(倍泽)2 kg/667 m²,再用拖拉机旋耕整田,然后耖耙两遍,整平田块,结合整田撒施底肥,每 667 m² 施"鄂福"牌复混肥($N_{26}P_{10}K_{15}$)20 kg＋碳酸氢铵 35 kg。

3.3 规范移栽

于 7 月 29—30 日移栽,实行牵绳定距栽插,设计行距 20.0 cm,穴距 16.6 cm,每 667 m² 栽插 2 万蔸,每蔸插 2 株谷苗,各品种的实际栽插密度详见表 83。

3.4 因苗追肥

移栽返青后,追施分蘖肥,每 667 m² 用尿素 10 kg 拌 14 苄·乙可湿性粉剂(水里欢)30 g;晒田复水后,追施促花肥,每 667 m² 追施尿素 2.5 kg、氯化钾 8.5 kg。

3.5 科学管水

插秧后保持 3～5 cm 的水层,以利于返青;返青后勤灌浅灌,促进分蘖;移栽后 20 天左右,开始排水晒田,轻晒轻搁;8 月中下旬复水,并追施促花肥,抽穗期田间保持 5 cm 水层;灌浆期间歇灌"跑马水"保持田面湿润。

3.6 病虫害防治

生产试验接近大田生产管理,坚持防虫不防病的原则,统防统治。8 月 15 日喷施 32000 IU/mg 苏云金杆菌(常宽)+甲维盐+三唑磷防治稻纵卷叶螟、二化螟、三化螟等,同时每 667 m^2 用 50％氯溴异氰尿酸可溶性粉剂(独定安)20 g+0.136％赤·吲乙·芸苔可湿性粉剂(碧护)1 g+磷酸二氢钾预防水稻细菌性条斑病;9 月 14 日喷施毒死蜱、吡蚜酮防治三化螟、稻纵卷叶螟,兼治稻飞虱等。

4. 天气情况

参试品种在播种、秧苗期间遭受几轮强降雨,秧苗长势一般,大田前茬作物早稻收割较晚,影响晚稻大田移栽,对部分秧龄弹性较小的品种影响较大,移栽缓后,气温高,光照强,缓苗期延长,以致分蘖期和晒田期推迟;抽穗扬花期间,气象条件好,寒露风出现在 9 月 28 日—10 月 1 日,所有品种都安全齐穗;灌浆期间(9 月 15 日至 10 月底)虽然日平均最低气温为 17.2 ℃,较上年高 0.55 ℃,但日平均最高气温为 24.3 ℃,较上年低 0.65 ℃,整个灌浆期间只有 8 个晴天日,光照少,光合物质积累少,粒间顶端优势明显,穗顶端籽粒充实欠饱,青头多,千粒重下降,谷粒转色慢,灌浆期大幅延长,成熟期推迟。

5. 结果与分析

5.1 全生育期

以对照品种金优 207 全生育期最长,为 126 天;其次是长农优 982(125 天)、奥富优 899(124 天);以弘两优 822 成熟期最早,全生育期 118 天;其余品种在 120～121 天之间(表82)。

表82 2016 年湖北省晚稻生产试验新品种全生育期观察记载汇总表

品种名称	播种(月/日)	移栽期(月/日)	移栽秧龄/天	始穗期(月/日)	齐穗期(月/日)	成熟期(月/日)	全天育期/天
奥富优 899	6/26	7/30	34	9/13	9/16	10/28	124
弘两优 822	6/26	7/29	33	9/4	9/10	10/22	118
长农优 982	6/26	7/30	34	9/12	9/17	10/29	125
荆楚优 867	6/26	7/30	34	9/5	9/12	10/24	120
巨风优 1098	6/26	7/29	33	9/5	9/13	10/24	120
28 优 158	6/26	7/29	33	9/6	9/14	10/25	121
金优 207(CK)	6/26	7/29	33	9/15	9/18	10/30	126

5.2 生长动态

移栽叶龄为 6.0～6.6 片,单株分蘖 1.1～1.9 个,苗高 24.8～31.5 cm(表83);实插基本苗7.00 万～8.69 万株/667 米^2;最高苗最多的是巨风优 1098,为 37.7 万株/667 米^2,30 万株以下的品种是 28 优 158(27.1 万株/667 米^2)、奥富优 899(28.8 万株/667 米^2),其余品种为 30.5 万～34.7 万株/667 米^2(表84)。

表 83　2016 年湖北省晚稻生产试验新品种栽插情况汇总表

品种名称	移栽期秧苗素质			栽插情况			
	苗高/cm	叶龄/片	单株分蘖/个	行距 cm	株距 cm	蔸数/(万蔸/667 米²)	基本苗/(万株/667 米²)
奥富优 899	31.5	6.0	1.1	24.2	16.7	1.65	8.69
弘两优 822	24.8	6.5	1.4	23.5	16.3	1.74	7.00
长农优 982	29.8	6.6	1.6	25.0	16.7	1.60	7.42
荆楚优 867	28.2	6.6	1.9	23.5	16.3	1.74	7.42
巨风优 1098	28.6	6.3	1.9	23.5	16.7	1.70	8.27
28 优 158	30.2	6.4	1.8	23.5	16.0	1.77	7.21
金优 207(CK)	28.9	6.1	1.3	22.2	16.0	1.88	7.21

5.3　植株农艺性状

株高最矮的品种是荆楚优 867，为 97.4 cm；植株最高的品种是 28 优 158，为 121.5 cm；其余品种株高为 102.0～111.8 cm。地上部第一节间茎秆粗超过 6 mm 的有奥富优 899（6.38 mm）、弘两优 822（6.20 mm），荆楚优 867 茎秆最细，为 5.15 mm（表 85）。

5.4　经济性状

每 667 m² 有效穗最少的是 28 优 158，为 17.6 万穗，奥富优 899（18.4 万穗）、巨风优 1098（18.6 万穗），均低于对照品种金优 207（22.2 万穗），以荆楚优 867 最多，为 27.6 万穗，其余 2 个品种有效穗高于对照（长农优 982 为 23 万穗，弘两优 822 为 23.2 万穗）。成穗率以荆楚优 867 最高，为 80.9%；最低的是巨风优 1098，为 48.3%；其余品种为 63.9%～76.1%。每穗总粒数和实粒数均以 28 优 158 为最多，每穗分别为 230.2 粒和 153.1 粒；实粒数以荆楚优 867 为最少，每穗为 109.5 粒，其余品种每穗为 112.1～137.1 粒。千粒重以巨风优 1098 最大，为 28.2 g；其次是长农优 982，为 27.7 g，奥富优 899，为 27.0 g；千粒重最低的是荆楚优 867，为 22.3 g；其余品种为 24.1～26.9 g。田间实测单产以弘两优 822 最高，为 704.6 kg/667 m²；最低的是巨风优 1098，为 586.9 kg/667 m²；其余品种均高于对照金优 207（636.5 kg/667 m²），为 639.4～672.7 kg（表 84）。

试验结果表明：弘两优 822 产量高，综合性状好，熟期早，熟相好，适宜在双季稻区大面积推广种植；28 优 158 大穗型品种，生长势旺盛，熟相好，全生育期适中，有较大的增产潜力；奥富优 899、长农优 982 株型较好，茎秆粗壮，后期叶青籽黄，产量较高，但全生育期较长，要注意适当早播早插、早促早发，确保安全齐穗；荆楚优 867，分蘖力强，成穗率高，有效穗较多，但茎秆较细弱，要注意抗倒栽培；巨风优 1098 分蘖力强，千粒重较高，但秧龄弹性较弱，分蘖成穗率较低，要注意适时播种，适龄早插，早促早控，提高分蘖率和结实率，夺取高产。

表 84　2016 年湖北省晚稻生产试验新品种产量结构统计表

品种名称	最高苗 /(万株/667米²)	有效穗 /(万穗/667米²)	成穗率 /(%)	总粒数 /(粒/穗)	实粒数 /(粒/穗)	结实率 /(%)	千粒重 /g	理论产量 /(kg/667 m²)	实测单产 /(kg/667 m²)
奥富优 899	28.8	18.4	63.9	165.5	137.1	82.8	27.0	681.1	648.7
弘两优 822	30.5	23.2	76.1	169.5	135.5	79.9	24.1	757.6	704.6
长农优 982	33.1	23.0	69.5	142.2	112.1	78.8	27.7	714.2	655.3
荆楚优 867	34.1	27.6	80.9	145.0	109.5	75.5	22.3	674.0	639.4
巨风优 1098	37.7	18.6	48.3	166.8	116.2	69.7	28.2	609.5	586.9
28 优 158	27.1	17.6	64.9	230.2	153.1	66.5	26.9	724.8	672.7
金优 207(CK)	34.7	22.2	64.0	157.9	118.5	74.3	25.9	681.4	636.5

表 85　2016 年湖北省晚稻生产试验新品种植株农艺性状观测汇总表

品种名称	株型	剑叶形态	叶色	芒	秆尖色	叶片数 /片	株高 /cm	穗长 /cm	倒 1 节 长/cm	倒 2 节 长/cm	倒 3 节 长/cm	倒 4 节 长/cm	倒 5 节 长/cm	倒 6 节 长/cm	剑叶 长×宽 /(cm×cm)	倒 2 叶 长×宽 /(cm×cm)	倒 3 叶 长×宽 /(cm×cm)	茎秆粗 /mm
奥富优 899	适中	挺直	浓绿	无	紫色	14.6	105.2	22.9	36.8	22.2	15.5	6.0	1.8	—	37.4×1.77	52.6×1.64	59.0×1.12	6.38
弘两优 822	紧束	挺直	绿	无	无	15.2	106.3	22.8	35.4	22.8	14.0	7.8	3.0	0.5	27.6×1.74	41.9×1.46	45.0×1.10	6.20
长农优 982	紧束	挺直	浓绿	无	紫色	15.2	102.0	21.7	32.7	20.3	15.1	8.4	3.4	0.4	40.3×1.87	50.3×1.47	48.9×1.14	5.22
荆楚优 867	适中	一般	绿	无	无	14.3	97.4	23.6	35.5	22.2	10.6	3.7	1.8	—	33.7×1.50	48.4×1.17	38.6×0.82	5.15
巨风优 1098	适中	挺直	绿	无	紫色	14.1	111.8	26.8	37.1	22.5	16.9	6.6	1.9	—	39.7×2.06	56.5×1.63	51.5×1.11	5.93
28 优 158	适中	较披	浓绿	无	紫色	15.0	121.5	25.8	39.3	24.7	17.9	9.3	3.8	0.7	35.6×1.96	49.7×1.64	50.6×1.41	5.89
金优 207(CK)	紧束	挺直	浓绿	无	紫色	14.6	106.6	24.2	35.9	21.1	15.9	7.4	2.1	—	39.4×1.93	51.3×1.54	51.0×1.29	5.64

超级晚稻品种 H 优 518 机插不同播种期与秧龄试验总结

摘　要： 在 2016 年度晚稻生产季节的多重自然灾害条件下，超级晚稻品种 H 优 518 机插不同播种期与秧龄的两因素试验结果表明：H 优 518 及同类型双晚品种在同生态区域做双晚机插的安全播种期下限在 7 月 1 日，秧龄 15～20 天移栽，能确保在本地区常年寒露风来临前安全齐穗，后期安全成熟，适期早播早插，风险更低，产量更高。总结其高产栽培的主要技术要点：7 月 1 日前适期早播，稀播化调培育壮秧，秧龄 15～20 天移栽；选用窄行距（25 cm）插秧机栽插，栽插密度 2.4 万穴/667 米^2，每穴平均插 3 苗以上，基本苗 7.2 万株/667 米^2 以上；移栽 20 天后分多次轻搁晒田，控制无效分蘖；后期控氮增钾，黄熟即收，以防遇风雨倒伏。

关键词： 双季晚稻；H 优 518；机插秧；播种期；秧龄；技术总结

据统计，2015 年湖北省双季晚稻生产面积为 723.6 万亩，而机插面积仅为 95.1 万亩[1]，占晚稻生产面积的 13.1%，占水稻生产机械化面积的 10.9%，可见大面积生产的主要栽插技术还是人工栽插和旱育抛栽。双晚机插在生产上推广的主要技术难题是双季晚稻机插的育插期温度高，机插秧苗的秧龄弹性小，适宜的播插期较短，且后期易遭遇寒露风危害。为进一步摸索本地区双晚机插的安全播种期及高产栽培技术，连续三年开展超级稻双晚品种 H 优 518 机插不同播种期与栽插期的栽培试验，给湖北省同生态区域双季晚稻生产全程机械化技术的推广应用提供科技支撑。

1. 材料与方法

1.1　试验材料

试验安排在上年试验同一块田，武汉市黄陂区武湖农场湖北省现代农业展示中心水稻展示区 23 号田，属长江冲积平原，潮土土质，前茬为中稻秧田，肥力中上等；品种选用湖南神农大丰种业有限公司生产经营的杂交晚稻品种 H 优 518，该品种 2013 年被农业部确认为超级稻品种；插秧机选用东风井关 PZ80-HDRT25 型 8 行高速插秧机；秧盘为 25 cm×58 cm 的塑料硬盘；化肥选用"鄂福"牌复混肥（$N_{26}P_{10}K_{15}$）、"富瑞德"牌尿素（N≥46.4%）；农药选用 15%多效唑可湿性粉剂、14%苄·乙可湿性粉剂、稻腾、吡蚜酮、甲维盐、阿维菌素、井冈霉素等。

1.2　试验设计

试验设播种期和秧龄两个因素，采取两因素随机区组试验设计，其中播种期（Q）设三个处理，即 6 月 26 日（Q1）、7 月 1 日（Q2）、7 月 6 日（Q3），每个播种期处理分别设秧龄 15 天（Y1）、20 天（Y2）时栽插，共六个处理组合。为了便于栽插和管理，处理组合在田间按栽插时间顺序排列,缓苗后在正常行走栽插区内栽定小区,小区长 9.25 m、宽 4.0 m,小区面积 37 m²,三次重复,小区间留 40 cm 走道,处理组合间做泥埂并覆盖黑膜防水、肥渗漏。

1.3 栽培管理

1.3.1 培育壮秧 采用厢式湿板育秧,秧田于 6 月 20 日带水旋耕整田,每 667 m² 施 "鄂福"牌复混肥($N_{26}P_{10}K_{15}$)40 kg,待泥浆沉实后做秧床,秧床按厢面宽 1.3 m,沟宽 0.4 m, 分两次将沟中稀泥摊到厢面上,抹平床面,厢沟保持半沟水;统一晒种 1 个太阳日,按试验设计要求分期浸种、催芽、播种,每盘用种 80 g;每期播种前一天将床土调酸剂与过筛床土按照 1∶100 的比例拌匀、堆闷;摆盘时每排横向摆两盘,盘边靠紧,整齐摆放并压实,盘内铺调酸床土 2.5 cm 厚,用木尺赶平后浇足底水,待土沉实后播种,定量均匀撒播,播后盖未调酸过筛细土 0.3～0.5 cm,厢面插竹弓覆盖遮阳网,防高温灼伤和暴雨冲刷,厢沟保持半沟水;一叶一心期揭除遮阳网,两叶期用多效唑 750 倍液均匀喷雾,同时结合浇水追肥,每盘撒施尿素 1.5 g 左右,并喷施啶虫脒＋稻腾(阿维·氟酰胺)防治蓟马、螟虫等;晴天傍晚浇水,移栽前一天控水落干,便于起苗机插。

1.3.2 规范栽插 大田旋耕整平后,按 4 m 宽作埂分区;移栽前 2 天撒施底肥,每 667 m² 撒施"鄂福"牌复混肥($N_{26}P_{10}K_{15}$)30 kg,耙平田后自然落水沉泥;按照试验设计播种期和秧龄分期机插,栽插时将插秧机的栽插密度主变速调到 11 cm 挡,副变速调到标准位置,即每 3.3 m² 栽插 114 穴,横向取秧调到 18 次,纵向取秧量调节到适中位置,低速匀速栽插,移栽次日人工查苗补缺。缓苗后按试验设计划分小区。

1.3.3 大田管理 栽插后保持薄皮水 3～4 天,防漂秧和高温烫伤秧苗,以后勤灌浅水;栽插一周后追施分蘖肥,每 667 m² 撒施尿素 7.5 kg,并拌 14%苄·乙可湿性粉剂(水里欢)30 g;移栽 20 天后根据苗情动态依次落水轻搁轻晒控苗,晒至田炸裂后复水,并追施促花肥,每 667 m² 撒施尿素 5 kg 左右;灌浆期间歇灌水,成熟前一周断水;根据病虫发生情况,适期选用对口农药防治螟虫、稻飞虱、纹枯病、细菌性条斑病等病虫害。

1.4 观察记载

移栽当天整块取 30 株秧苗考察苗高、叶龄、假茎高等秧苗素质数据;移栽返青后分小区定点调查栽插密度和基本苗,适期调查最高苗和有效穗;成熟后分区处理取样考种,分区单收计实产。

2. 结果与分析

2.1 试验处理对品种全生育期的影响

在本年度特殊的天气条件下,试验品种 H 优 518 作双晚机插,6 月 26 日、7 月 1 日播种的于 10 月底至 11 月初正常成熟,7 月 6 日播种的均未能正常成熟。前四个处理组合的全生育期在 121～128 天,平均全生育期为 124 天,极差为 7 天(表 86),各处理组合间的差异显著。对正常成熟的处理组合的全生育期、播始历期(营养生长期)、齐穗至成熟的天数(灌浆期)分别做双向汇总显示,呈现出随播种期的推迟、秧龄的延长,生育进程推迟,全生育期延长,就播种期而言,播种期每推迟 5 天,全生育期随齐穗至成熟的延长而延长 2 天,播始历期的天数趋向稳定;秧龄每延长 5 天,基本播始历期和齐穗至成熟均延长 3 天,效应累加致使全生育期延长 5 天(表 87)。

表 86　处理组合的全生育期表

处理（月/日）			始穗期（月/日）	齐穗期（月/日）	成熟期（月/日）	播始历期/天	齐穗至成熟时间/天	全生育期/天
播种期	插期	代号						
6/26	7/11	Q1Y1	9/5	9/9	10/25	71	46	121
	7/16	Q1Y2	9/8	9/11	10/29	74	48	125
7/1	7/16	Q2Y1	9/10	9/14	10/31	71	47	122
	7/21	Q2Y2	9/13	9/16	11/6	74	51	128
7/6	7/21	Q3Y1	9/14	9/18	未能成熟	70	—	—
	7/26	Q3Y2	9/17	9/22	未能成熟	73	—	—

表 87　两因素对全生育期影响的双向汇总表

处理代号	全生育期/天			播始历期/天			齐穗至成熟时间/天		
	Y1	Y2	平均	Y1	Y2	平均	Y1	Y2	平均
Q1	121	125	123.0	71	74	72.5	46	48	47
Q2	122	128	125.0	71	74	72.5	47	51	49
Q3	—	—	—	—	—	—	—	—	—
平均	121.5	126.5		71	74		46.5	49.5	

2.2　试验处理对秧苗素质的影响

双晚机插秧育秧期间正值盛夏时节，气温高、日照强、暴雨多，试验处理的育秧时期从 6 月 26 日第一期播种至 7 月 26 日第三期栽插，一个月期间的时空条件差异带来了秧苗素质差异。移栽期取样考察秧苗素质，六个处理组合的平均叶龄在 2.8～4.7 片，苗高在 15.6～25.8 cm，假茎高为 3.7～4.4 cm，单株地上鲜物质重在 0.091～0.243 g（表88），秧苗比较健壮。比较分析显示，在同期播种处理中，秧苗的叶龄、苗高、假茎高及地上鲜物质重均随秧龄延长而增长，秧苗素质有所下降，如 6 月 26 日播种，7 月 11 日栽插时的叶龄、苗高、假茎高、单株地上鲜物质重分别为 2.8 片、15.6 cm、3.9 cm、0.091 g，7 月 16 日栽插时的秧苗素质分别为 4.0 片、22.7 cm、4.4 cm、0.207 g，其他播种期内的秧龄处理对秧苗素质的影响规律与此相同；而随着播种期的推迟，气温逐渐升高，同一秧龄的叶龄、苗高随播种期推迟而增长，假茎高和地上鲜物质重的变化却没有规律性，可见播种期对秧苗素质的影响实际上是秧龄与秧苗素质的关系。

表 88　处理组合的秧苗素质考察汇总表

处理代号	叶龄/片	苗高/cm	假茎高/cm	地上鲜物质重/（克/株）
Q1Y1	2.8	15.6	3.9	0.091
Q1Y2	4.0	22.7	4.4	0.207
Q2Y1	3.3	16.7	3.7	0.096
Q2Y2	4.7	22.8	4.4	0.172
Q3Y1	3.8	20.9	3.8	0.156
Q3Y2	4.3	25.8	4.0	0.243

2.3 试验处理对苗情动态的影响

2.3.1 秧苗素质带来基本苗的差异 试验在同一育插方式、同一技术规范操作的情况下,实际栽插密度在 2.406 万～2.691 万穴/667 米², 差异甚小,而六个处理组合每 667 m² 的基本苗在 6.839 万～10.085 万株,极差达到 3.246 万,其差异主要来源于秧龄带来的秧苗素质差异,即随着秧龄延长,秧苗素质下降,栽插时损秧率加大,田间实插基本苗大幅减少,如 Y1(15 天秧龄处理)的平均基本苗为 9.358 万株/667 米², Y2(20 天秧龄处理)的为 7.502 万株/667 米²; 三个播种期处理 Q1、Q2、Q3 的每 667 m² 平均基本苗分别为 8.363 万株、8.968万株、7.959 万株(表 89),差异同样来源于播种期带来的秧苗素质差异。

表 89 两因素对栽插质量及苗情的影响分析表

处理代号	密度/(万穴/667 米²)			基本苗/(万株/667 米²)			最高苗/(万株/667 米²)		
	Y1	Y2	平均	Y1	Y2	平均	Y1	Y2	平均
Q1	2.627	2.505	2.586	9.886	6.839	8.363	51.0	51.9	51.5
Q2	2.691	2.453	2.572	10.085	7.850	8.968	53.0	52.2	52.6
Q3	2.455	2.406	2.431	8.102	7.816	7.959	49.1	48.7	48.9
平均	2.606	2.455		9.358	7.502		51.0	50.9	

2.3.2 田间管理平衡了最高苗的差异 试验处理的基本苗虽然差异较大,但在田间管理上坚持"够苗晒田"的群体控制原则,统一于移栽后 20 天左右因苗轻搁轻晒控苗,以致各处理组合的最高苗和有效穗的差异较小,在综合因素的影响下,有随秧龄延长和播种期推迟而减少的现象,如秧龄处理 Y1(15 天秧龄处理)的平均最高苗为 51.0 万株/667 米², Y2(20 天秧龄处理)的为 50.9 万株/667 米²; 三个播种期处理 Q1、Q2、Q3 的每 667 m² 平均最高苗分别为 51.5 万、52.6 万、48.9 万株(表 89)。

2.4 试验处理对经济性状的影响

2.4.1 产量三要素的比较分析 从表 90 中可见,各处理组合的有效穗、穗实粒数、千粒重、穗粒数、结实率均存在不同的差异,除穗总粒数随秧龄延长,因有效穗减少影响,主茎穗比例相对增大而呈略增趋势外,其他经济性状均随播种期推迟及秧龄的延长而降低,如三个播种期处理的每 667 m² 平均有效穗分别为 27.9 万、27.9 万、27.2 万株,平均穗实粒数分别为 90.6 粒、89.0 粒、87.2 粒,平均千粒重分别为 27.5 g、27.0 g、26.3 g; 按两个秧龄处理时每 667 m² 平均有效穗分别为 28.0 万、27.3 万株,平均穗实粒数分别为 90.0 粒、87.8 粒,平均千粒重分别为 27.0 g、26.7 g; 三个播种期处理的平均结实率分别为 69.9%、68.9%、68.0%,两个秧龄处理的平均结实率分别为 70.5%、67.3%(表 90)。

表 90 两因素的主要经济性状双向表

处理代号	有效穗/(万株/667 米²)			千粒重/g		
	Y1	Y2	平均	Y1	Y2	平均
Q1	28.4	27.3	27.9	27.5	27.4	27.5
Q2	28.2	27.6	27.9	27.0	26.8	27.0
Q3	27.3	27.1	27.2	26.3	26.0	26.3
平均	28.0	27.3		27.0	26.7	

处理代号	穗粒数/粒			穗实粒数/粒			结实率/(%)		
	Y1	Y2	平均	Y1	Y2	平均	Y1	Y2	平均
Q1	128.6	130.7	129.7	90.0	91.2	90.6	70.0	69.8	69.9
Q2	126.2	132.2	129.2	89.1	88.9	89.0	70.6	67.2	68.9
Q3	128.2	128.3	128.3	91.0	83.4	87.2	71.0	65.0	68.0
平均	127.7	130.4		90.0	87.8		70.5	67.3	

2.4.2 产量结果的统计分析 以小区产量为依据,对试验结果进行统计分析,F测验显示试验的误差变异系数(CV%)1.456%≤10%,证明试验数据准确可信;试验区组间、播种期处理间的差异达到极显著水平,秧龄处理间的差异达到显著水平,播种期与秧龄的相互作用不显著。分别做两因素的效应分析和多重比较(LSR法),显示播种期处理间的差异显著,其中播种期处理Q3较Q1减产达到极显著水平;两个秧龄处理Y2较Y1减产达显著水平(表91);因两因素间的互作效应不显著,所以处理组合间的差异是播种期和秧龄效应的叠加,呈现稻谷产量随播种期推迟、秧龄延长而下降,即Q1Y1的单产最高,Q3Y2的单产最低,两者间的差异极显著,Q1Y1与Q1Y2的差异不显著,与其他处理的差异均达到显著水平,其他处理组合间的差异多数达显著水平(表92)。

表91 两因素的产量及多重比较(LSR法)表

处 理 代 号	Y1/kg	Y2/kg	平均/kg	折单产/(kg/667 m²)
Q1	107.39	104.91	106.15	585.1
Q2	103.33	102.03	102.68	566.0
Q3	100.75	97.35	99.05	546.0
平均/kg	103.82	101.43		
折单产/(kg/667 m²)	572.3a	559.1b		

表92 处理组合的小区产量统计及多重比较(LSR法)表

处理代号	小区产量/(kg/37 m²)				折单产/(kg/667 m²)
	Ⅰ	Ⅱ	Ⅲ	平均	
Q1Y1	35.39	35.85	36.15	35.80	645.0
Q1Y2	33.79	35.15	35.97	34.97	630.1
Q2Y1	33.75	34.53	35.05	34.44	620.6
Q2Y2	32.10	34.45	35.48	34.01	612.8
Q3Y1	32.25	34.95	33.55	33.58	605.1
Q3Y2	30.95	32.35	34.05	32.45	584.7

3. 讨论与建议

3.1 结合本年度的气象灾害研究判断双晚机插的安全播种期下限

本年度晚稻的育、插秧期(6月19日至7月22日)遭遇多轮强降雨天气,持续低温寡照致使秧苗徒长,但有利于移栽缓苗,提高保苗率;分蘖期遇两段持续晴热高温天气,有利于分蘖及晒田,日有效积温较高,以致营养生长期缩短,试验各处理的齐穗期与常年同期,在9月9—22日。本年度的寒露风推迟到9月28日,虽然未影响到试验处理的齐穗和结实,但灌浆期阴雨天多、气温较低、光照不足,试验处理的灌浆期普遍延长,以致7月6日播种的均未能正常成熟,由此推断双晚超级稻H优518在本地区机插的安全播种期下限在7月1日,秧龄15~20天移栽;适期早播早插,安全性和丰产性更好。

3.2 依据H优518的特征特性探索双晚机插的栽培技术

通过试验观测,H优518属中熟晚籼品种,具有秧龄弹性较好,分蘖能力强,茎秆略细,株叶形态好,有效穗多,穗小籽粒适中,灌浆速度较快,耐寒性较强,后期熟相好,稳产性、丰产性好等优点,适宜在同生态区域做双晚机插[2]。试验获得高产的主要栽培技术要点:7月1日前适期早播,稀播化控培育壮秧,秧龄15~20天移栽;选用窄行距(25 cm)插秧机栽插,栽插密度2.4万穴/667米^2,每穴平均插3苗以上,基本苗7.2万株/667米^{2}以上;多次轻搁晒田,最高苗控制在52万株/667米^{2}左右;后期控氮增钾,黄熟即收,以防遇风雨倒伏,争取丰产丰收。

参考文献

【1】《湖北农村统计年鉴》编辑委员会.湖北农村统计年鉴(2016)[M].北京:中国统计出版社,2016.

【2】曾庆四,彭贤力,方国成,等.湖北省晚稻育种现状分析与对策[J].湖北农业科学,2009,48(3):758-759.

早稻品种翻秋直播品种筛选试验总结

2016 年 6 月中旬至 7 月中下旬,受超强厄尔尼诺现象的影响,湖北省江汉平原及鄂东一带遭受多轮强降雨,多地发生历史罕见的洪涝灾害,全省农田绝收面积超过 400 万亩。为了指导农民抗灾复产,各地积极采取早稻品种翻秋直播来弥补经济损失,稳定粮食产量,争取实现农业抗灾保目标。我们利用本地具有代表性的自然资源条件,在连续 6 年的早稻翻秋品种筛选试验基础上,继续开展早稻翻秋的优良品种的筛选及配套栽培技术摸索,给抗灾生产与救灾种子储备积累经验和提供科技支撑。

1. 材料与方法

1.1 参试品种

参试品种多为救灾种子储备投标企业申报和外省推荐的适宜抗灾早稻品种,共 19 个,分别是早 64、浙辐 802、浙辐 7 号、鄂早 17、中早 25、中早 35、中早 39、中早 41、湘早籼 24 号、湘早籼 32 号、湘早籼 42 号、湘早籼 45 号、湘早籼 27 号、两优 358、两优 76、两优 302、H 优 30、中嘉早 17、小暑黄等。

1.2 试验设计

1.2.1 试验地点　试验安排在武汉市黄陂区武湖农场湖北省现代农业展示中心新品种展示区 23 号田,濒临长江,海拔 20.3 m,属长江冲积平原,潮土土质,地势平坦,土壤肥力中等。

1.2.2 田间设计　按裂区试验设计,为了方便田间操作管理,以三个播种期为主处理,分别为 7 月 20 日、7 月 25 日、7 月 30 日播种。副处理为 19 个品种,播种期处理内品种随机排列,不设重复;小区长 6.06 m、宽 2.2 m,面积 13.33 m²,小区间留 30 cm 宽厢沟,区组间留 50 cm 走道,不同播种期间预留 80 cm 宽作泥埂及排水沟,四周设 2 m 宽以上的保护行,直播栽培,每 667 m² 基本苗常规稻为 12 万株、杂交稻为 10 万株。

1.2.3 观测记载　按照湖北省水稻品种区域试验观察记载项目与标准,详细观察记载各处理的全生育期、叶龄、株高等,选定 1 m² 定点观察基本苗、最高苗、有效穗等,成熟时取 10 株标准兜用于室内考种,全区实打计产。

1.3 栽培管理

1.3.1 精细整田　中稻秧田腾茬后,用拖拉机旋耕整田,结合整田撒施"鄂福"牌复混肥($N_{26}P_{10}K_{15}$)20 kg/667 m²,然后用拖拉机旋耕平田。按照试验设计,牵绳划小区,开排水沟,并将走道内沟泥摊到厢面上,用木板耥平厢面。

1.3.2 分期播种　按实验设计分期分品种直播,依据品种的千粒重和发芽率计算小区播种量,实施精量播种,统一在播种前两天浸种催芽,待谷芽长到半粒谷长且厢面紧泥后均匀撒播芽谷,然后用木板轻轻塌压,使芽谷充分接触泥土,以利于较快扎根出苗,最后清理好厢沟,保证厢面无明水,以利于苗全苗匀。

1.3.3 栽培管理 试验统一于播种后第三天喷施封闭除草剂 30％丙草胺乳油(扫莆特);三叶期喷施二氯喹啉酸和氯氟吡氧乙酸杀除杂草;秧苗三叶一心按 5 kg/667 m² 撒施尿素;四至五叶期进行移密补稀;播种后三十天左右,排水晒田,晒田复水后采取湿润管水。适时选用对口农药防治病虫害,苗期用新甲胺＋阿维·毒死蜱喷雾防治稻蓟马和螟虫;分蘖期至幼穗分化前期用甲维盐＋32000 IU/mg 苏云金杆菌(常宽)＋三唑磷(螟清)防治三稻纵卷叶螟、二化螟;破口期至灌浆期用阿维·毒死蜱＋10％阿维·氟酰胺(稻腾)悬浮剂＋烯啶·噻嗪酮喷雾剂防治四代稻纵卷叶螟、四代三化螟和五代稻飞虱。

2. 结果与分析

2.1 品种的全生育期

统计分析显示,随着播种期推迟,品种的播始历期、全生育期相应增加,以常规早稻品种鄂早 17 为例,7 月 20 日、7 月 25 日、7 月 30 日播种的播始历期分别为 51 天、52 天、53 天,其全生育期分别为 91 天、92 天、93 天,杂交品种两优 302 三个播种期的全生育期分别为 92 天、94 天、95 天,其播始历期分别为 54 天、55 天、55 天。同一播种期处理品种间的全生育期差异明显,如 7 月 20 日播种,19 个品种的全生育期在 90～103 天,其中小暑黄的最短(90 天),其次较短的品种有鄂早 17(91 天),湘早籼 32 号、两优 358、两优 302 均为 92 天,中嘉早 17 和湘早籼 27 号的最长,同为 103 天,其他品种在 93～100 天,参试品种于 7 月 20 日播种均能正常成熟;7 月 25 日播种,除早 64 未能正常成熟外,其他品种均能正常成熟,全生育期 92～104 天;7 月 30 日播种,有 9 个品种能正常成熟,全生育期由短到长依次是鄂早 17(93 天)、两优 358(94 天)、两优 302 和小暑黄(均为 95 天)、两优 76 和湘早籼 24 号(均为 97 天)、中早 41(98 天)、湘早籼 32 号和 H 优 30(均为 99 天)(表 93)。

进一步比较分析,发现 7 月 20 日播种的全生育期在 95 天以上的常规品种和 97 天以上的杂交品种,推迟到 7 月 30 日播种不能正常成熟,如中早 35、湘早籼 42 号等,7 月 20 日播种的全生育期在 100 天以上的早 64、湘早籼 27 号,在 7 月 25 日播种就不能正常成熟,中嘉早 17 勉强成熟。

2.2 品种的叶蘖生长动态

参试品种的主茎总叶片数随播种期推迟而减少。13 个品种三个播种期的平均主茎总叶片数分别为 12.5 片、12.3 片、11.3 片,结合全生育期来分析,主茎总叶片数较少的品种,其熟期也较早,如小暑黄、鄂早 17、湘早籼 32 号、两优 302、两优 358 五个品种三个播种期的平均主茎总叶片数为 11.59 片,全生育较长的品种如早 64、浙辐 802、浙辐 7 号、中嘉早 17 的主茎总叶片数为 12.51 片(表 94)。在精量播种的情况下,三个播期的基本苗分别为 12.2 万株/667 米²、12.3 万株/667 米²、12.1 万株/667 米²,比较稳定,而最高苗和有效穗随播种期推迟而降低,如 7 月 20 日播种的最高苗和有效穗的平均值分别为 45.7 万株/667 米²、23.41 万株/667 米²,7 月 25 日播种的分别为 43.4 万株/667 米²、21.97 万株/667 米²,7 月 30 日播种的分别为 40.9 万株/667 米²、18.71 万株/667 米²(表 94)。

表93 2016年早稻翻秋直播筛选试验品种生育期表

品种名称	7月20日播种					7月25日播种					7月30日播种				
播期处理	始穗期(月/日)	齐穗期(月/日)	成熟期(月/日)	全生育期/天	熟期早迟排名	始穗期(月/日)	齐穗期(月/日)	成熟期(月/日)	全生育期/天	熟期早迟排名	始穗期(月/日)	齐穗期(月/日)	成熟期(月/日)	全生育期/天	熟期早迟排名
早64	9/23	9/26	10/28	100	9	9/28	10/5	—	—	—	10/3	10/8	—	—	—
浙辐7号	9/10	9/21	10/25	97	8	9/18	9/23	10/31	98	4	9/29	10/6	—	—	—
浙辐802	9/14	9/20	10/25	97	8	9/19	9/24	10/31	98	4	9/30	10/7	—	—	—
小暑黄	9/10	9/13	10/18	90	1	9/17	9/21	10/27	94	2	9/21	9/25	11/2	95	3
湘早籼42号	9/16	9/19	10/24	96	7	9/20	9/24	10/31	98	4	9/27	10/3	—	—	—
中早39	9/18	9/21	10/24	96	7	9/24	9/27	11/1	99	5	9/27	10/7	—	—	—
中早35	9/17	9/20	10/23	95	6	9/22	9/25	10/31	98	4	9/27	10/2	—	—	—
中早41	9/12	9/15	10/21	93	4	9/17	9/20	10/30	97	3	9/21	9/25	11/5	98	5
湘早籼27号	9/20	9/24	10/31	103	10	—	—	—	—	—	—	—	—	—	—
中早25	—	—	—	—	—	9/24	9/27	11/2	100	6	9/25	10/5	—	—	—
鄂早17	9/9	9/12	10/19	91	2	9/15	9/18	10/25	92	1	9/21	9/24	10/31	93	1
湘早籼32号	9/10	9/13	10/20	92	3	9/16	9/18	10/25	92	1	9/23	9/29	11/6	99	6
湘早籼45号	9/14	9/19	10/25	97	8	9/22	9/26	11/2	100	6	9/26	10/1	—	—	—
湘早籼24号	9/11	9/17	10/22	94	5	9/20	9/24	10/30	97	3	9/25	9/28	11/4	97	4
两优76	9/14	9/17	10/23	95	6	9/22	9/26	11/1	99	5	9/25	9/28	11/4	97	4
两优302	9/12	9/15	10/20	92	3	9/18	9/21	10/27	94	2	9/23	9/26	11/2	95	3
两优358	9/11	9/14	10/20	92	3	9/15	9/18	10/25	92	1	9/23	9/25	11/1	94	2
H优30	9/12	9/15	10/22	94	5	9/18	9/21	10/31	98	4	9/23	9/26	11/6	99	6
中嘉早17	9/20	9/26	10/31	103	10	9/25	10/1	11/6	104	7	9/27	10/5	—	—	—
平均值				95					97.1					—	—

表 94　2016 年早稻翻秋直播筛选试验品种苗情动态及农艺性状表

播种期处理	品种处理	苗情（万株/667 米²）			株高/cm	主茎总叶片数/片	包颈程度	
		基本苗	最高苗	有效穗			比例/（%）	长度/cm
7月20日	早 64	12.4	37.8	18.94	100.0	13.7	38.5	1.0
	浙辐 7 号	13.1	59.8	20.81	95.6	13.2	67.3	0.5
	浙辐 802	13.2	56.3	23.41	94.0	13.0	66.7	1.4
	小暑黄	12.9	59.1	27.56	95.2	12.0	89.9	2.1
	湘早籼 42 号	11.6	46.2	24.01	102.8	13.0	25.6	0.3
	中早 39	11.6	41.3	20.01	96.8	13.0	82.8	0.9
	中早 35	11.4	40.0	24.01	103.5	13.3	67.3	0.6
	湘早籼 27 号	11.6	38.0	24.11	95.3	12.1	93.5	1.1
	中早 41	12.0	36.8	22.69	95.8	11.4	9.1	0.4
	鄂早 17	11.9	46.3	24.20	105.3	12.1	71.1	1.3
	湘早籼 32 号	11.9	44.3	22.16	99.3	12.0	11.8	0.5
	湘早籼 45 号	12.6	44.4	27.65	96.0	11.2	38.5	0.5
	湘早籼 24 号	12.0	43.6	24.81	90.6	12.0	23.1	0.7
第一期平均值		12.2	45.7	23.41	97.7	12.5	52.7	0.87
7月25日	早 64	12.4	35.0	16.54	97.8	13.0	83.4	1.5
	浙辐 7 号	11.9	35.0	20.21	91.5	12.9	80.0	3.9
	浙辐 802	13.7	49.0	24.41	92.8	12.3	73.3	2.8
	小暑黄	12.5	53.1	26.14	88.9	13.0	93.8	3.1
	湘早籼 42 号	11.8	43.7	23.17	92.2	12.3	31.2	0.9
	中早 39	11.8	51.2	22.81	86.0	12.4	90.0	1.0
	中早 35	12.4	40.6	20.41	99.6	12.0	71.2	0.7
	中早 41	11.4	38.7	20.47	92.7	11.3	44.4	0.7
	鄂早 17	12.2	42.4	19.21	99.8	12.0	100.0	2.1
	湘早籼 32 号	11.6	39.0	21.01	83.0	12.0	80.1	1.3
	湘早籼 45 号	12.4	42.2	25.41	87.3	13.0	57.8	1.4
	湘早籼 24 号	12.7	41.2	23.46	84.8	11.0	55.0	1.3
	中早 25	13.2	53.0	22.31	92.5	12.3	22.0	1.1
第二期平均值		12.3	43.4	21.97	91.5	12.3	69.3	1.68
7月30日	早 64	12.4	35.0	15.21	92.0	11.8	91.7	0.3
	浙辐 7 号	12.0	42.0	18.56	81.6	11.8	96.0	2.8
	浙辐 802	11.6	41.1	14.32	80.5	11.3	78.6	3.1

播种期处理	品种处理	苗情（万株/667 米²）			株高/cm	主茎总叶片数/片	包颈程度	
		基本苗	最高苗	有效穗			比例/(%)	长度/cm
7月30日	小暑黄	12.4	47.2	25.12	86.0	10.5	97.8	3.8
	湘早籼 42 号	11.8	39.5	19.54	85.1	11.0	44.0	1.5
	中早 39	11.6	44.3	17.56	81.0	11.5	92.5	1.5
	中早 35	12.4	38.1	16.89	94.5	11.0	80.6	0.9
	中早 41	11.2	41.4	18.60	91.8	10.6	63.1	1.1
	鄂早 17	12.9	39.0	18.54	84.5	11.0	100.0	5.3
	湘早籼 32 号	12.5	37.5	17.50	78.0	12.6	94.4	2.7
	湘早籼 45 号	12.4	38.2	21.23	83.8	11.5	60.0	2.4
	湘早籼 24 号	12.3	39.6	22.54	81.5	11.0	64.0	2.1
	中早 25	11.7	49.0	17.56	91.6	11.8	43.0	0.8
第三期平均值		12.1	40.9	18.71	85.5	11.3	77.4	2.18
8/4	小暑黄	13.8	40.1	24.36	88.0	—	98.5	4.2

2.3 品种的农艺性状

参试品种株高、稻穗长度均随播种期推迟而降低，稻穗包颈比例随播种期推迟而增加。如 7 月 20 日播种品种平均株高为 97.7 cm，稻穗包颈 52.7%；7 月 25 日播种平均株高为 91.5 cm，稻穗包颈 69.3%；7 月 30 日播种的平均株高为 85.5 cm，稻穗包颈 77.4%。品种间的株高、稻穗长度及包颈长度与品种的特征特性相关，其中植株较高的品种有中早 35、早 64、鄂早 17、湘早籼 27 号等，株高较矮的品种有湘早籼 24 号、湘早籼 32 号、中早 39 等；包颈程度较重的品种有小暑黄、鄂早 17、中早 39、浙辐 7 号、湘早籼 27 号等，三期的平均包颈比例在 80% 以上，平均包颈长度在 1 cm 以上；包颈程度较低的品种有中早 25、湘早籼 42 号、中早 41、湘早籼 24 号等品种，三期的平均包颈比例在 50% 以下，其他品种的在 52.1%～73.0%（表 94）。

2.4 品种的经济性状

品种的有效穗和每穗总粒数、实粒数、千粒重，均随播种期推迟而减少。如 7 月 20 日播种平均有效穗为 23.41 万穗/667 米²、每穗总粒数为 129.0 粒、实粒数为 95.4 粒、千粒重为 26.50 g；7 月 25 日的平均有效穗为 21.97 万穗/667 米²、每穗总粒数为 123.7 粒、实粒数为 86.0 粒、千粒重为 25.25 g；7 月 30 日播种的平均有效穗为 18.71 万穗/667 米²、每穗总粒数为 114.2 粒、实粒数为 70.1 粒、千粒重为 23.89 g。从品种之间来看差异非常明显。以 7 月 20 日播种为例，有效穗较多的是湘早籼 45 号（27.65 万穗/667 米²），比较少的早 64 多 8.71 万穗；每穗总粒数较多是早 64（168.4 粒），比较少的湘早籼 24 号多 78.2 粒；实粒数较多的是中早 39（114.3 粒），比较少的湘早籼 24 号多 36.4 粒；千粒重较重是早 64（29.425 g），比较轻的湘早籼 24 号重 6.535 g（表 95）。

表 95　2016 年早稻翻秋直播筛选试验品种经济性状表

播种期处理	品种处理	有效穗/（万穗/667 米²）	成穗率/（%）	每穗总粒数/粒	实粒数/粒	结实率/（%）	千粒重/g	穗长/cm
7 月 20 日	早 64	18.94	50.1	168.4	99.0	58.8	29.425	22.4
	浙辐 7 号	20.81	34.8	125.2	95.7	76.4	25.630	20.8
	浙辐 802	23.41	41.6	127.9	98.5	77.0	25.055	21.9
	小暑黄	27.56	46.6	118.9	97.6	82.1	25.147	20.2
	湘早籼 42 号	24.01	52.0	150.3	97.0	64.5	27.156	20.1
	中早 39	20.01	48.5	143.0	114.3	79.9	25.980	17.7
	中早 35	24.01	60.0	135.4	94.5	69.8	29.125	20.5
	湘早籼 27	24.11	63.4	150.2	90.1	60.0	26.175	19.1
	中早 41	22.69	61.7	116.8	98.5	84.3	27.660	19.7
	鄂早 17	24.20	52.3	128.1	100.4	78.4	27.775	21.9
	湘早籼 32 号	22.16	50.0	121.8	95.8	78.7	26.010	19.3
	湘早籼 45 号	27.65	62.2	100.5	80.2	79.8	26.475	20.1
	湘早籼 24 号	24.81	56.9	90.2	77.9	86.4	22.890	19.9
第一期平均值		23.41	52.3	129.0	95.4	75.1	26.50	20.3
7 月 25 日	早 64	16.54	47.2	152.0	76.6	50.4	22.050	21.7
	浙辐 7 号	20.21	57.7	168.8	120.6	71.4	23.640	21.7
	浙辐 802	24.41	49.8	120.2	95.4	79.4	23.065	20.8
	小暑黄	26.14	49.2	96.8	72.8	75.2	25.075	19.5
	湘早籼 42 号	23.17	53.0	130.2	81.4	62.5	24.880	19.8
	中早 39	22.81	44.5	120.2	79.5	65.8	23.560	17.2
	中早 35	20.41	50.3	129.3	82.3	63.7	28.450	19.6
	中早 41	20.47	52.9	108.6	86.7	79.8	26.890	18.9
	鄂早 17	19.21	45.3	129.5	99.5	76.8	28.940	20.1
	湘早籼 32 号	21.01	53.8	117.2	90.9	77.6	25.880	18.9
	湘早籼 45 号	25.41	60.2	113.5	67.5	59.5	26.840	19.1
	湘早籼 24 号	23.46	56.9	86.6	74.2	85.7	22.690	19.1
	中早 25	22.31	42.1	134.6	90.4	67.2	26.330	17.9
第二期平均值		21.97	51.0	123.7	86.0	70.34	25.25	19.6
7 月 30 日	早 64	15.21	43.4	116.8	59.3	50.8	27.840	19.9
	浙辐 7 号	18.56	44.2	136.1	83.3	61.2	22.895	20.0
	浙辐 802	14.32	34.8	143.4	80.6	56.2	22.580	19.4
	小暑黄	25.12	53.2	95.7	69.8	72.9	24.780	21.0

播种期处理	品种处理	有效穗/(万穗/667 米²)	成穗率/(%)	每穗总粒数/粒	实粒数/粒	结实率/(%)	千粒重/g	穗长/cm
7月30日	湘早籼 42 号	19.54	49.5	107.7	65.2	60.5	25.010	19.7
	中早 39	17.56	39.6	110.2	67.6	61.3	22.350	16.9
	中早 35	16.89	44.3	113.2	60.2	53.2	25.455	18.4
	中早 41	18.60	44.9	96.3	71.5	74.2	25.360	17.5
	鄂早 17	18.54	47.5	110.2	73.2	66.4	25.210	18.2
	湘早籼 32 号	17.50	46.6	108.1	78.1	72.2	21.560	18.4
	湘早籼 45 号	21.23	55.6	126.1	59.4	47.1	24.010	17.2
	湘早籼 24 号	22.54	57.0	85.4	68.7	80.4	20.980	18.1
	中早 25	17.56	35.8	135.2	74.1	54.8	22.475	17.8
第三期平均值		18.71	45.9	114.2	70.1	62.4	23.89	18.7
8/4	小暑黄	24.36	46.1	105.2	62.4	59.3	24.650	20.1

2.5 品种的稻谷产量

参试品种不同播种期的产量差异较为明显,7月20日播种期处理的平均产量为506.5 kg/667 m²,7月25日播种期处理的平均产量为407.2 kg/667 m²,7月30日播种期处理的平均产量为308.0 kg/667 m²。通过对各处理小区实产进行比较分析,同一播种期内品种间的产量差异明显,三期平均单产较高的品种依次是 H 优 30、两优 358、鄂早 17、两优 302、两优 76、中早 35、中早 41 等品种,平均每 667 m² 产量都在 420 kg 以上,但各品种对温、光敏感程度及其他特性不一样,对同一气候条件的反应差异也较大,如7月20日、25日两个播种期处理产量均居第一位的是 H 优 30,而到了7月30日播种期处理的 H 优 30 产量仅为 314.2 kg/667 m²,位居第八,三个播种期的平均产量位居第一位;7月20日播种期处理单产最低的早 64,7月30日播种期处理产量也较低(246.0 kg/667 m²),位居参试品种第十五位;7月30日播种期处理产量最高的两优 358 的产量为 445.7 kg/667 m²,其三个播种期平均产量为482.4 kg/667 m²,位居三个播种期参试品种第二位;7月30日播种期处理,产量较高的还有两优 302(373.5 kg/667 m²)、小暑黄(355.6 kg/667 m²)、两优 76(342.6 kg/667 m²)、鄂早 17(337.6 kg/667 m²)、中早 41(330.8 kg/667 m²)、湘早籼 24 号(322.5 kg/667 m²)、H 优 30(314.2 kg/667 m²),这 8 个品种在今年的气象条件下,7月30日播种均能正常成熟(表96)。

表 96 2016 年早稻翻秋直播筛选试验品种小区产量统计表

播种期处理	7月20日播种			7月25日播种			7月30日播种			三期平均	
品种名称	小区产量/kg	折单产/kg	位次	小区产量/kg	折单产/kg	位次	小区产量/kg	折单产/kg	位次	折单产/kg	位次
早 64	7.884	394.2	18	5.162	258.1	18	4.920	246.0	15	299.4	16
浙辐 7 号	9.846	492.3	12	8.342	417.1	6	6.012	300.6	12	403.3	10
浙辐 802	8.292	414.6	15	7.732	386.6	13	4.460	223.0	18	341.4	14

续表

播种期处理 品种名称	7月20日播种			7月25日播种			7月30日播种			三期平均	
	小区产量/kg	折单产/kg	位次	小区产量/kg	折单产/kg	位次	小区产量/kg	折单产/kg	位次	折单产/kg	位次
小暑黄	8.848	442.4	13	8.276	413.8	7	7.112	355.6	3	403.9	9
湘早籼42号	10.802	540.1	7	8.138	406.9	8	6.180	309.0	9	418.7	7
中早39	11.406	570.3	5	8.494	424.7	5	4.880	244.0	16	413.0	8
中早35	12.112	605.6	2	8.754	437.7	4	4.562	228.1	17	423.8	6
中早41	11.256	562.8	6	7.554	377.7	16	6.616	330.8	6	423.8	6
湘早籼27号	10.502	525.1	9	—	—	—	—	—	—	525.1	—
中早25	—	—	—	7.246	362.3	17	5.454	272.7	14	317.5	15
鄂早17	11.418	570.9	4	9.572	478.6	3	6.752	337.6	5	462.4	3
湘早籼32号	8.374	418.7	14	7.896	394.8	11	6.270	313.5	9	375.7	12
湘早籼45号	8.284	414.2	16	7.732	386.6	12	5.638	281.9	13	360.9	13
湘早籼24号	8.196	409.8	17	7.896	394.8	10	6.450	322.5	7	375.7	12
两优76	10.662	533.1	8	7.956	397.8	9	6.852	342.6	4	424.5	5
两优302	11.634	581.7	3	7.640	382.0	15	7.470	373.5	2	445.7	4
两优358	10.104	505.2	11	9.924	496.2	2	8.914	445.7	1	482.4	2
H优30	12.430	621.5	1	10.608	530.4	1	6.284	314.2	8	488.7	1
中嘉早17	10.302	515.1	10	7.654	382.7	14	6.056	302.8	11	400.2	11
平均值		506.5			407.2			308.0		407.2	

3. 讨论与建议

3.1 后期天气条件考验品种的安全性

本年的气象条件有利于早稻翻秋种植,特别是抽穗期间日平均气温较常年高1~2 ℃,寒露风出现在9月28日,较历年平均推迟11天左右,大多数品种结实率高,只有7月30日播种期的部分品种受到寒露风轻度危害,结实率下降;灌浆期间,虽然日最低平均气温为17.2 ℃,较上年高0.55 ℃,但10月24日以后的日平均气温低于15 ℃,整个灌浆期间阴雨天气多,只有10个左右晴天日,光照少,光合物质积累慢,灌浆期延长;11月7日4至5级北风伴随低温和雨水造成部分品种受冻,剑叶失绿,籽粒未充实饱满,抽穗迟的品种灌浆终止,产量低。

3.2 早播田块应选高产品种

7月中旬遇灾造成绝收的水稻田块,应及时抢排渍,7月20日前能退水整田补种的田,可选用丰产潜力较大的品种H优30、中早35、两优302、中早39、中早41、湘早籼42号、两优76、湘早籼27号、中嘉早17、两优358等高产抗倒伏品种,抢早直播,合理运筹水肥,可夺取500 kg/667 m²以上的稻谷产量。

3.3 迟播田块应选安全品种

因排水困难,推迟到 7 月 25—30 日播种的田块,应选用两优 358、两优 302、小暑黄、鄂早 17、中早 41、湘早籼 24 号、两优 27 等感温性强、全生育期短的品种,适当加大用种量,提早晒田,缩短营养生长期,避免寒露风危害,提高结实率和千粒重,增加产量。较好的气象条件和科学的栽培管理,使得今年的早稻翻秋的品种筛选试验获得成功,筛选出了一批高产和耐迟播品种,各品种翻秋种植的综合评价及建议参见表 97,部分品种的丰产性、抗逆性、适宜性有待进一步试验验证。

表 97   2016 年早稻翻秋直播筛选试验品种综合评价表

品种名称	等级	主 要 优 点	主 要 缺 点	利用价值及建议
早 64	D	茎秆粗壮,生长势强,株型紧束	弱感温,生长期长,不耐寒	不宜在 7 月 20 日之后播种种植
浙辐 7 号	C	抗倒伏	品种退化严重,两种穗型,抽穗期长,谷粒卵圆形	7 月 20 日前后可做翻秋种植
浙辐 802	C	抗倒伏	品种退化,穗不齐、抽穗期长,谷粒卵圆形、色泽差	7 月 20 日前后可做翻秋种植
小暑黄	A	感温性强,耐迟播,全生育期短,熟相好	茎秆细弱,不抗倒伏	7 月底前后也可做翻秋种植,稀播防倒
湘早籼 42 号	B	茎秆粗壮,抗倒伏,较感温,产量较高	谷粒卵圆形,有褐色斑块,外观差	7 月 25 日前后可做翻秋种植
中早 39	C	长势好,抗倒伏,早播产量高	中感温,全生育期长,谷粒色泽差,熟相差	7 月 25 日前后可做翻秋种植
中早 35	C	长势好,抗倒伏,早播产量高	中感温,全生育期长,谷粒色泽差,熟相差	7 月 25 日前后可做翻秋种植
中早 25	C	长势好,抗倒伏,穗入	弱感温,产量低,谷粒长宽比小、卵圆形	7 月 25 日后不宜做翻秋种植
中早 41	B	熟期短,感温性强,耐迟播,产量高	茎秆粗一般,抗倒伏一般,谷粒长宽比小、卵圆形	7 月底前可做翻秋种植,注意播量
鄂早 17	B	熟相好,产量高,感温性强	茎秆粗一般,不抗倒伏	7 月底前可做翻秋种植,控水控肥
湘早籼 32 号	B	全生育期短,较感温	产量一般,谷粒卵圆形,抗倒一般	7 月 25 日前后做翻秋种植
湘早籼 45 号	B	全生育期较短,较感温	产量一般,穗层不整齐	7 月 25 日前后做翻秋种植
湘早籼 24 号	B	全生育期短,较感温,耐迟播	穗小,穗层不整齐,谷粒卵圆形	7 月底前可做翻秋种植

续表

品种名称	等级	主 要 优 点	主 要 缺 点	利用价值及建议
两优 76	B	感温性较强,产量高	种子来源渠道窄,种子成本高	7 月底前可做翻秋种植
两优 302	A	感温性强,产量高,熟期较短	种子来源渠道窄,种子成本高	7 月底前也可做翻秋种植
两优 358	A	高感温,迟播产量高,熟期较短,耐迟播	种子来源渠道窄,种子成本高,抗倒性差	7 月底可做翻秋种植,稀播防倒伏
H 优 30	A	感温性强,产量高	种子来源渠道窄,种子成本高,不耐迟播	7 月 25 日前后可做翻秋播种
中嘉早 17	C	生长势强,抗倒伏	弱感温,生长期长,谷粒长宽比小、卵圆形,外观差	7 月 20 日前后可做翻秋种植

玉米科技成果总结

2016 年湖北省丘陵平原杂交玉米展示栽培技术总结

为了加快玉米优良品种的推广速度,提高玉米的生产水平,促进玉米产业健康发展,特组织开展对近几年鄂审、国审(审定种植区域包含湖北省)表现良好,适合丘陵平原种植的杂交玉米品种进行展示,对各品种的适应性、丰产性、稳定性及抗逆性等综合性状的表现进行客观评价,摸索配套的高产栽培技术,给丘陵平原发展玉米生产、推广优良品种提供科学依据。

1. 参展品种

从湖北省及同生态区域的科研单位、种子企业征集、引进审定的杂交玉米品种 10 个,品种名称及供(育)种单位见表 98。

表 98　品种名称及供(育)种单位

品种名称	供(育)种单位	品种名称	供(育)种单位
华凯 2 号	重庆帮豪种业有限公司	汉单 777	湖北省种子集团有限公司
创玉 38	湖北惠民农业科技有限公司	蠡玉 16	北京奥瑞金种业股份有限公司
福玉 198	武汉隆福康农业发展有限公司	康农玉 901	湖北康农种业股份有限公司
中农大 451	武汉隆福康农业发展有限公司	蠡玉 31	北京奥瑞金种业股份有限公司
宜单 629	湖北腾龙种业有限公司	郁青 272	铁岭郁青种业科技有限责任公司

2. 展示设计

2.1　展示地点

试验地选在湖北省现代农业展示中心种子专业园农作物新品种展示区 9 号田,海拔 20.5 m,地势平坦,田间路渠配套,排灌方便;属长江冲积平原,潮土土质,前茬作物为夏大豆,冬季深翻炕土。

2.2　田间设计

采取大区对比法,随机排列,不设重复,每个品种种植 200 m² 左右。采取垄作宽窄行种植,垄宽 1.33 m,每垄种 2 行,垄内窄行距 40 cm,牵绳定距穴播,种植密度为 3666 株/667 米² 左右。田间管理与大田生产相接近,坚持防虫不治病的原则。

2.3　观察记载

按照玉米品种试验观察记载项目及标准进行田间观察,出苗后每个品种随机选定 10

株,7天观察一次叶片生长进度,成熟收获前观测植株性状、株高、穗位、总叶片数、穗上叶,收获期随机在田间3点取样,每点连续取21株,测量株距,计算实收密度,各点随机连续选取10株正常果穗用于室内考种,全田分品种单收计产。

3. 栽培管理

3.1 整地施肥

前茬作物收获后,冬季深翻炕土。2月底旋耕碎垡,3月21日结合整地撒施底肥,每667 m² 施"鄂福"牌复混肥($N_{26}P_{10}K_{15}$)50 kg,然后用开沟机按1.33 m开沟,人工清沟并将厢面整成龟背形。

3.2 精细播种

4月5日牵绳定距宽窄行穴播,垄内窄行距40 cm,垄间宽行距93.3 cm,穴距27.4 cm,密度3666株/667米²,每穴播种2~3粒,盖土2~3 cm。

3.3 田间管理

参展品种于4月13日出苗;4月18日间苗及查苗补缺,并喷甲氰菊酯+新甲胺防治蚜虫和地下害虫;4月21日定苗,并喷施"苞宝"+氯氟吡氧乙酸防除杂草;4月30日追施苗肥,每667 m² 施"富瑞德"牌尿素10 kg;5月22日追施穗肥,每667 m² 追施"富瑞德"牌尿素15 kg;5月23日用BT可湿性粉剂拌过筛细土丢心防治玉米螟;5月30日喷施甲维盐+常宽+锌肥防治螟虫、蚜虫等。

4. 结果与分析

4.1 生育期

参展品种统一于4月5日播种,4月13日出苗,6月11—17日抽雄,6月11—22日吐丝,成熟期在7月31日至8月10日,生育期为109~119天。其中生育期最短的是汉单777(109天),其次是创玉38(110天);生育期较长的品种是华凯2号和康农玉901(均为119天),其余品种生育期为111~117天(表99)。

表99 2016年湖北省杂交玉米品种展示生育期记载汇总表

品种名称	播种期(月/日)	出苗期(月/日)	抽雄期(月/日)	吐丝期(月/日)	成熟期(月/日)	生育期/天
华凯2号	4/5	4/13	6/17	6/22	8/10	119
创玉38	4/5	4/13	6/11	6/11	8/1	110
福玉198	4/5	4/13	6/14	6/16	8/5	114
中农大451	4/5	4/13	6/15	6/17	8/6	115
宜单629	4/5	4/13	6/14	6/17	8/2	111
汉单777	4/5	4/13	6/13	6/15	7/31	109
蠡玉16	4/5	4/13	6/12	6/13	8/7	116

续表

品种名称	播种期 （月/日）	出苗期 （月/日）	抽雄期 （月/日）	吐丝期 （月/日）	成熟期 （月/日）	生育期/天
康农玉 901	4/5	4/13	6/16	6/20	8/10	119
蠡玉 31	4/5	4/13	6/12	6/13	8/4	113
郁青 272	4/5	4/13	6/15	6/18	8/8	117

4.2 苗情动态

据田间观测表明,4 月 30 日至 5 月 30 日,叶片生长较快的品种有华凯 2 号、蠡玉 31、蠡玉 16,分别增加了 10.6 片、10.3 片和 10 片,中农大 451 只增加了 8.9 片,其余品种增加了 9～10 片(表 100)。

表 100　2016 年湖北省杂交玉米品种展示苗情观测汇总表

品种名称	叶龄/片					
	4 月 30 日	5 月 6 日	5 月 11 日	5 月 18 日	5 月 24 日	5 月 30 日
华凯 2 号	4.7	7.2	8.2	11.0	13.2	15.3
创玉 38	4.1	7.4	8.4	9.6	11.2	14.0
福玉 198	4.6	7.0	8.2	10.1	11.8	14.2
中农大 451	4.9	7.1	8.2	10.2	11.7	13.8
宜单 629	4.3	6.5	8.2	9.6	11.3	13.3
汉单 777	5.1	7.6	8.9	11.3	12.8	14.9
蠡玉 16	5.2	7.9	9.2	11.2	12.6	15.2
康农玉 901	4.6	7.1	8.3	10.6	11.7	13.9
蠡玉 31	5.3	8.1	9.3	11.4	12.7	15.6
郁青 272	5.0	7.7	9.1	11.0	12.4	14.8

4.3 植株性状

所有参展品种均为半紧凑型,总叶片数为 18.2～21.8 片,穗上叶为 5.2～6.6 片。株高较高的品种是中农大 451(285.8 cm),其次是福玉 198、华凯 2 号和郁青 272,分别为 277.8 cm、272.0 cm 和 271.0 cm,较矮的是创玉 38(226.2 cm);穗位较高的品种是华凯 2 号(120.8 cm),穗位较低是创玉 38(95.6 cm),其次是蠡玉 31(98.8 cm)。花药颜色除了创玉 38 和康农玉 901 为浅紫色,其余均为绿色;花丝颜色除了华凯 2 号和福玉 198 为绿色,其余均为紫色、淡紫色或浅紫色(表 101)。

表 101　2016 年湖北省杂交玉米品种展示植株性状观测汇总表

品种名称	株型	株高/cm	穗位/cm	总叶片数/片	穗上叶/片	花药	花丝
华凯 2 号	半紧凑	272.0	120.8	21.8	6.6	绿	绿
创玉 38	半紧凑	226.2	95.6	18.2	5.2	浅紫	紫

品种名称	株型	株高/cm	穗位/cm	总叶片数/片	穗上叶/片	花药	花丝
福玉 198	半紧凑	277.8	111.6	18.2	6.0	绿	绿
中农大 451	半紧凑	285.8	118.0	19.0	6.0	绿	浅紫
宜单 629	半紧凑	243.8	118.6	19.2	5.4	绿	紫
汉单 777	半紧凑	264.4	110.2	19.4	6.0	绿	紫
蠡玉 16	半紧凑	237.2	111.6	20.0	5.8	绿	淡紫
康农玉 901	半紧凑	250.2	110.4	20.6	6.0	浅紫	紫
蠡玉 31	半紧凑	240.4	98.8	20.0	6.4	绿	浅紫
郁青 272	半紧凑	271.0	114.4	20.0	6.2	绿	紫

4.4 经济性状

4.4.1 果穗性状 参展品种中穗型为锥型的品种有创玉 38、宜单 629、汉单 777 和蠡玉 16,其余品种均为筒型;康农玉 901 粒型为硬粒型,郁青 272 为马齿型,其余品种粒型为中间型;所有参展品种的粒色均为黄色;轴色除中农大 451、汉单 777、康农玉 901 和郁青 272 为红轴外,其余品种均为白轴;果穗最长的是郁青 272(17.29 cm),最短的是中农大 451(14.25 cm),其余品种为 15.11~16.31 cm;穗粗最粗的品种是郁青 272(5.08 cm),其次是康农玉 901(5.05 cm),穗粗较细的品种是蠡玉 16(4.53 cm),其余品种为 4.74~4.98 cm;秃尖长较长的品种是中农大 451(3.92 cm),其次是蠡玉 31 和郁青 272(分别为 3.65 cm 和 3.03 cm),最短的创玉 38 为 1.35 cm,其余品种在 1.39~2.76 cm(表 102)。

表 102 2016 年湖北省杂交玉米品种展示经济性状观测汇总表

品种名称	穗型	粒型	粒色	轴色	穗长/cm	穗粗/cm	秃尖长/cm	穗行数/行	行粒数/粒	出籽率/(%)	千粒重/g	实收密度/(株/667 米²)	实测单产/(kg/667 m²)
华凯 2 号	筒	中间	黄	白	15.62	4.75	1.39	15.4	28.7	86.68	289.6	3712	455.6
创玉 38	锥	中间	黄	白	15.36	4.98	1.35	15.8	28.1	85.92	286.4	3805	444.7
福玉 198	筒	中间	黄	白	15.18	4.88	2.02	17.4	29.2	86.73	273.6	3743	496.4
中农大 451	筒	中间	黄	红	14.25	4.97	3.92	16.4	22.9	83.82	321.3	3671	421.0
宜单 629	锥	中间	黄	白	16.31	4.97	2.23	16.2	25.5	83.64	318.2	3721	433.9
汉单 777	锥	中间	黄	红	16.24	4.74	1.60	18.0	29.7	87.24	239.5	3831	464.0
蠡玉 16	锥	中间	黄	白	15.42	4.53	2.76	15.2	26.9	85.04	296.8	3765	435.3
康农玉 901	筒	硬粒	黄	红	15.11	5.05	1.64	16.2	28.2	81.83	251.2	3801	414.1
蠡玉 31	筒	中间	黄	白	15.47	4.85	3.65	16.2	24.8	84.64	307.8	3729	438.9
郁青 272	筒	马齿	黄	红	17.29	5.08	3.03	16.0	28.9	87.11	303.5	3793	490.5

4.4.2 产量结构 穗行数最多的品种是汉单 777(18.0 行),其次是福玉 198(17.4 行),最少的是蠡玉 16(15.2 行),其余品种为 15.4~16.4 行;行粒数最多的是汉单 777(29.7 粒),其次是福玉 198(29.2 粒),最少的是中农大 451(22.9 粒),其余品种为 24.8~28.9 粒;出籽率最高的品种是汉单 777(87.24%),最低的是康农玉 901(81.83%),其余品种为

83.64%～87.11%；千粒重最重的是中农大451(321.3 g)，最低的是汉单777(239.5 g)，其余品种为251.5～318.2 g；根据田间实测单产最高的是福玉198(496.4 kg/667 m²)，最低的是康农玉901(414.1 kg/667 m²)，其余品种为421.0～490.5 kg/667 m²(表102)。

5. 展示小结

5.1 天气影响

4月上旬晴雨相间，气温适宜，有利于出苗；4月中下旬天气转晴，气温逐渐上升，但较常年偏高，但总体上对玉米的生长影响较小；6月中旬雨水较多，气温较常年同期偏低，不利于玉米抽雄、吐丝、授粉结实，造成品种秃尖长较长；6月19日入梅，遭遇持续强降雨天气，雨水较常年偏多，田间渍害较重，7月6日厢面全部淹水，7月7日排干明水，由于田间长期处于高湿状态，玉米植株根系活力降低，导致田间部分品种病害较重，阴雨天气，光照少，不利于籽粒灌浆；7月7—12日，出现雨后高温，加上前期田间渍水，导致部分品种发生青枯病，进而导致倒折，不利于后期灌浆成熟，导致品种千粒重下降(表103)。

表103　2016年春玉米生育期间的气象资料

项　　　目		4 月		5 月		6 月		7 月		8 月	
		2016	常年	2016	常年	2016	常年	2016	常年	2016	常年
平均气温/℃	上旬	17.38	15.5	20.87	21.4	23.30	25.2	26.11	28.4	28.49	29.8
	中旬	19.17	17.4	20.75	22.4	25.94	26.3	28.09	29.3	32.34	28.3
	下旬	19.77	19.4	21.20	23.9	24.60	27.1	31.98	29.7	27.22	27.3
	月平均	18.8	17.4	20.9	22.6	24.6	26.2	28.7	29.1	29.4	28.5
降水量/mm	上旬	79.6	36.0	39.8	52.7	15.7	59.3	556.8	92.3	51.2	38.1
	中旬	64.1	45.4	73.8	45.8	122.6	65.4	67.8	77.1	0	39.0
	下旬	15.7	55.0	24.8	68.4	146.2	65.2	0	55.3	18.1	40.4
	月总数	159.4	136.4	138.4	166.9	284.5	189.9	624.6	224.7	69.3	117.5
	月降水天数	—	12.1	—	11.9	—	—	—	—	—	—
日照时数/h	上旬	22.1	45.8	36.1	59.6	45.1	56.3	40.1	63.7	46.1	79.9
	中旬	56.0	50.1	57.1	59.0	61.5	59.8	42.0	69.8	100.5	70.0
	下旬	51.7	56.6	39.3	62.3	22.4	54.7	115.0	86.5	74.2	76.3
	月总时数	129.8	152.5	132.5	180.9	129.0	170.8	197.1	220.0	220.8	226.2

注：2016年资料来源于马铃薯晚疫病监测预警系统，常年气象资料系黄陂1981—2010年平均值。

5.2 品种表现

在今年的气候条件下，所有参展品种的秃尖较往年增加，千粒重降低，产量与历年相比有所降低，品种的增产潜力没有得到充分发挥。

2016 年湖北省丘陵平原玉米新品种生产试验栽培技术总结

为了进一步观察杂交玉米新品种的特征特性，鉴定品种的丰产性、稳定性及抗逆性，摸索配套的高产栽培技术，根据品种选育单位的申请，特组织对在区域试验中表现突出的品种开展大田生产试验，给品种审定及审定后大面积推广应用提供科学依据。

1. 参试品种

参试品种由湖北省种子管理局根据湖北省玉米品种审定程序，组织连续两年品种区域试验中表现突出的 6 个品种参试，以宜单 629 为对照。品种名称及供(育)种单位见表 104。

表 104　品种名称及供(育)种单位

品 种 名 称	供(育)种单位
NKY1301	湖北省农业科学院
奥玉 115	北京奥瑞金种业股份有限公司
宜单 7588	宜昌市农业科学研究院
ND7737	中国农业大学
大丰 28	山西大丰种业有限公司
康农玉 668	湖北康农种业股份有限公司
宜单 629(CK)	宜昌市农业科学研究院

2. 试验设计

2.1　试验地点

试验地点选在湖北省现代农业展示中心种子专业园农作物新品种展示区 9、10 号田，海拔 20.5 m，地势平坦，田间路渠配套，排灌方便；属长江冲积平原，潮土土质，前茬作物为棉花、夏大豆，冬季深翻炕土。

2.2　田间设计

采取大区对比法，随机排列，不设重复，每个品种种植 2000 m² 左右。采取垄作宽窄行种植，垄宽 1.33 m，每垄种 2 行，垄内窄行距 40 cm，牵绳定距穴播，种植密度为 3666 株/667 米² 左右。田间管理与大田生产相接近，坚持防虫不治病的原则。

2.3　观察记载

按照玉米品种试验观察记载项目及标准进行田间观察，出苗后每个品种随机选定 10

株,10 天观察一次叶片生长进度,成熟收获前观测植株性状、株高、穗位、总叶片数、穗上叶,收获期随机在田间 3 点取样,每点连续取 21 株,测量株距,计算实收密度,各点随机连续选取 10 株正常果穗用于室内考种,全田分品种单收计产。

3. 栽培管理

3.1 整地施肥

前茬作物收获后,秸秆粉碎还田,冬季深翻炕土。2 月底旋耕碎垡。3 月 21 日结合整地撒施底肥,每 667 m² 施“鄂福”牌复混肥($N_{26}P_{10}K_{15}$)50 kg,然后用开沟机按 1.33 m 开沟,人工清沟并将厢面整成龟背形。

3.2 精细播种

4 月 1 日牵绳定距宽窄行穴播,垄内窄行距 40 cm,垄间宽行距 93.3 cm,穴距 27.4 cm,密度 3666 株/667 米²,每穴播种 2～3 粒,盖土 2～3 cm。

3.3 田间管理

参试品种于 4 月 9 日出苗;4 月 18 日间苗及查苗补缺,并喷甲氰菊酯＋新甲胺防治蚜虫和地下害虫;4 月 21 日定苗,并喷施“苞宝”＋氯氟吡氧乙酸防除杂草;4 月 30 日追施苗肥,每 667 m² 施“富瑞德”牌尿素 10 kg;5 月 22 日追施穗肥,每 667 m² 追施“富瑞德”牌尿素 15 kg;5 月 23 日用 BT 可湿性粉剂拌过筛细土丢心防治玉米螟;5 月 30 日喷施甲维盐＋常宽＋锌肥防治螟虫、蚜虫等。

4. 天气及对试验的影响

4 月上旬晴雨相间,气温适宜,有利于出苗;4 月中下旬天气转晴,气温平稳上升,幼苗渐渐转色,有利于玉米苗期正常生长;5 月气温逐渐上升,但较常年偏低,但总体上对玉米的生长影响较小;6 月中旬雨水较多,气温较常年同期偏低,不利于玉米抽雄、吐丝、授粉结实,造成品种的秃尖长较长;6 月 19 日入梅,遭遇持续强降雨天气,雨水较常年偏多,田间渍害较重,7 月 6 日厢面全部淹水,7 月 7 日排干明水,由于田间长期处于高湿状态,玉米植株根系活力降低,导致田间部分品种病害较重,阴雨天气,光照少,不利于籽粒灌浆;7 月 7—12 日,出现雨后高温,加上前期田间渍水,导致部分品种发生青枯病,千粒重下降,产量潜力未得到充分发挥。

5. 品种简评

大丰 28:该品种生育期 115 天,株型半紧凑,株高、穗位较高,田间实际观测株高 308.2 cm,穗位 143.4 cm,总叶片数 19.6 片,穗上叶 6.4 片,花药淡紫色,花丝绿色;果穗匀称,筒型,穗长 17.16 cm,秃尖长 2.44 cm,穗粗 4.75 cm,穗行数平均 16.8 行,籽粒中间型,穗轴白色,出籽率 86.96%,千粒重 249.9 g,实测产量 489.5 kg/667 m²;综合抗性一般。

ND7737:该品种生育期 114 天,株型半紧凑,株高较高,穗位较适,田间实际观测株高 299.4 cm,穗位 108.6 cm,总叶片数 18.0 片,穗上叶 6.0 片,花药绿色,花丝浅紫色;果穗匀称,锥型,穗长 18.13 cm,秃尖长 2.82 cm,穗粗 4.83 cm,穗行数平均 16.6 行,籽粒中间型,穗轴白色,出籽率 87.15％,千粒重 288.0 g,实测产量 475.2 kg/667 m²,综合抗性较好。

康农玉 668:该品种生育期 114 天,株型半紧凑,株高较适,穗位略高,田间实际观测株高 274.4 cm,穗位 116.8 cm,总叶片数 20.0 片,穗上叶 6.2 片,花药淡紫色,花丝淡紫色;果穗匀称,筒型,穗长 13.73 cm,秃尖长 4.15 cm,穗粗 5.01 cm,穗行数平均 19.4 行,籽粒中间型,穗轴白色,出籽率 88.24％,千粒重 247.0 g,实测产量 448.8 kg/667 m²,综合抗性一般。

奥玉 115:该品种生育期 113 天,株型半紧凑,株高、穗位较适,田间实际观测株高 285.2 cm,穗位 116.8 cm,总叶片数 20.2 片,穗上叶 6.6 片,花药绿色,花丝淡紫色;果穗锥型,穗长 15.51 cm,秃尖长 1.93 cm,穗粗 5.05 cm,穗行数平均 17.2 行,籽粒中间型,穗轴白色,出籽率 88.15％,千粒重 283.6 g,实测产量 517.1 kg/667 m²,综合抗性较好。

NKY1301:该品种生育期 114 天,株型半紧凑,株高较适,穗位较高,田间实际观测株高 323.8 cm,穗位 134.2 cm,总叶片数 19.6 片,穗上叶 6.4 片,花药淡紫色,花丝紫色;果穗锥型,穗长 16.52 cm,秃尖长 3.03 cm,穗粗 4.64 cm,穗行数平均 14.2 行,籽粒中间型,穗轴红色,出籽率 88.67％,千粒重 331.9 g,实测产量 538.9 kg/667 m²,综合抗性好。

宜单 7588:该品种生育期 115 天,株型紧凑,株高、穗位较适,田间实际观测株高 277.4 cm,穗位 126.2 cm,总叶片数 20.0 片,穗上叶 6.8 片,花药淡紫色,花丝紫色;果穗筒型,穗长 15.12 cm,秃尖长 3.25 cm,穗粗 4.82 cm,穗行数平均 17.6 行,籽粒硬粒型,穗轴白色,出籽率 83.43％,千粒重 272.6 g,实测产量 482.5 kg/667 m²,综合抗性好。

宜单 629:该品种生育期 114 天,株型半紧凑,株高、穗位较适,田间实际观测株高 253.2 cm,穗位 107.2 cm,总叶片数 19.0 片,穗上叶 6.0 片,花药绿色,花丝紫色;果穗锥型,穗长 17.37 cm,秃尖长 2.86 cm,穗粗 4.77 cm,穗行数平均 14.2 行,籽粒中间型,穗轴白色,出籽率 85.03％,千粒重 318.2 g,实测产量 462.2 kg/667 m²,综合抗性好(表 105 至表 108)。

表 105　2016 年湖北省杂交玉米生产试验新品种生育期记载汇总表

品种名称	播种期 (月/日)	出苗期 (月/日)	抽雄期 (月/日)	吐丝期 (月/日)	成熟期 (月/日)	生育期/天
大丰 28	4/1	4/9	6/14	6/15	8/2	115
ND7737	4/1	4/9	6/9	6/13	8/1	114
康农玉 668	4/1	4/9	6/10	6/13	8/1	114
奥玉 115	4/1	4/9	6/7	6/8	7/31	113
NKY1301	4/1	4/9	6/9	6/10	8/1	114
宜单 7588	4/1	4/9	6/11	6/12	8/2	115
宜单 629	4/1	4/9	6/8	6/9	8/1	114

表 106　2016 年湖北省杂交玉米生产试验新品种苗情观测汇总表

品种名称	叶龄/片					
	4 月 30 日	5 月 6 日	5 月 11 日	5 月 18 日	5 月 24 日	5 月 30 日
大丰 28	5.9	8.4	9.7	11.6	12.9	15.5
ND7737	5.0	7.1	8.2	10.3	11.9	13.9

品种名称	叶龄/片					
	4月30日	5月6日	5月11日	5月18日	5月24日	5月30日
康农玉668	5.3	6.9	8.5	10.6	13.0	14.4
奥玉115	6.1	9.0	9.9	12.3	13.9	15.6
NKY1301	5.7	8.1	9.2	11.7	13.2	15.1
宜单7588	4.9	7.4	8.9	10.9	12.5	15.2
宜单629	5.0	7.3	8.6	10.8	12.2	14.5

表107　2016年湖北省杂交玉米生产试验新品种植株性状观测汇总表

品种名称	株型	株高/cm	穗位/cm	总叶片数/片	穗上叶/片	花药	花丝
大丰28	半紧凑	308.2	143.4	19.6	6.4	淡紫	绿
ND7737	半紧凑	299.4	108.6	18.0	6.0	绿	浅紫
康农玉668	半紧凑	274.4	116.8	20.0	6.2	淡紫	淡紫
奥玉115	半紧凑	285.2	116.8	20.2	6.6	绿	淡紫
NKY1301	半紧凑	323.8	134.2	19.6	6.4	淡紫	紫
宜单7588	紧凑	277.4	126.2	20.0	6.8	淡紫	紫
宜单629	半紧凑	253.2	107.2	19.0	6.0	绿	紫

表108　2016年湖北省杂交玉米生产试验新品种经济性状观测汇总表

品种名称	穗型	粒型	粒色	轴色	穗长/cm	穗粗/cm	秃尖长/cm	穗行数/行	行粒数/粒	出籽率/(%)	千粒重/g	实收密度/(株/667米²)	实测产量/(kg/667 m²)
大丰28	筒	中间	黄	白	17.16	4.75	2.44	16.8	31.1	86.96	249.9	3891	489.5
ND7737	锥	中间	黄	白	18.13	4.83	2.82	16.6	27.4	87.15	288.0	3871	475.2
康农玉668	筒	中间	黄	白	13.73	5.01	4.15	19.4	25.8	88.24	247.0	3895	448.8
奥玉115	锥	中间	黄	白	15.51	5.05	1.93	17.2	28.3	88.15	283.6	3957	517.1
NKY1301	锥	中间	黄	红	16.52	4.64	3.03	14.2	30.4	88.67	331.9	3976	538.9
宜单7588	筒	硬粒	黄	白	15.12	4.82	3.25	17.6	26.8	83.43	272.6	3876	482.5
宜单629	锥	中间	黄	白	17.37	4.77	2.86	14.2	28.3	85.03	318.2	3817	462.2

杂交玉米新品种 **ND7737** 种植密度试验总结

摘　要：对杂交玉米新品种 ND7737 的种植密度试验，结果表明：在玉米抽雄、吐丝期间，遭受到较长时间的阴雨、低温、寡照，造成雌穗花丝受粉不良，对结实性产生一定的影响。不同种植密度之间产量有一些变化，最高单产出现在最高种植密度处理，为 513 kg/667 m²，可见该品种的种植密度还可以增加，有待继续进行增密试验。

关键词：杂交玉米；ND7737；密度试验；技术总结

ND7737 是中国农业大学新育成的杂交玉米新品种。为了进一步摸索该品种的特征特性，特开展不同种植密度的栽培试验，以利于在不同种植水平条件下，确定适宜的种植密度，取得高产稳产、增产增收的效果。

1. 材料与方法

1.1　试验地点

试验地点选在湖北省现代农业展示中心种子专业园农作物新品种展示区 9 号田，海拔 20.5 m，地势平坦，田间路渠配套，排灌方便；属长江冲积平原，潮土土质，前茬作物为棉花，冬季深翻炕土。

1.2　试验材料

参试品种选用在近两年湖北省丘陵平原春玉米区域试验中表现比较突出的杂交玉米新品种 ND7737；肥料选用"鄂福"牌复混肥（$N_{26}P_{10}K_{15}$）、尿素（$N \geqslant 46.4\%$）；农药有甲氰菊酯、新甲胺、"苞宝"、氯氟吡氧乙酸、BT 可湿性粉剂、常宽等。

1.3　试验设计

试验以密度为因素，设 5 个密度，即每 667 m² 种植 3162 株、3494 株、3862 株、4185 株、4490 株，以 A、B、C、D、E 表示；田间随机排列，3 次重复。小区面积 24 m²，6 行区，行距 0.67 m，根据设计密度调整株距。

1.4　观察记载

按照湖北省玉米品种区域试验观察记载项目与标准，详细记载各处理的生育期、株高、穗位等项目，收获期收取中间 4 行计产，并从中随机选取 10 穗进行室内考种。

1.5　栽培管理

1.5.1　整地施肥　前茬作物收获后，秸秆粉碎还田，冬季深翻炕土。2 月底旋耕碎垡。3 月 21 日结合整地撒施底肥，每 667 m² 施"鄂福"牌复混肥（$N_{26}P_{10}K_{15}$）50 kg，将垄面整成龟背形。然后用起垄机按 1.2 m 起垄,人工清沟并将垄面整平。

1.5.2　精细播种　4 月 1 日牵绳定距宽窄行穴播,垄内窄行距 40 cm,垄间宽行距 93 cm,根据设计密度调整株距,每穴播种 2～3 粒,盖土 2～3 cm。

1.5.3　田间管理　试验品种于 4 月 9 日出苗;4 月 18 日间苗及查苗补缺,并喷甲氰菊酯＋新甲胺防治蚜虫和地下害虫;4 月 21 日定苗,并喷施"苞宝"＋氯氟吡氧乙酸防除杂草;4 月 30 日追施苗肥,每 667 m² 施"三宁"牌尿素 10 kg;5 月 22 日追施穗肥,每 667 m² 追施"宜化"牌尿素 15 kg,追肥方法都是将肥料称量到行,在行间打洞均匀丢施,随即盖土埋肥;5 月 23 日用 BT 可湿性粉剂拌过筛细土丢心防治玉米螟;5 月 30 日喷施甲维盐＋常宽＋锌肥防治螟虫、蚜虫等。

2. 结果与分析

2.1　密度对生育期的影响

不同种植密度对品种生育期影响差别不大。4 月 1 日播种,4 月 9 日出苗,6 月 13—14 日抽雄,6 月 15—16 日吐丝,成熟期在 7 月 30 日至 8 月 1 日,随密度的增加,成熟期有提早现象(表 109)。

表 109　各处理生育期汇总表

处　理	播种期(月/日)	出苗期(月/日)	抽雄期(月/日)	吐丝期(月/日)	成熟期(月/日)	生育期/天
A	4/1	4/9	6/13	6/15	8/1	115
B	4/1	4/9	6/13	6/15	7/31	114
C	4/1	4/9	6/13	6/15	7/31	114
D	4/1	4/9	6/13	6/15	7/31	114
E	4/1	4/9	6/14	6/16	7/30	113

2.2　密度对植株性状和经济性状的影响

试验观察分析,该品种的植株性状随着种植密度的增加,株高、穗位和茎粗逐渐降低,说明植株性状与密度呈负相关。经济性状中穗粗、秃尖长、穗行数和出籽率随着密度的变化,规律不明显;穗长、行粒数、千粒重和单穗重随密度增加而降低,与密度呈负相关(表 110)。

表 110　各处理玉米果穗经济性状汇总表

处理	株高/cm	穗位/cm	茎粗/mm	穗粗/cm	穗长/cm	秃尖长/cm	穗行数/行	行粒数/粒	出籽率/(%)	千粒重/g	单穗重/g
A	296.4	112.7	20.77	4.81	15.64	2.75	17.2	28.1	86.54	299.4	137.7
B	297.6	109.7	20.26	4.76	15.27	2.94	17.4	27.3	85.99	295.4	136.9
C	289.1	109.7	20.04	4.78	15.19	2.89	17.6	26.3	85.89	290.1	133.4
D	287.2	108.7	19.76	4.76	15.10	2.94	17.4	24.5	85.57	289.5	129.4
E	286.7	106.2	19.65	4.74	14.78	2.77	17.4	23.4	86.06	287.6	113.6

2.3　密度对玉米产量的影响

试验结果显示,杂交玉米 DN7737 密度与产量呈正相关,密度由 A 增加到 E,每 667 m²

产量也由 445.2 kg 增加到 513.0 kg,以小区产量为依据进行统计分析显示,处理间差异显著,其中每 667 m^2 4490 株的产量最高,为 513.0 kg,较其他处理增产显著,其他处理的产量在 445.2～507.6 kg/667 m^2(表 111)。

表 111　各处理的小区产量汇总及多重比较(LSR 法)表

处　理	小区产量/kg			小区平均产量/kg	单产/(kg/667 m^2)
	Ⅰ	Ⅱ	Ⅲ		
A	10.779	10.628	10.631	10.679	445.2
B	11.499	11.132	11.045	11.225	468.0
C	11.684	12.014	11.812	11.837	493.4
D	12.384	12.007	12.138	12.176	507.6
E	12.588	11.873	12.460	12.307	513.0

3. 小结

3.1　天气条件的影响

在玉米抽雄、吐丝期间,雨水较多,气温较常年同期偏低,不利于玉米授粉结实,造成品种秃尖长较长;入梅以后,降雨量较大,田间渍害较重,又出现雨后高温,不利于后期的灌浆成熟,对品种的产量产生较大影响。

3.2　种植密度设计水平偏低

试验设计每 667 m^2 的密度由 3162 株增加到 4490 株,产量也是逐渐递增。说明试验处理设计还没有达到该品种的最大种植的上限密度,所以该品种的种植密度上限和增产潜力有待继续试验摸索。

2016 年杂交玉米新品种展示技术总结

为了加快玉米新品种推广步伐,给科研单位、种子企业搭建一个宣传、推广玉米新品种的平台,为农业推广部门、农民群众提供一个直观了解玉米新品种的窗口,促进湖北种业和农业生产的快速发展,应种子企业的要求,我们特组织将送展的杂交玉米新品种进行展示,现将本年的展示情况总结如下。

1. 参展品种

参展品种共 8 个,由两家企业供种。登海 605、登海 679 和登海 618 由山东登海种业股份有限公司提供,联创 808、联创 821、联创 825、中科玉 505 和裕丰 303 由北京联创种业股份有限公司提供。

2. 展示设计

2.1 试验地点

试验地点选在湖北省现代农业展示中心种子专业园农作物新品种展示区 3 号田,海拔 20.5 m,地势平坦,田间路渠配套,排灌方便;属长江冲积平原,潮土土质,前茬作物为上年秋玉米,冬炕田。

2.2 试验设计

采用小区对比法展示,随机排列,试验不设重复,每个品种种植 1 个小区,小区面积约 40 m²,小区长 15 m,宽 2.67 m;垄作宽窄行,即小区按 1.33 m 分厢起垄,每垄种植 2 行,垄内窄行距 40 cm,垄间宽行距 93.3 cm;株距 25 cm,密度为 4000 株/667 米²。

2.3 观察记载

按照玉米品种试验观察记载项目及标准进行田间观察,出苗后每个品种随机选定 10 株,7 天观察一次叶片生长进度,成熟收获前观测植株性状、株高、穗位、总叶片数、穗上叶,收获期随机在田间 3 点取样,每点连续取 21 株,测量株距,计算实收密度,各点随机连续选取 10 株正常果穗用于室内考种,全田分品种单收计产。

3. 栽培管理

3.1 整地施肥

展示地冬季深翻炕土,2 月 29 日旋耕整地;3 月 21 日撒施底肥,按 133 cm 宽用旋耕机开沟起垄,每 667 m² 施"鄂福"牌复混肥($N_{26}P_{10}K_{15}$)50 kg,将垄面整成龟背形。

3.2 适时播种

3月28日播种,用竹篙定距穴播,每穴播种2粒。

3.3 田间管理

4月9日出苗;4月18日间苗及查苗补缺,并喷甲氰菊酯＋新甲胺防治蚜虫和地下害虫;4月21日定苗,并喷施"苞宝"＋氯氟吡氧乙酸防除杂草;4月30日追施苗肥,每667 m²施"三宁"牌尿素10 kg;5月22日追施穗肥,每667 m²追施"宜化"牌尿素15 kg,追肥方法都是将肥料称量到行,在行间打洞均匀丢施,随即盖土埋肥;5月23日用BT可湿性粉剂拌过筛细土丢心防治玉米螟;5月30日喷施甲维盐＋常宽＋锌肥防治螟虫、蚜虫等。

4. 结果与分析

4.1 生育期

参展品种统一于3月28日播种,4月9日出苗,6月4—8日抽雄,6月3—11日吐丝,成熟期在7月24—30日。生育期在106～112天,其中生育期最短的是登海618(106天),其次是中科玉505(109天),生育期较长的品种是登海605(112天),其余品种生育期在110～111天(表112)。

表112 2016年杂交玉米新品种展示生育期记载汇总表

品种名称	播种期（月/日）	出苗期（月/日）	抽雄期（月/日）	吐丝期（月/日）	成熟期（月/日）	生育期/天
登海605	3/28	4/9	6/7	6/8	7/30	112
登海679	3/28	4/9	6/8	6/11	7/29	111
登海618	3/28	4/9	6/4	6/3	7/24	106
联创808	3/28	4/9	6/7	6/8	7/28	110
联创821	3/28	4/9	6/6	6/7	7/28	110
联创825	3/28	4/9	6/6	6/7	7/28	110
中科玉505	3/28	4/9	6/6	6/7	7/27	109
裕丰303	3/28	4/9	6/8	6/8	7/29	111

4.2 苗情动态

据田间观测表明,4月18日至5月30日,叶片生长较快的品种有裕丰303和联创808,分别增加了12.4片和12.3片,登海605前期生长速度快,后期较缓慢,以至于这期间只增加了10.9片,其余品种增加片数在11.2～12.1片(表113)。

表113 2016年杂交玉米新品种展示苗情观测汇总表

品种名称	叶龄/片							
	4月18日	4月23日	4月30日	5月6日	5月11日	5月18日	5月24日	5月30日
登海605	3.8	4.9	6.5	8.9	9.6	12.0	13.3	14.7
登海679	3.4	4.4	6.3	8.3	8.9	11.9	13.1	14.6

品种名称	叶龄/片							
	4月18日	4月23日	4月30日	5月6日	5月11日	5月18日	5月24日	5月30日
登海618	3.4	4.8	6.6	9.2	10.1	12.7	13.6	14.9
联创808	3.5	5.0	6.9	9.2	10.3	13.1	14.0	15.8
联创821	3.6	5.0	6.9	9.1	10.0	12.9	14.0	15.7
联创825	3.4	5.0	7.1	9.4	10.6	12.8	13.9	15.4
中科玉505	3.4	4.8	6.9	9.1	10.0	12.5	13.8	15.4
裕丰303	3.7	5.1	6.9	9.2	10.1	12.7	13.9	16.1

4.3 植株性状

参展品种中登海605、登海679和登海618株型为紧凑型,其余品种株型均为半紧凑型;总叶片数在17.0~19.4片,穗上叶在6.0~6.8片。株高较高的品种是登海679(318.8 cm),较矮的品种是登海618(245.4 cm);穗位较高的品种是登海679(121.8 cm),穗位较低的品种是登海618(78.2 cm)。花药颜色除了登海605、登海679和裕丰303为绿色,其余均为浅紫色;花丝颜色均为紫色、淡紫色或浅紫色(表114)。

表114　2016年杂交玉米新品种展示植株性状观测汇总表

品种名称	株型	株高/cm	穗位/cm	总叶片数/片	穗上叶/片	花药	花丝
登海605	紧凑	282.4	108.8	18.6	6.0	绿	浅紫
登海679	紧凑	318.8	121.8	18.0	6.2	绿	紫
登海618	紧凑	245.4	78.2	17.0	6.0	浅紫	紫
联创808	半紧凑	299.0	110.1	18.0	6.0	淡紫	紫
联创821	半紧凑	281.4	108.2	19.0	6.6	浅紫	紫
联创825	半紧凑	282.2	110.4	18.6	6.2	淡紫	紫
中科玉505	半紧凑	282.4	111.6	18.8	6.0	浅紫	浅紫
裕丰303	半紧凑	294.2	113.2	19.4	6.8	绿	紫

4.4 经济性状

4.4.1　果穗性状　参展品种中穗型为锥型的品种有登海618、联创821和中科玉505,其余品种均为筒型;粒型为马齿型的品种有登海679、登海618、联创825和裕丰303,其余品种的粒型为中间型;所有品种轴色均为红色,粒色均为黄色;果穗最长的是登海605(18.35 cm),最短的是中科玉505(14.85 cm),其余品种在15.28~17.28 cm;穗粗最粗的品种是登海605和联创825(均为4.65 cm),穗粗较细的品种是登海618(4.41 cm),其余品种在4.46~4.58 cm;秃尖长最长的品种是裕丰303(2.56 cm),最短的是登海618(0.55 cm),其余品种在1.19~2.27 cm(表115)。

4.4.2　产量结构　穗行数最多的品种是登海679(17.6行),其次是登海605(17.2行),最少的是中科玉505(14.8行),其余品种在15.2~16.2行;行粒数最多的是登海605(33.7粒),最少的是裕丰303(29.7粒),其余品种在30.2~33.4粒;出籽率最高的品种是裕丰 303(89.28%),最低的是登海 618(85.88%),其余品种在 86.73%～88.96%;千粒重最重的是联创 825(306.6 g),最低的是登海 605(249.4 g),其余品种在 249.7～298.1 g;根据田间实测产量最高的是登海 679(571.9 kg/667 m²),最低的是中科玉 505(448.1 kg/667 m²),其余品种在 493.5～542.9 kg/667 m²(表 115)。

表 115 2016 年杂交玉米新品种展示经济性状观测汇总表

品种名称	穗型	粒型	粒色	轴色	穗长/cm	穗粗/cm	秃尖长/cm	穗行数/行	行粒数/粒	出籽率/(%)	千粒重/g	实收密度/(株/667 米²)	实测产量/(kg/667 m²)
登海 605	筒	中间	黄	红	18.35	4.65	2.27	17.2	33.7	86.73	249.4	3891	534.4
登海 679	筒	马齿	黄	红	17.28	4.57	1.19	17.6	33.1	86.84	271.0	3818	571.9
登海 618	锥	马齿	黄	红	16.59	4.41	0.55	15.4	33.4	85.88	249.7	3902	493.5
联创 808	筒	中间	黄	红	16.70	4.48	2.23	15.8	32.5	88.56	255.4	3968	494.4
联创 821	锥	中间	黄	红	15.28	4.58	1.70	15.8	31.2	87.69	260.4	4085	498.3
联创 825	筒	马齿	黄	红	16.44	4.65	2.10	15.2	30.9	88.42	306.6	3835	524.4
中科玉 505	锥	中间	黄	红	14.85	4.53	1.69	14.8	30.2	88.96	265.2	3952	448.1
裕丰 303	筒	马齿	黄	红	16.18	4.46	2.56	16.2	29.7	89.28	298.1	3985	542.9

5. 天气情况及对试验的影响

4 月上旬晴雨相间,气温适宜,有利于出苗;4 月中下旬天气转晴,气温平稳上升,幼苗渐渐转色,有利于玉米的正常生长;5 月气温逐渐上升,但较常年偏低,但总体上对玉米的生长影响较小;6 月中旬雨水较多,上、中旬气温较常年同期偏低,不利于玉米抽雄、吐丝、授粉结实,造成品种秃尖长较长;6 月 19 日入梅,遭遇持续强降雨天气,雨水较常年偏多,田间渍害较重,7 月 6 日厢面全部淹水,7 月 7 日排干明水,由于田间长期处于高湿状态,玉米植株根系活力降低,导致田间部分品种病害较重,阴雨天气,光照少,不利于籽粒灌浆;7 月 7—12日,出现雨后高温,加上前期田间渍水,导致部分品种发生青枯病,导致倒折,不利于后期灌浆成熟,使品种千粒重下降,品种的产量潜力没有得到充分发挥。

青贮玉米新品种种植示范技术总结

青贮玉米是制作优质青贮饲料的专用玉米。利用鲜嫩的玉米茎叶和果穗在微生物的厌氧发酵条件下制作成青贮饲料，可以长期保存叶绿体的优良品质，营养损失少，适口性好，可常年供应，节省饲料用粮，降低饲料成本。针对湖北省草食畜牧业快速发展中优质饲草缺乏的局面，特组织引进青贮玉米新品种进行对比示范种植。

1. 参试品种

由湖北省农业技术推广总站征集引进 7 个适宜作青贮玉米种植的品种：雅玉青贮04889、雅玉青贮 8 号、雅玉 26、北农青贮 208、北农青贮 256、郑青贮一号、豫青贮 23 等。

2. 试验设计

2.1 试验地点
试验地点选在湖北省现代农业展示中心种子专业园农作物新品种展示区 3 号田，海拔20.5 m，地势平坦，田间路渠配套，排灌方便；属长江冲积平原，潮土土质，前茬作物为秋玉米，冬季深翻炕土。

2.2 田间设计
同田大区对比示范，不设重复，每个品种种植 100 m²，即小区长 25 m、宽 4 m；采取直播种植，行距 66.5 cm，每 667 m² 种植 4000 株；播种期同当地春玉米播种期，田间管理略高于当地大田生产。

2.3 观察记载
按湖北省玉米品种区域试验观察记载项目与标准进行，重点调查生育期、抗病性、抗倒性等性状。吐丝授粉后 25 天左右，及时收割计产，收割全小区植株，称量生物产量。

3. 栽培管理

3.1 整地施肥
前茬作物收获后，秸秆粉碎还田，冬季深翻炕土。2 月底旋耕碎垡。3 月 21 日结合整地撒施底肥，每 667 m² 施"鄂福"牌复混肥（$N_{26}P_{10}K_{15}$）50 kg，然后用开沟机按 1.33 m 起垄，人工清沟并将垄面整成龟背形。

3.2 精细播种
3 月 29 日牵绳定距宽窄行穴播，垄内窄行距 40 cm，垄间宽行距 93 cm，穴距 25 cm，密度 4000 株/667 米²,每穴播种 2~3 粒,盖土 2~3 cm。

3.3 田间管理

参试品种于 4 月 9 日出苗;4 月 13 日间苗、定苗,并喷甲氰菊酯＋新甲胺防治地下害虫和蚜虫;4 月 21 日喷施烟嘧·莠去津＋氯氟吡氧乙酸化学除草;4 月 28 日追施苗肥,每667 m² 施"富瑞德"牌尿素 10 kg,在种植行内每两株打一洞均匀丢施,随即盖土埋肥;5 月 6日喷施甲氰菊酯＋阿维菌素＋磷酸二氢钾防治钻心虫、蚜虫等;5 月 22 日追施穗肥,每 667m² 追施"富瑞德"牌尿素 15 kg,在行间打洞均匀丢施,随即盖土埋肥;5 月 23 日用 BT 可湿性粉剂拌过筛细土丢心防治玉米螟;5 月 30 日喷施甲维盐＋常宽以防治螟虫、蚜虫等。

4. 结果与分析

4.1 生育期

参试品种统一于 3 月 29 日播种,4 月 9 日出苗,6 月 8—14 日抽雄,6 月 9—15 日吐丝,收割期根据品种的成熟度确定(表 116)。

表 116　2016 年湖北省青贮玉米品种展示生育期记载汇总表

品 种 名 称	播种期 (月/日)	出苗期 (月/日)	抽雄期 (月/日)	吐丝期 (月/日)	收割期 (月/日)	从出苗到 收割天数
雅玉青贮 04889	3/29	4/9	6/13	6/15	7/20	102
雅玉青贮 8 号	3/29	4/9	6/11	6/13	7/20	102
雅玉 26	3/29	4/9	6/14	6/15	7/20	102
北农青贮 208	3/29	4/9	6/11	6/12	7/20	102
北农青贮 256	3/29	4/9	6/9	6/11	7/20	102
郑青贮一号	3/29	4/9	6/12	6/14	7/20	102
豫青贮 23	3/29	4/9	6/8	6/9	7/20	102

4.2 植株性状

参试品种株型均为半紧凑型;在收获期调查,株高、穗位最高的是雅玉青贮 04889,分别为 320.2 cm、156.6 cm,最矮的是郑青贮一号,分别为 268.4 cm、132.2 cm;所有展示品种长势整齐,叶色深绿,茎秆粗壮,抗倒伏性好(表 117)。

4.3 生物产量

参试品种中,生物产量最高的是北农青贮 208(4260.78 kg/667 m²),最低的是北农青贮256(3009.02 kg/667 m²),其余品种在 3215.03~3887.30 kg/667 m²(表 117)。

表 117　2016 年湖北省青贮玉米品种展示植株性状及产量汇总表

品 种 名 称	株 型	株高/cm	穗位/cm	实收密度 /(株/667 米²)	生物产量(鲜重) /(kg/667 m²)
雅玉青贮 04889	半紧凑	320.2	156.6	3811	3292.70
雅玉青贮 8 号	半紧凑	312.0	140.6	3912	3567.50

品 种 名 称	株 型	株高/cm	穗位/cm	实收密度 /(株/667 米²)	生物产量（鲜重） /(kg/667 m²)
雅玉 26	半紧凑	312.6	152.2	3910	3683.22
北农青贮 208	半紧凑	305.4	151.8	4012	4260.78
北农青贮 256	半紧凑	301.6	142.4	3918	3009.02
郑青贮一号	半紧凑	268.4	132.2	3897	3215.03
豫青贮 23	半紧凑	312.6	140.0	3923	3887.30

5. 小结

5.1 天气对生物产量的影响

4月上旬晴雨相间,气温适宜,有利于出苗;4月中下旬天气转晴,气温平稳上升,幼苗渐渐转色,有利于玉米的正常生长;5月气温逐渐上升,但较常年偏低,但总体上对玉米的生长影响较小;6月中旬雨水较多,上、中旬气温较常年同期偏低,不利于玉米抽雄、吐丝、授粉结实,造成品种秃尖长较长;6月19日入梅,遭遇持续强降雨天气,雨水较常年偏多,田间渍害较重;7月6日厢面全部淹水,7月7日排干明水,由于田间长期处于高湿状态,玉米植株根系活力降低,导致田间部分品种病害较重,阴雨天气,光照少,不利于籽粒灌浆;7月7—12日,出现雨后高温,加上前期田间渍水,导致部分品种绿叶加速衰老,所以对生物产量有一定的影响。

5.2 收割时间对生物产量的影响

参试品种生育期不一致,但收割时间一致,导致有些品种的最佳收获期推迟或提前,对该品种的生物产量有一定的影响。在种植的过程中依据品种的成熟度,选取最佳时期收获。

5.3 品种对生物产量的影响

作为青贮玉米品种宜选择:一是植株生长壮实,主要表现为茎秆粗壮,叶片宽大,叶片持绿期长;二是抗逆性好,尤其是抗倒伏能力强;三是产量高,品质好。今年参试的几个品种综合性状表现比较优良,有待来年继续观察。

2016 年湖北省夏玉米新品种生产试验栽培技术总结

为了对申报湖北省审定的夏玉米品种进行稳产性、丰产性、抗逆性及品质鉴定，根据品种选育单位的申请，特组织在区域试验中表现相对较好的品种开展大田生产试验，给品种审定及审定后的推广应用提供科学依据。

1. 参试品种

参试品种共 10 个，以汉单 777 为对照，试验用种由申报单位提供。品种名称及供（育）种单位见表 118。

表 118　品种名称及供（育）种单位

品 种 名 称	供（育）种单位	品 种 名 称	供（育）种单位
蠡试 1111	石家庄蠡玉科技开发有限公司	浚单 518	鹤壁市农业科学院
汉单 169	湖北省种子集团有限公司	NKY1302	湖北省农业科学院
KN12011	湖北康农种业股份有限公司	LC29306	北京联创种业有限公司
康农玉 608	湖北康农种业股份有限公司	汉单 777	湖北省种子集团有限公司
襄玉 431	襄阳市农业科学院	金城 51	湖北扶轮农业科技开发有限公司

2. 试验地点

试验安排在武汉市黄陂区武湖农场湖北省现代农业展示中心农作物新品种展示园区 9、10 号田，海拔 20.3 m，地势平坦，沟渠配套，灌溉、排水方便；土质为长江冲积潮土，前茬作物为油菜。

3. 试验设计

在接近大田生产栽培条件下，每品种种植 1000 m^2，田间栽培密度设计为 4000 株/667 米^2，厢宽 200 cm，每厢种 3 行，行距 66.7 cm，株距 25 cm。

4. 栽培管理

4.1　整地施肥

前茬作物油菜机收时将秸秆粉碎还田，免翻耕，播种前两天旋耕整地，用施肥机施肥，起垄机一次性作业完成旋耕、起垄，每 667 m^2 施"鄂福"牌复混肥（$N_{26}P_{10}K_{15}$）48 kg 作底肥；人工清理腰沟和围沟。

4.2　精细播种

种子在播种前晒种一个太阳日;6月10日播种,种子统一用2.5‰咯菌腈悬浮乳拌种预防地下害虫,按照试验设计的密度,牵绳定距点播,每穴播2~3粒种子,每厢播3行,穴距25 cm,密度为4000株/667米²。

4.3　田间管理

6月18日补种,6月29日喷施氟氰菊酯、啶虫脒防治地老虎、蚜虫等;7月10日上午追施苗肥,施"富瑞德"牌尿素(N≥46.4%)7.5 kg/667 m²,7月10日下午喷施啶虫脒、新甲胺、磷酸二氢钾防治玉米螟、蚜虫等,同时促进幼苗生长;7月25—26日追施穗肥,用人工推车施肥农具,每厢施三条,施"富瑞德"牌尿素(N≥46.4%)20 kg/667 m²;7月27日机械喷灌;8月6日喷施甲维盐、啶虫脒、毒死蜱、磷酸二氢钾、赤·吲乙·芸苔防治叶面害虫,调节植物生长;8月14日机械喷灌;8月24日喷施新甲胺、甲维盐,防治小菜蛾、玉米螟等。

5. 天气情况及对试验的影响

试验期间的灾害天气频繁,对夏玉米的生长发育不利,且虫害发生较重。7月上旬雨水较多,雨水持续半个多月,7月18日田间淹水25 cm,致使田间土壤板结,苗期玉米生长缓慢,生育期推迟;八月上旬抽穗期间,暴雨过后遇暴晴,致使温度快速上升,土壤水分蒸发量大,植株缺水较重,干旱对玉米抽雄、吐丝、扬花、授粉结实影响较大(表119)。

表119　2016年夏玉米生育期间的气象资料

项　　目		6月		7月		8月		9月	
		2016	常年	2016	常年	2016	常年	2016	常年
平均气温/℃	上旬	23.30	25.2	26.11	28.4	28.49	29.8	26.67	25.9
	中旬	25.94	26.3	28.09	29.3	32.34	28.3	26.19	24.0
	下旬	24.60	27.1	31.98	29.7	27.22	27.3	22.89	22.3
	月	24.6	26.2	28.7	29.1	29.4	28.5	25.3	24.1
降水量/mm	上旬	15.7	59.3	556.8	92.3	51.2	38.1	1.5	32.8
	中旬	122.6	65.4	67.8	77.1	0	39.0	0.1	26.3
	下旬	146.2	65.2	0	55.3	18.1	40.4	9.1	15.2
	月总数	284.5	189.9	624.6	224.7	69.3	117.5	10.7	74.3
日照时数/h	上旬	45.1	56.3	40.1	63.7	46.1	79.9	62.2	62.9
	中旬	61.5	59.8	42.0	69.8	100.5	70.0	74.6	54.8
	下旬	22.4	54.7	115.0	86.5	74.2	76.3	44.2	57.9
	月总时数	129.0	170.8	197.1	220.0	220.8	226.2	181.0	175.6

注:2016年资料来源于马铃薯晚疫病监测预警系统,常年气象资料系黄陂1981—2010年平均值。

6. 试验结果

蠹试 1111：该品种生育期 96 天；株型半紧凑，株高、穗位矮，整齐，叶片较宽，叶色深绿，叶距窄，雄花分枝少，田间观测株高 178.2 cm，穗位 58.2 cm，茎粗 19.34 mm，总叶片数 16.7 片，穗上叶 4.2 片，雄花分枝数 7.3 个，花丝紫色，花药浅紫色；果穗扭曲背卷，结实性差，筒型，穗长 18.87 cm，秃尖长 2.55 cm，穗粗 4.32 cm，穗行数 12～16 行，平均 13.8 行，籽粒中间型，穗轴红色，出籽率 85.47％；千粒重 284.5 g，实测单产 410.3 kg/667 m²；田间锈病 1 级，无倒伏，轻微倒折，空秆率 16.0％，综合抗性一般。

汉单 169：该品种生育期 100 天；株型半紧凑，株高、穗位较适中，穗上叶尖略披，田间观测株高 226.2 cm，穗位 89.8 cm，茎粗 16.64 mm，总叶片数 20.6 片，穗上叶 4.5 片，雄花分枝数 9.3 个，花丝浅紫色，花药浅紫色；果穗匀称，筒型，结实好，穗长 16.20 cm，秃尖长 0.74 cm，穗粗 4.41 cm，穗行数 14～18 行，平均 16.8 行，穗轴红色，出籽率 87.73％，千粒重 288.4 g，实测单产 522.0 kg/667 m²；田间锈病 1 级，无倒伏，轻微倒折，空秆率 4.0％，综合抗性较好。

KN12011：该品种生育期 106 天；株型半紧凑，株高较高、穗位较高，叶片较窄，叶距较开，田间观测株高 248.6 cm，穗位 102.4 cm，茎粗 21.17 mm，总叶片数 20.6 片，穗上叶 5.8 片，雄花分枝数 12.4 个，花丝浅紫色，花药浅褐紫色；果穗匀称，结实性好，一致性好，筒型，穗长 16.25 cm，秃尖长 0.37 cm，穗粗 4.54 cm，穗行数 14～18 行，平均 16.6 行，籽粒中间型，穗轴白色，出籽率 84.60％，千粒重 312.5 g，实测单产 496.6 kg/667 m²；田间锈病 1 级，无倒伏倒折，空秆率 6.0％，综合抗性好。

康农玉 608：该品种生育期 97 天；株型半紧凑，株高矮、穗位适中，叶片较宽，斜伸，叶距窄，显得叶片稠，田间观测株高 174.4 cm，穗位 59.0 cm，茎粗 16.68 mm，总叶片数 18.5 片，穗上叶 5.0 片，雄花分枝数 9.2 个，花丝青绿色，花药绿色；果穗较匀称，结实性较好，一致性好，筒型，穗长 14.43 cm，秃尖长 2.15 cm，穗粗 4.69 cm，穗行数 14～18 行，平均 16.6 行，籽粒中间型，穗轴白色，出籽率 84.02％，千粒重 273.5 g，实测单产 365.2 kg/667 m²；田间锈病 1 级，无倒伏倒折，空秆率 8.0％，综合抗性一般。

襄玉 431：该品种生育期 100 天；株型半紧凑，株高较适中、穗位适中，果穗色叶有旗叶，穗夹角不一致，穗上叶较长，长势好，田间观测株高 222.0 cm，穗位 72.4 cm，茎粗 20.82 mm，总叶片数 18.3 片，穗上叶 5.0 片，雄花分枝数 15.2 个，花丝顶端节淡紫色，花药浅紫色；果穗较匀称，锥型，穗长 17.29 cm，穗粗 4.91 cm，穗行数 14～18 行，平均 15.6 行，籽粒中间型，穗轴白色，出籽率 88.00％，千粒重 331.5 g，实测单产 551.9 kg/667 m²；田间锈病 3 级，无倒伏倒折，空秆率 8.0％，综合抗性较一般。

浚单 518：该品种生育期 93 天；株型半紧凑，株高适中、穗位低，植株青秀，长势较弱，穗上叶距开，叶片较窄，雄花分枝适中，田间观测株高 210.0 cm，穗位 54.8 cm，茎粗 17.81 mm，总叶片数 16.0 片，穗上叶 4.0 片，雄花分枝数 8.0 个，花丝浅紫色，花药浅紫色；果穗结实性好，锥型，穗长 15.13 cm，秃尖长 0.07 cm，穗粗 4.51 cm，穗行数 12～18 行，平均 14.8 行，籽粒硬粒型，穗轴红色，出籽率 89.52％；千粒重 311.2 g，实测单产 467.9 kg/667 m²；田间锈病 1 级，有轻微倒伏，空秆率 2.0％，综合抗性一般。

NKY1302：该品种生育期较长，为 105 天；株型半紧凑，株高较适，穗位较高，叶片较长，穗上叶较稠,株型较散;田间观测株高 228.0 cm,穗位 98.0 cm,茎粗 18.16 mm,总叶片数 19.5 片,穗上叶 5.5 片,雄花分枝数 11.6 个,花丝浅紫色,花药浅紫色;果穗匀称,结实性较好,一致性好,筒型,穗长 17.81 cm,秃尖长 0.79 cm,穗粗 4.33 cm,穗行数 12～18 行,平均 15.4 行,籽粒硬粒型,穗轴红色,出籽率 83.54%;千粒重 327.6 g,实测单产 443.8 kg/667 m²;田间锈病 1 级,无倒伏倒折,空秆率 2.0%,综合抗性好。

LC29306:该品种生育期 103 天;株型半紧凑,株高适中,穗位矮、整齐,穗上叶距开,株型较青秀,田间观测株高 217.2 cm,穗位 49.2 cm,茎粗 21.25 mm,总叶片数 17.0 片,穗上叶 5.3 片,雄花分枝数 7.0 个,花丝中部浅紫色,花药褐色带紫点;果穗大、结实性好,筒型,穗长 18.26 cm,秃尖 1.42 cm,穗粗 4.31 cm,穗行数 14～16 行,平均 14.8 行,籽粒中间型,穗轴红色,出籽率 86.27%,千粒重 319.1 g,实测单产 445.9 kg/667 m²;田间锈病 3 级,无倒伏有轻微倒折,空秆率 8.0%,综合抗性一般。

汉单 777:该品种生育期 101 天;株型半紧凑,株高、穗位适中,果穗匀称,结实好,小斑病 3 级,其他病 1 级,穗上叶距较开,雄花分枝数适中,苗期长势好,综合抗性好。

金城 51:该品种生育期 94 天;株型半紧凑,株高、穗位较适中,叶片窄,穗上叶距开,较青秀;果穗长筒型,结实较好,雄花分枝数较少,锈病 3 级,小斑病 3 级,综合抗性较好(表 120 至表 123)。

表 120　2016 年湖北省夏玉米生产试验品种生育期观测汇总表

品 种 名 称	播种期 (月/日)	出苗期 (月/日)	抽雄期 (月/日)	散粉期 (月/日)	吐丝期 (月/日)	成熟期 (月/日)	生育期 (月/日)
蠡试 1111	6/10	6/16	8/2	8/6	8/8	9/19	96
汉单 169	6/10	6/16	8/5	8/9	8/11	9/23	100
KN12011	6/10	6/16	8/9	8/12	8/14	9/29	106
康农玉 608	6/10	6/16	8/4	8/8	8/12	9/20	97
襄玉 431	6/10	6/16	8/6	8/10	8/14	9/23	100
浚单 518	6/10	6/16	8/3	8/7	8/10	9/16	93
NKY1302	6/10	6/16	8/12	8/14	8/16	9/28	105
LC29306	6/10	6/16	8/8	8/10	8/13	9/26	103
汉单 777	6/10	6/16	8/7	8/10	8/14	9/24	101
金城 51	6/10	6/16	8/8	8/11	8/13	9/17	94

表 121　2016 年湖北省夏玉米生产试验品种植株性状调查表

品种名称	株型	株高 /cm	穗位 /cm	总叶片数 /片	穗上叶 /片	雄花分枝数/个	茎粗 /mm	花丝	花药
蠡试 1111	半紧凑	178.2	58.2	16.7	4.2	7.3	19.34	紫	浅紫
汉单 169	半紧凑	226.2	89.8	20.6	4.5	9.3	16.64	浅紫	浅紫
KN12011	半紧凑	248.6	102.4	20.6	5.8	12.4	21.17	浅紫	浅褐紫
康农玉 608	半紧凑	174.4	59.0	18.5	5.0	9.2	16.68	青绿	绿

品种名称	株型	株高/cm	穗位/cm	总叶片数/片	穗上叶/片	雄花分枝数/个	茎粗/mm	花丝	花药
襄玉431	半紧凑	222.0	72.4	18.3	5.0	15.2	20.82	顶端节淡紫	浅紫
浚单518	半紧凑	210.0	54.8	16.0	4.0	8.0	17.81	浅紫	浅紫
NKY1302	半紧凑	228.0	98.0	19.5	5.5	11.6	18.16	浅紫	浅紫
LC29306	半紧凑	217.2	49.2	17.0	5.3	7.0	21.25	中部浅紫	褐带紫点
汉单777	半紧凑	226.4	69.0	17.4	5.7	9.0	20.69	绿	褐带紫点
金城51	半紧凑	213.4	66.2	18.7	5.3	8.3	18.97	绿	绿

表122　2016年湖北省夏玉米生产试验品种果穗性状考种汇总表

品种名称	穗型	穗长/cm	秃尖长/cm	穗粗/cm	穗行数/行 变幅	穗行数/行 平均	行粒数/粒	出籽率/(%)	粒型	轴色
蠡试1111	筒	18.87	2.55	4.32	12～16	13.8	36.4	85.47	中间	红
汉单169	筒	16.20	0.74	4.41	14～18	16.8	32.3	87.73	硬粒	红
KN12011	筒	16.25	0.37	4.54	14～18	16.6	30.5	84.60	中间	白
康农玉608	筒	14.43	2.15	4.69	14～18	16.6	31.9	84.02	中间	白
襄玉431	锥	17.29	0.48	4.91	14～18	15.6	35.5	88.00	中间	白
浚单518	锥	15.13	0.07	4.51	12～18	14.8	31.4	89.52	硬粒	红
NKY1302	筒	17.81	0.79	4.33	12～18	15.4	32.1	83.54	硬粒	红
LC29306	筒	18.26	1.42	4.31	14～16	14.8	32.1	86.27	中间	红
汉单777	筒	17.95	0.49	4.57	16～20	17.8	35.0	85.03	中间	红
金城51	筒	17.97	2.03	4.48	14～16	14.2	32.6	86.91	硬粒	白

表123　2016年湖北省夏玉米生产试验品种产量情况汇总表

品 种 名 称	空秆率/(%)	锈病/级	千粒重/g	单穗重/g	实收密度/(株/667米²)	实测单产/(kg/667 m²)
蠡试1111	16.0	1	284.5	120.0	3663	410.3
汉单169	4.0	1	288.4	140.1	3867	522.0
KN12011	6.0	1	312.5	137.9	3973	496.6
康农玉608	8.0	1	273.5	134.1	3203	365.2
襄玉431	8.0	3	331.5	151.8	4149	551.9
浚单518	2.0	1	311.2	133.2	3774	467.9
NKY1302	2.0	1	327.6	142.1	3239	443.8
LC29306	8.0	3	319.1	133.8	3655	445.9
汉单777	10.0	1	297.0	133.5	3656	431.4
金城51	8.0	3	305.7	120.8	3937	598.4

秋季杂交玉米抗灾播种栽培试验总结

受超强厄尔尼诺现象的影响,2016 年 6 月中下旬至 7 月中下旬,湖北省江汉平原及鄂东一带遭遇多轮降雨袭击,暴雨成涝,因灾绝收面积 3596.95 万亩,农业抗灾保目标形势严峻、任务艰巨。为筛选出适宜灾后补种的玉米品种,摸索出不同玉米品种的最迟播种期,给今后抗灾复产和救灾种子储备提供技术支撑,特组织开展秋季玉米抗灾播种栽培试验。

1. 试验材料与方法

1.1 参试品种

选择救灾种子储备竞标企业申报的生育期适宜,且丰产性、稳产性和抗病性表现较好的 7 个中早熟玉米杂交品种,供(育)种单位见表 124。

表 124 品种名称及供(育)种单位

品 种 名 称	田 间 编 号	供(育)种单位
福玉 198	1	武汉隆福康农业发展有限公司
汉单 777	2	湖北省种子集团有限公司
郁青 123	3	铁岭郁青种业科技有限责任公司
登海 618	4	山东登海种业股份有限公司
裕丰 303	5	北京联创种业股份有限公司
浚单 509	6	鹤壁市农业科学院
浚单 518	7	鹤壁市农业科学院

1.2 试验地点

试验地点安排在武汉市武湖农场湖北省现代农业展示中心种子专业园农作物展示区 12 号田,南临长江,海拔 20.3 m,属长江冲积平原,潮土土质,地势平坦,土壤肥力中等,前茬作物为大麦。

1.3 试验设计

采取裂区试验设计,即以播种期为主处理、品种为副处理。主处理设三期,即 7 月 20 日、7 月 25 日、7 月 30 日;副处理为参试 7 个品种,每个品种随主处理播三期,副处理在田间随机排列,不设重复。小区长 6 m,宽 2 m,面积 12 m²,每个品种种植 3 行,每行种植 27 株,即穴距 22.2 cm,行距 66.7 cm,密度 4500 株/667 m²;四周设保护区;成熟期收获全区果穗计产量。

1.4 栽培管理

1.4.1 适时整地 前茬作物收获后,7月18日旋耕整地,底肥每667 m²施"鄂福"牌复混肥($N_{26}P_{10}K_{15}$)50 kg,按200 cm宽开沟起厢,人工清理厢沟,平整厢面。

1.4.2 分期播种 按试验主处理分期播种,采取牵绳定距等行点播,每穴播种精选种子2~3粒,播后盖土2~3 cm。

1.4.3 栽培管理 播种后当天及时浇水,采用沟灌,让水自然落干,均匀浸透厢土,水不上厢面;2~3叶期间苗,4~5叶期定苗;定苗后分期追施苗肥,每667 m²施"富瑞德"牌尿素10 kg,根据每期生育期进程掌握在11~13片叶追施穗肥,每667 m²施尿素15 kg,肥料称量到行,在行间打孔暗施,结合施肥中耕除草,生育期间选用甲氰菊酯、啶虫脒、莠去津、常宽、阿维菌素、顺式氯氰菊酯、甲维盐等防虫除草。

2. 结果与分析

2.1 生育期与安全性

根据田间观察记载的生育期进行比较分析,参试品种的生育期差异较大,其中生育期较短的品种有登海618和浚单518,三期均正常成熟;其他品种的生育期较长,7月25日播种均能正常成熟,推迟到7月30日播种,到11月中旬因气温降到16 ℃以下而不能完成灌浆,存在潜在风险(表125)。

表125 2016年秋季杂交玉米抗灾播种品种生育期观测记载汇总表

播 期	品 种	出苗期 (月/日)	抽雄期 (月/日)	吐丝期 (月/日)	成熟期 (月/日)	出苗至吐丝期 /天	生育期/天
7/20	福玉198	7/25	9/10	9/13	11/6	51	105
	汉单777	7/25	9/10	9/14	11/11	52	110
	郁青123	7/25	9/8	9/10	11/5	48	104
	登海618	7/25	9/5	9/6	11/2	44	101
	裕丰303	7/25	9/10	9/12	11/10	50	109
	浚单509	7/25	9/9	9/12	11/9	50	108
	浚单518	7/25	9/7	9/11	11/6	49	105
平均						49.1	106.1
7/25	福玉198	7/30	9/13	9/15	11/11	48	105
	汉单777	7/30	9/13	9/16	11/14	49	108
	郁青123	7/30	9/12	9/15	11/13	48	107
	登海618	7/30	9/12	9/15	11/8	48	102
	裕丰303	7/30	9/16	9/18	11/15	51	109
	浚单509	7/30	9/15	9/17	11/13	54	107
	浚单518	7/30	9/15	9/19	11/11	52	105
平均						50.0	106.1

播　期	品　种	出苗期（月/日）	抽雄期（月/日）	吐丝期（月/日）	成熟期（月/日）	出苗至吐丝期/天	生育期/天
7/30	福玉198	8/4	9/19	9/22	腊熟末期	50	—
	汉单777	8/4	9/20	9/24	腊熟初期	52	—
	郁青123	8/4	9/18	9/20	腊熟中期	48	—
	登海618	8/4	9/15	9/16	11/16	44	105
	裕丰303	8/4	9/17	9/19	腊熟中期	47	—
	浚单509	8/4	9/18	9/20	腊熟末期	48	—
	浚单518	8/4	9/16	9/20	11/16	48	105
平均						48.1	—

2.2　植株性状与抗逆性

根据田间系统观测调查,同一品种不同播种期对植株株高、穗位均有影响,但没有直接相关性;同一播种期中株高、穗位较高的品种为汉单777、浚单509,平均株高和穗位分别为220.9 cm、220.7 cm和79.7 cm、76.3 cm,其他品种的株高、穗位均比较适中。不同品种的抗逆性差异显著,其中7月20日播种的浚单509、郁青123的小斑病在5级,郁青123和登海618的纹枯病5级;汉单777、裕丰303及福玉198的平均倒伏率分别为28.5%、10.70%、10.33%,表现为抗倒性略差,其余品种的抗倒性较好(表126)。

表126　2016年杂交玉米抗灾播种品种植株性状及抗倒性调查汇总表

品　种	播种期（月/日）	株高/cm	穗位/cm	大斑病/级	小斑病/级	纹枯病/级	锈病/级	双穗率/(%)	倒伏率/(%)	倒折率/(%)
福玉198	7/20	180.4	51.1	1	3	3	3	0	22.57	0
	7/25	207.9	69.5	1	3	1	1	0	5.56	0
	7/30	177.4	53.8	5	3	—	—	0	2.86	5.71
平均		188.6	58.1					0	10.33	1.90
汉单777	7/20	238.6	82.9	3	1	3	1	0	69.40	0
	7/25	225.3	92.1	1	3	1	1	0	10.20	0
	7/30	198.9	64.2	1	3	—	—	0	5.89	2.94
平均		220.9	79.7					0	28.50	0.98
郁青123	7/20	210.3	64.2	3	5	5	1	0	17.6	0
	7/25	208.7	88.7	1	5	1	1	0	2.70	0
	7/30	191.3	73.7	5	3	—	—	0	6.06	3.03
平均		203.4	75.5					0	8.79	1.01
登海618	7/20	197.1	48.3	3	5	5	3	0	0	2.44
	7/25	199.4	53.9	3	3	3	1	0	0	0
	7/30	211.2	67.2	1	3	—	—	0	0	0

品　　种	播种期 （月/日）	株高 /cm	穗位 /cm	大斑病 /级	小斑病 /级	纹枯病 /级	锈病 /级	双穗率 /（%）	倒伏率 /（%）	倒折率 /（%）
平均		202.6	56.5					0	0	0.81
裕丰303	7/20	196.3	49.0	1	3	1	1	0	15.20	0
	7/25	214.0	62.3	3	3	1	1	0	2.56	0
	7/30	218.7	74.4	1	3	—	—	0	14.3	0
平均		209.7	61.9					0	10.70	0
浚单509	7/20	222.2	56.8	1	5	3	1	0	0	0
	7/25	215.2	80.0	1	5	3	1	0	0	0
	7/30	224.7	92.2	1	3			0	5.26	0
平均		220.7	76.3					0	1.75	0
浚单518	7/20	207.8	61.2	1	3	3	1	0	3.33	0
	7/25	197.6	70.4	1	3	1	1	0	0	0
	7/30	188.1	73.9	1	3	—	—	0	0	0
平均		197.8	68.5					0	1.11	0

2.3　经济性状与产量

室内考种结果表明，三期品种的穗粗、穗长、穗行数、行粒数、秃尖长、出籽率等因受到不同天气影响没有规律性；千粒重和单产随播种期推迟逐渐降低。如登海618，三期单产分别为494.1 kg/667 m²、487.2 kg/667 m²、444.2 kg/667 m²，千粒重分别为335.0 g、312.1 g、284.8 g。同期播种品种的产量差异比较大，以7月20日和7月25日播种的平均产量比较，产量从高到低的顺序为汉单777、郁青123、裕丰303、浚单509、登海618、浚单518、福玉198；7月30日播种能正常成熟且产量较高的品种是裕丰303（单产477.8 kg/667 m²）、浚单509（单产464.7 kg/667 m²）（表127）。

表127　2016年秋季杂交玉米抗灾播种品种经济及产量汇总表

品种	播种期 （月/日）	穗粗 /cm	穗长 /cm	秃尖长 /cm	穗行数 /行	行粒数 /粒	出籽率 /（%）	千粒重 /kg	小区产量 /kg	单产 /（kg/667 m²）	前两期 均产/kg	名次
福玉 198	7/20	4.4	13.1	1.5	14.6	27.9	88.0	244.2	7.533	418.7	401.5	7
	7/25	4.5	14.3	1.8	14.2	28.6	86.8	243.4	6.898	383.4		
	7/30	4.4	13.4	1.3	15.0	25.7	87.3	217.6	5.754	319.8		
平均		4.4	13.6	1.5	14.6	27.4	87.4	235.1	6.728	374.0		
汉单 777	7/20	4.9	15.8	0.8	16.8	30.6	88.0	251.4	10.044	558.3	541.7	1
	7/25	5.0	16.4	0.3	17.0	31.1	87.2	231.3	9.447	525.1		
	7/30	4.8	15.6	2.1	16.2	29.6	83.6	200.0	6.453	358.7		
平均		4.9	15.9	1.1	16.7	30.4	86.3	227.6	8.65	480.7		

品种	播种期 (月/日)	穗粗 /cm	穗长 /cm	秃尖长 /cm	穗行数 /行	行粒数 /粒	出籽率 /(%)	千粒重 /kg	小区产量 /kg	单产 /(kg/667 m²)	前两期 均产/kg	名次
郁青 123	7/20	4.9	15.2	1.4	15.6	30.2	88.7	268.5	9.569	531.9	525.7	2
	7/25	4.8	16.3	1.1	13.8	32.9	87.6	267.8	9.346	519.5		
	7/30	4.9	15.5	0.9	15.0	29.5	85.9	260.7	7.815	434.4		
平均		4.9	15.7	1.2	14.8	30.9	87.4	265.7	8.91	495.3		
登海 618	7/20	4.4	14.2	0.8	12.2	28.8	89.4	335.0	8.889	494.1	490.7	5
	7/25	4.5	16.1	1.5	13.2	27.8	88.3	312.1	8.765	487.2		
	7/30	4.4	16.2	1.8	12.6	29.1	88.1	284.8	7.992	444.2		
平均		4.4	15.5	1.4	12.7	27.6	88.6	310.6	8.55	475.2		
裕丰 303	7/20	4.6	14.5	2.2	14.6	27.1	87.6	301.0	9.222	512.6	502.8	3
	7/25	4.5	15.9	1.4	13.8	30.2	87.3	296.2	8.868	492.9		
	7/30	4.6	16.2	1.6	14.0	29.4	86.1	278.8	8.596	477.8		
平均		4.6	15.5	1.7	14.1	28.9	87.0	292.0	8.90	494.4		
浚单 509	7/20	4.7	15.6	1.6	14.5	30.5	86.3	264.0	9.366	520.6	502.4	4
	7/25	4.6	15.5	1.4	13.8	30.7	84.6	259.8	8.711	484.2		
	7/30	4.5	15.4	1.0	13.8	33.7	85.7	236.9	8.360	464.7		
平均		4.6	15.5	1.4	14.0	31.6	85.5	253.6	8.81	489.8		
浚单 518	7/20	4.6	14.5	0.4	14.0	33.8	88.4	237.3	6.624	468.2	446.4	6
	7/25	4.3	12.5	0.2	14.3	30.0	87.9	224.7	6.557	424.5		
	7/30	4.3	12.6	0.1	13.6	29.9	88.0	216.4	6.673	370.9		
平均		4.4	13.2	0.2	13.6	31.2	88.1	226.1	6.62	421.2		

3. 讨论与建议

3.1 在本年的气候条件下,试验结果表明,参试品种在本地区秋播抗灾种植,大多数品种最迟安全期在7月25日之前。生育期较短的品种登海618、郁青123,在7月30日播种仍能成熟;抗灾秋播玉米7月25日以前播种,可选综合抗性较好、产量较高的汉单777、郁青123、浚单509、裕丰303等品种;因故推迟到7月底播种、收干籽粒,只能选登海618、浚单518类型的早熟品种。若种植青贮玉米可选生物产量高、叶部病害抗性好的玉米品种,具体有待进一步试验筛选。

3.2 今年秋季玉米生长期间,前期高温干旱,后期低温阴雨,虫害较重,对植株生长及籽粒灌浆有一定影响,产量降低。从出苗到抽雄吐丝,气温较高,降雨量少,蒸腾量大,及时采取了抗旱保苗,但仍影响植株正常生长;乳熟期至成熟期,气温降低,几次大风伴随小雨,第一期倒伏倒折较多,不利于植株灌浆结实,灌浆速度减缓推迟,第三期播种的多数品种未能完全成熟;果穗收获后,由于气温低、阴雨多,难以晾晒储藏。综合上诉,建议抗灾生产上要因地制宜,选择生育期短、抗性较好、果穗脱水快且产量较高的品种,规避次生灾害;有条件的农场和企业配置大型烘干设备及储藏室,确保丰产丰收。

2016 年鲜食甜、糯玉米新品种展示栽培技术总结

为了促进全国鲜食甜、糯玉米产业的发展,利用武汉地区得天独厚的区域生态条件,搭建科技成果展示平台,服务于科研单位和种子企业的科技成果转化,服务于广大农业生产者对优良品种的需求,提高农业生产效益,增加农民收入,特组织征集鲜食甜、糯玉米新品种进行展示观摩与推介活动,现将本年鲜食甜、糯玉米新品种田间展示栽培及苗情观测情况汇总如下。

1. 参展品种

从全国 12 个省(市、区)28 个种子企业、科研单位,征集鲜食甜、糯玉米新品种 232 个,其中鲜食甜玉米新品种 154 个、鲜食糯玉米新品种 78 个,展示面积 18 亩。

2. 展示设计

2.1 展示地点

展示安排在武汉市黄陂区武湖农场湖北省现代农业展示中心种子专业园内,南临长江,与武昌隔江相望。属长江冲积平原,海拔 20.3 m,土壤为潮土,pH 值 6.4,含有机质 27.5 g/kg,碱解氮 90 mg/kg,速效磷 14.5 mg/kg,速效钾 383.3 mg/kg;田间路渠配套,排灌方便;前茬作物为棉花,冬季深翻炕土。

2.2 田间设计

每个品种种植一个小区,设计小区长 6 m,宽 3 m,按 1.5 m 宽分成 2 垄,每垄种植 2 行,即 4 行区,实际种植面积因部分品种供种量不足有所差异;推行宽窄行种植,垄内窄行距 40 cm,垄间宽行距 110 cm,株距 31.8 cm,密度为 2800 株/667 米²。参展品种依据生育期长短及收种时间早晚采取分期播种、双膜覆盖等栽培措施,促使花期一致,便于后期观摩考察。

3. 栽培管理

3.1 播种育苗

所有参展玉米品种都采取催芽玻璃温室塑盘基质育苗。基质用草炭+珍珠岩+蛭石按 4:1:1 的比例配制,混拌均匀后(以手抓成团,落地散开为宜)加适量水分,然后将基质装入穴盘孔内(72 孔/盘),用木板轻压、填实、抹平,平放于苗床上;根据参展品种的种子到位时间,于 3 月 11 日—4 月 2 日采取分期催芽播种,播种前两天用温水浸种 7 h,滤干水分后用湿毛巾包裹放入人工气候箱中催芽,温度控制在 20 ℃(夜间)～28.5 ℃(白天),待胚根伸长

到 0.5 cm 左右时播种。每穴播 1 粒发芽种子,播种深度 1 cm 左右,播后用基质盖种 0.5～1 cm,浇足底墒水,然后覆盖农膜,保温育苗;苗出齐后,揭膜炼苗,结合补水浇施水肥,培育壮苗;移栽前一天浇水并喷施送嫁药新甲胺。

3.2 整地施肥

展示地在 3 月初旋耕碎垡,然后按 150 cm 宽画线分厢,在厢中间撒施底肥,每 667 m² 撒施"鄂福"牌复混肥($N_{26}P_{10}K_{15}$)50 kg、颗粒锌 400 g,随即用起垄机旋耕起垄,人工清理厢沟,整碎垄面土垡,整平垄面,撒施阿维·毒死蜱颗粒,防治地下害虫,并喷施 72% 异丙甲草胺乳油,封闭杂草,最后覆盖地膜。

3.3 规范移栽

参展鲜食甜、糯玉米分两期移栽,甜玉米于 3 月 25 日和 4 月 8 日,糯玉米于 3 月 26 日和 4 月 8 日移栽。牵绳定距、错穴打洞定植,叶片定向移栽,即幼苗叶片与行向垂直,用细土盖严育苗基质及膜孔,移栽后及时浇灌定根水,并于次日扎竹弓覆盖 200 cm 宽农膜进行保温,促进幼苗生长。

3.4 田间管理

3.4.1 配方施肥 在重施底肥的基础上,根据移栽时间分期追肥,鲜食甜玉米品种展示于 4 月 10 日和 4 月 18 日追施苗肥,鲜食糯玉米品种展示于 4 月 11 日和 4 月 19 日追施苗肥,每 667 m² 施尿素 12.5 kg,用直播器在玉米定植行上间隔 2 株打一个洞,将肥料均匀施入洞内,随即盖土埋肥,追肥后再次覆盖拱膜;鲜食甜玉米品种展示于 4 月 29 日和 5 月 11 日追施穗肥,鲜食糯玉米品种展示于 4 月 30 日和 5 月 12 日追施穗肥,每 667 m² 施尿素 10 kg、氯化钾 7.5 kg;5 月 4—5 日中耕,并清沟培土。

3.4.2 及时去蘖 分蘖、多穗是大多数鲜食玉米品种的一个特性,苗期气温偏低,展示栽培肥水条件好,多数品种分蘖习性表现尤为突出,为减少养分消耗,提高产量和商品率,揭膜后及时去分蘖、掰小穗。

3.4.3 预防病虫 本地区危害鲜食甜、糯玉米的病害主要有纹枯病、大(小)叶斑病、锈病、青枯病、病毒病等,危害玉米的主要害虫有地老虎、蚜虫、玉米螟虫及夜蛾类幼虫。采取综合防治措施,即冬季深翻炕土,全生育期使用频振式杀虫灯和性诱剂诱杀害虫,整厢时撒施阿维·毒死蜱颗粒防治地下害虫;4 月 11 日喷施甲氰菊酯+新甲胺预防地老虎、蚜虫和玉米螟虫;5 月 6 日喷施阿维菌素+高·阿维+磷酸二氢钾防治玉米螟虫和蚜虫等。

4. 观测记载

定苗后每品种田间连续选定 10 株,在揭膜后每 10 天观测 1 次叶龄、苗高等生育动态,准确观察记载抽雄期、吐丝期及株型、株高、穗位、穗上叶数、雌穗花丝颜色、雄穗花药颜色等植株性状;在各品种的最佳采收期随机取 20 株果穗,测定产量,室内考察穗长、秃尖长、穗粗、穗行数、行粒数、籽粒深度、百粒重等经济性状;需要进行品质鉴评的品种,在抽雄、吐丝期分三期套袋自交果穗 10 个,于各品种的最佳采收期,组织邀请华中农业大学、湖北省农业科学院等单位从事鲜食玉米育种或栽培的 5 位专家对鲜穗外观品质和蒸煮品质进行鉴评,客观、公正评价每个品种的感观品质和蒸煮品质,为品种的应用提供科学、准确的参数。

5. 天气情况

今年鲜食甜、糯玉米品种展示生产期间,整体气温较常年偏低,光照较差,玉米生育进程放缓;雨水较多,不利于玉米根系下扎、授粉结实。

具体表现:5月上、中旬揭膜后,气温反复无常,阴雨天多,气温偏低且温差较大,玉米生长较慢,但比较稳健;5月下旬至6月上旬,甜、糯玉米抽雄开花授粉期,阴雨天气多,气温低,光照差,导致部分早熟品种抽雄后,吐丝期延后,减缓生育进程,影响玉米授粉结实;6月中旬天气晴朗,气温适宜,有利于玉米晚熟品种授粉结实,有利于营养物质积累。

6. 展示结果

展示结果按照顺序列入表128至表135。

表128 2016年全国鲜食甜玉米新品种展示生育期观察记载汇总表

田间编号	品种名称	供(育)种单位	播种期(月/日)	出苗期(月/日)	移栽期(月/日)	抽雄期(月/日)	吐丝期(月/日)	采收期(月/日)	出苗至采收天数
T1	金王16-16	上海王义发玉米工作室	3/11	3/14	3/25	5/25	5/30	6/20	98
T2	金王16-8	上海王义发玉米工作室	3/11	3/14	3/25	5/27	5/30	6/20	98
T3	丰选1号	翁源县丰收种业有限公司	3/11	3/14	3/25	5/22	5/24	6/14	92
T4	丰选2号	翁源县丰收种业有限公司	3/11	3/14	3/25	5/23	5/26	6/16	94
T5	丰选8号	翁源县丰收种业有限公司	3/11	3/14	3/25	5/24	5/26	6/16	94
T6	丰选9号	翁源县丰收种业有限公司	3/11	3/14	3/25	5/26	5/31	6/21	99
T7	丰选12号	翁源县丰收种业有限公司	3/11	3/14	3/25	5/27	5/30	6/20	98
T8	丰选13号	翁源县丰收种业有限公司	3/11	3/14	3/25	5/25	5/30	6/20	98
T9	丰选16号	翁源县丰收种业有限公司	3/11	3/14	3/25	5/27	5/31	6/21	99
T10	丰选18号	翁源县丰收种业有限公司	3/11	3/14	3/25	5/26	5/30	6/20	98
T11	丰选19号	翁源县丰收种业有限公司	3/11	3/14	3/25	5/27	5/31	6/21	99
T12	丰选28号	翁源县丰收种业有限公司	3/11	3/14	3/25	5/28	6/1	6/22	100
T13	湖南湘妹子	湖南湘妹子农业科技有限公司	3/13	3/17	3/25	5/17	5/21	6/11	86
T14	绿领甜3号	南京绿领种业有限公司	3/11	3/14	3/25	5/23	5/25	6/15	93
T15	浙甜2088	浙江勿忘农种业股份有限公司	3/13	3/17	3/25	5/23	5/25	6/15	90
T16	萃甜618玉米	南京绿领种业有限公司	3/11	3/14	3/25	5/27	5/31	6/21	99
T17	信甜早蜜	武汉信风作物科学有限公司	3/13	3/17	3/25	5/11	5/16	6/6	81
T18	信甜400	武汉信风作物科学有限公司	3/11	3/15	3/25	5/26	5/28	6/18	95

田间编号	品种名称	供（育）种单位	播种期（月/日）	出苗期（月/日）	移栽期（月/日）	抽雄期（月/日）	吐丝期（月/日）	采收期（月/日）	出苗至采收天数
T19	信甜303	武汉信风作物科学有限公司	3/11	3/14	3/25	5/14	5/22	6/12	90
T20	信甜金谷	武汉信风作物科学有限公司	3/11	3/14	3/25	5/27	5/31	6/21	99
T21	信甜215	武汉信风作物科学有限公司	3/11	3/14	3/25	5/24	5/28	6/18	96
T22	信甜ST1	武汉信风作物科学有限公司	3/11	3/14	3/25	5/25	5/29	6/19	97
T23	粤甜16	国家鲜食甜玉米区试对照品种	3/11	3/14	3/25	5/24	5/28	6/18	96
T24	ZL-Y43	武汉世真华龙农业生物技术有限公司	3/11	3/14	3/25	5/31	6/3	6/24	102
T25	ZL-Y44	武汉世真华龙农业生物技术有限公司	3/11	3/14	3/25	5/28	5/31	6/21	99
T26	ZL-Y45	武汉世真华龙农业生物技术有限公司	3/11	3/15	3/25	5/20	5/22	6/12	89
T27	ZL-Y50	武汉世真华龙农业生物技术有限公司	3/13	3/17	3/25	5/28	6/1	6/22	97
T28	ZL-Y51	武汉世真华龙农业生物技术有限公司	3/13	3/17	3/25	5/27	6/1	6/22	97
T29	ZL-Y49	武汉世真华龙农业生物技术有限公司	3/11	3/14	3/25	5/25	5/31	6/21	99
T30	ZL-Y46	武汉世真华龙农业生物技术有限公司	3/11	3/14	3/25	5/25	5/27	6/17	95
T31	ZL-Y47	武汉世真华龙农业生物技术有限公司	3/11	3/15	3/25	5/27	6/1	6/22	99
T32	ZL-Y48	武汉世真华龙农业生物技术有限公司	3/11	3/15	3/25	5/23	5/25	6/15	92
T33	万甜2015	河北华穗种业有限公司	3/11	3/14	3/25	5/24	5/27	6/17	95
T34	金晶龙258	武汉市文鼎农业生物技术有限公司	3/11	3/14	3/25	5/22	5/27	6/17	95
T35	金晶龙211	武汉市文鼎农业生物技术有限公司	3/11	3/14	3/25	5/27	5/30	6/20	98
T36	金晶龙9号	武汉市文鼎农业生物技术有限公司	3/11	3/14	3/25	5/31	6/2	6/23	101

田间编号	品种名称	供(育)种单位	播种期(月/日)	出苗期(月/日)	移栽期(月/日)	抽雄期(月/日)	吐丝期(月/日)	采收期(月/日)	出苗至采收天数
T37	金晶龙6号	武汉市文鼎农业生物技术有限公司	3/11	3/14	3/25	5/26	5/31	6/21	99
T38	金晶龙2号	武汉市文鼎农业生物技术有限公司	3/11	3/15	3/25	5/22	5/25	6/15	92
T39	金晶龙3号	武汉市文鼎农业生物技术有限公司	3/11	3/15	3/25	5/19	5/24	6/14	91
T40	HS1504	河北华穗种业有限公司	3/11	3/14	3/25	5/22	5/27	6/17	95
T41	斯达206	北京中农斯达农业科技开发有限公司	3/11	3/14	3/25	5/13	5/19	6/9	87
T42	泰甜88	福建省建瓯市映山龙种业有限公司	3/11	3/14	3/25	6/1	6/3	6/24	102
T43	泰甜606	福建省建瓯市映山龙种业有限公司	3/11	3/15	3/25	5/31	6/1	6/22	99
T44	泰甜809	福建省建瓯市映山龙种业有限公司	3/11	3/14	3/25	5/29	5/31	6/21	99
T45	泰甜558	福建省建瓯市映山龙种业有限公司	3/11	3/14	3/25	5/30	5/31	6/21	99
T46	泰甜808	福建省建瓯市映山龙种业有限公司	3/11	3/14	3/25	5/24	5/27	6/17	95
T47	泰甜308	福建省建瓯市映山龙种业有限公司	3/11	3/14	3/25	5/27	5/29	6/19	97
T48	金银1416	武汉天鸿种业有限责任公司	3/11	3/14	3/25	5/22	5/26	6/16	94
T49	金银1503	武汉天鸿种业有限责任公司	3/11	3/14	3/25	5/24	5/29	6/19	97
T50	金钻2号	武汉天鸿种业有限责任公司	3/11	3/14	3/25	5/27	5/30	6/20	98
T51	金钻3号	武汉天鸿种业有限责任公司	3/11	3/15	3/25	5/22	5/25	6/15	92
T52	华泰甜216	厦门华泰五谷种苗有限公司	3/13	3/17	3/25	5/17	5/23	6/13	88
T53	华泰甜313	厦门华泰五谷种苗有限公司	3/13	3/17	3/25	5/24	5/27	6/17	92
T54	华泰甜358	厦门华泰五谷种苗有限公司	3/13	3/16	3/25	5/23	5/25	6/15	91
T55	华泰甜325	厦门华泰五谷种苗有限公司	3/13	3/18	3/25	5/15	5/23	6/13	87
T56	华泰甜329	厦门华泰五谷种苗有限公司	3/13	3/17	3/25	5/24	5/26	6/16	91
T57	宏达甜美988	武汉市宏达种苗有限公司	3/11	3/14	3/25	5/27	5/29	6/19	97
T58	宏达甜美668	武汉市宏达种苗有限公司	3/13	3/17	3/25	5/25	5/27	6/17	92

续表

田间编号	品种名称	供(育)种单位	播种期(月/日)	出苗期(月/日)	移栽期(月/日)	抽雄期(月/日)	吐丝期(月/日)	采收期(月/日)	出苗至采收天数
T59	荆黄甜玉米	荆州市恒丰种业发展中心	3/13	3/17	3/25	5/30	6/1	6/22	97
T60	金中玉	武汉玉宝种业有限公司	3/13	3/15	3/25	5/27	5/30	6/20	97
T61	金中玉(省公司)	湖北省种子集团有限公司	3/14	3/18	3/25	5/27	5/31	6/21	95
T62	宏中玉	武汉玉宝种业有限公司	3/11	3/15	3/25	5/28	6/1	6/22	99
T63	科甜1号	武汉玉宝种业有限公司	3/11	3/14	3/25	5/22	5/25	6/15	93
T64	正甜68	武汉市宏达种苗有限公司	3/13	3/17	3/25	5/29	6/2	6/23	98
T65	粤甜28	武汉市宏达种苗有限公司	3/13	3/17	3/25	5/31	6/6	6/27	102
T66	楚甜双喜	武汉汉研种苗科技有限公司	3/11	3/14	3/25	5/16	5/23	6/13	91
T67	楚甜金福	武汉汉研种苗科技有限公司	3/11	3/14	3/25	5/28	6/1	6/22	100
T68	奶油冰淇凌	武汉汉研种苗科技有限公司	3/11	3/14	3/25	5/14	5/20	6/10	88
T69	双色冰淇凌	武汉汉研种苗科技有限公司	3/11	3/14	3/25	5/16	5/22	6/12	90
T70	农科甜601	北京华奥农科玉育种开发有限责任公司	3/13	3/16	3/25	5/21	5/24	6/14	90
T71	禾甜168	湖北省种子集团有限公司	3/14	3/19	3/25	5/25	5/29	6/19	92
T72	禾甜100	湖北省种子集团有限公司	3/14	3/19	3/25	5/27	5/30	6/20	93
T73	华宝甜8号	湖北省种子集团有限公司	3/14	3/19	3/25	5/20	5/24	6/14	87
T74	蔬1		3/18	3/22	4/8	5/25	5/29	6/19	89
T75	蔬2		3/18	3/22	4/8	5/28	5/29	6/19	89
T76	蔬3		3/18	3/22	4/8	5/25	5/29	6/19	89
T77	蔬4		3/18	3/22	4/8	5/29	6/1	6/22	92
T78	蔬5		3/18	3/22	4/8	5/30	6/2	6/23	93
T79	蔬6		3/18	3/22	4/8	5/30	6/4	6/25	95
T80	蔬7		3/18	3/22	4/8	5/29	6/3	6/24	94
T81	蔬8		3/18	3/22	4/8	5/24	5/27	6/17	87
T82	蔬9		3/18	3/22	4/8	5/29	6/1	6/22	92
T83	蔬10		3/18	3/22	4/8	5/27	5/30	6/20	90
T84	蔬11		3/18	3/22	4/8	5/27	5/30	6/20	90
T85	蔬12		3/18	3/22	4/8	5/29	5/31	6/21	91
T86	蔬13		3/18	3/22	4/8	5/29	5/31	6/21	91
T87	蔬14		3/18	3/22	4/8	5/24	5/27	6/17	87
T88	蔬15		3/18	3/22	4/8	5/30	6/2	6/23	93

田间编号	品种名称	供（育）种单位	播种期（月/日）	出苗期（月/日）	移栽期（月/日）	抽雄期（月/日）	吐丝期（月/日）	采收期（月/日）	出苗至采收天数
T89	蔬16		3/18	3/22	4/8	5/29	6/1	6/22	92
T90	蔬17		3/18	3/22	4/8	5/26	5/28	6/18	88
T91	蔬18		3/18	3/22	4/8	5/27	5/30	6/20	90
T92	蔬19		3/18	3/22	4/8	5/29	5/31	6/21	91
T93	蔬20		3/18	3/22	4/8	5/29	6/3	6/24	94
T94	蔬21		3/18	3/22	4/8	5/29	6/1	6/22	92
T95	蔬22		3/18	3/22	4/8	5/28	5/31	6/21	91
T96	蔬23		3/18	3/22	4/8	5/28	5/31	6/21	91
T97	蔬24		3/18	3/22	4/8	5/27	5/29	6/19	89
T98	蔬25		3/18	3/22	4/8	5/28	5/29	6/19	89
T99	蔬26		3/18	3/22	4/8	5/24	5/30	6/20	90
T100	蔬27		3/18	3/22	4/8	5/29	6/2	6/23	93
T101	蔬28		3/18	3/22	4/8	5/28	6/1	6/22	92
T102	蔬29		3/18	3/22	4/8	5/29	6/2	6/23	93
T103	蔬30		3/18	3/22	4/8	5/26	5/29	6/19	89
T104	蔬31		3/18	3/22	4/8	5/27	5/29	6/19	89
T105	蔬32		3/18	3/22	4/8	5/24	5/30	6/20	90
T106	蔬33		3/18	3/22	4/8	5/30	6/1	6/22	92
T107	蔬34		3/18	3/22	4/8	5/29	5/31	6/21	91
T108	蔬35		3/18	3/22	4/8	5/29	5/31	6/21	91
T109	蔬36		3/18	3/22	4/8	5/29	6/1	6/22	92
T110	蔬37		3/18	3/22	4/8	5/31	6/4	6/25	95
T111	蔬38		3/18	3/22	4/8	5/27	5/31	6/21	91
T112	蔬39		3/18	3/22	4/8	5/31	6/4	6/25	95
T113	蔬40		3/18	3/22	4/8	5/26	5/31	6/21	91
T114	蔬41		3/18	3/22	4/8	5/27	5/30	6/20	90
T115	蔬42		3/18	3/22	4/8	5/25	5/27	6/17	87
T116	蔬43		3/18	3/22	4/8	5/27	5/29	6/19	89
T117	蔬44		3/18	3/22	4/8	5/24	5/30	6/20	90
T118	蔬45		3/18	3/22	4/8	5/29	6/1	6/22	92
T119	蔬46		3/18	3/22	4/8	5/27	5/31	6/21	91
T120	蔬47		3/18	3/22	4/8	5/30	6/1	6/22	92

田间编号	品种名称	供（育）种单位	播种期（月/日）	出苗期（月/日）	移栽期（月/日）	抽雄期（月/日）	吐丝期（月/日）	采收期（月/日）	出苗至采收天数
T121	蔬48		3/18	3/22	4/8	5/30	5/31	6/21	91
T122	蔬49		3/18	3/22	4/8	5/30	6/1	6/22	92
T123	蔬50		3/18	3/22	4/8	5/30	6/1	6/22	92
T124	MT-4	武汉百兴种业发展有限公司	3/19	3/23	4/8	5/12	5/19	6/9	78
T125	MT-5	武汉百兴种业发展有限公司	3/19	3/22	4/8	5/17	5/26	6/16	86
T126	MT-6	武汉百兴种业发展有限公司	3/19	3/23	4/8	5/17	5/27	6/17	86
T127	MT-7	武汉百兴种业发展有限公司	3/25	3/29	4/8	5/30	6/5	6/26	89
T128	瑞珍	武汉市皇经堂种苗有限公司	3/18	3/21	4/8	6/1	6/6	6/27	98
T129	泰王	广州市番禺区绿色科技发展有限公司	3/18	3/21	4/8	6/6	6/10	7/1	102
T130	H800	南宁市桂福园农业有限公司	3/18	3/21	4/8	5/12	5/18	6/8	79
T131	金石甜	广州市番禺区绿色科技发展有限公司	3/18	3/21	4/8	6/3	6/6	6/27	98
T132	泰鲜甜3号	广州市番禺区绿色科技发展有限公司	3/18	3/21	4/8	5/31	6/5	6/26	97
T133	20051双色	武汉市九头鸟种苗有限公司	3/16	3/20	4/8	5/13	5/20	6/10	82
T134	518#	广州市番禺区绿色科技发展有限公司	3/18	3/22	4/8	5/15	5/23	6/13	83
T135	金珠二号	新疆农人种子科技有限责任公司	3/16	3/19	4/8	5/14	5/20	6/10	83
T136	甜306	上海华耘种业有限公司	3/18	3/22	4/8	5/30	6/6	6/27	97
T137	西星甜玉二号	武汉市九头鸟种苗有限公司	3/16	3/19	4/8	5/24	5/26	6/16	89
T138	斯达甜221	北京中农斯达农业科技开发有限公司	3/18	3/21	4/8	5/27	5/30	6/20	91
T139	斯达甜219	北京中农斯达农业科技开发有限公司	3/18	3/21	4/8	5/30	5/31	6/21	92
T140	618#	广州市番禺区绿色科技发展有限公司	3/18	3/21	4/8	5/19	5/22	6/12	83
T141	127#	广州市番禺区绿色科技发展有限公司	3/18	3/21	4/8	5/21	5/27	6/17	88

续表

田间编号	品种名称	供(育)种单位	播种期(月/日)	出苗期(月/日)	移栽期(月/日)	抽雄期(月/日)	吐丝期(月/日)	采收期(月/日)	出苗至采收天数
T142	斯达甜 216	北京中农斯达农业科技开发有限公司	3/18	3/21	4/8	5/25	5/29	6/19	90
T143	FM-20	广州市番禺区绿色科技发展有限公司	3/18	3/21	4/8	5/23	5/26	6/16	87
T144	品甜 33	北京中品开元种子有限公司	3/18	3/21	4/8	5/25	5/31	6/21	92
T145	202	武汉市皇经堂种苗有限公司	4/2	4/6	4/14	6/5	6/9	6/30	85
T146	205	武汉市皇经堂种苗有限公司	4/2	4/6	4/14	6/10	6/11	7/2	87
T147	中甜 300	北京中品开元种子有限公司	3/18	3/21	4/8	5/25	5/27	6/17	88
T148	甘甜 2 号	北京四海种业有限责任公司	3/18	3/21	4/8	5/27	5/30	6/20	91
T149	绿色超人	北京中品开元种子有限公司	3/18	3/21	4/8	5/31	6/2	6/23	94
T150	金冠 220	北京四海种业有限责任公司	3/18	3/21	4/8	5/24	5/27	6/17	88
T151	双甜 318	北京四海种业有限责任公司	3/18	3/22	4/8	5/26	5/30	6/20	90
T152	改良 601	武汉市皇经堂种苗有限公司	3/16	3/20	4/8	5/24	5/29	6/19	91
T153	双色 102	武汉市皇经堂种苗有限公司	3/16	3/19	4/8	5/29	6/1	6/22	95
T154	黄金至尊 903	武汉市九头鸟种苗有限公司	3/16	3/19	4/8	6/1	6/4	6/25	98

表 129　2016 年全国鲜食甜玉米新品种展示苗情观测汇总表

田间编号	品 种 名 称	4 月 30 日		5 月 12 日		5 月 23 日	
		叶龄/片	苗高/cm	叶龄/片	苗高/cm	叶龄/片	苗高/cm
T1	金王 16-16	12.3	85.2	19.1	153.0	21.6	204.0
T2	金王 16-8	11.4	89.5	16.8	149.4	19.2	203.8
T3	丰选 1 号	12.1	87.5	19.0	150.6	20.8	208.2
T4	丰选 2 号	12.9	73.0	18.8	136.8	21.3	188.6
T5	丰选 8 号	12.3	64.7	18.4	129.4	21.3	185.2
T6	丰选 9 号	12.2	80.8	18.8	139.8	21.5	190.8
T7	丰选 12 号	12.2	82.9	18.9	148.4	21.6	198.0
T8	丰选 13 号	12.5	69.6	19.7	124.8	22.5	171.4
T9	丰选 16 号	12.3	80.3	19.3	143.0	21.7	203.6
T10	丰选 18 号	11.2	69.9	17.8	124.4	21.4	183.0
T11	丰选 19 号	12.0	75.1	18.8	123.4	21.2	189.2
T12	丰选 28 号	12.0	81.9	18.8	155.8	21.7	211.6

田间编号	品 种 名 称	4月30日		5月12日		5月23日	
		叶龄/片	苗高/cm	叶龄/片	苗高/cm	叶龄/片	苗高/cm
T13	湖南湘妹子	10.6	72.3	16.8	119.4	18.6	167.0
T14	绿领甜3号	10.1	98.5	15.7	164.4	17.9	226.8
T15	浙甜2088	9.9	84.4	15.6	135.2	18.1	192.8
T16	萃甜618玉米	10.9	66.3	17.5	120.4	20.4	173.4
T17	信甜早蜜	10.2	77.4	15.0	124.8	15.0	173.8
T18	信甜400	10.9	69.5	17.4	120.2	20.2	172.4
T19	信甜303	9.9	84.5	14.7	138.4	16.2	197.4
T20	信甜金谷	11.9	73.7	18.2	123.0	20.8	177.2
T21	信甜215	11.2	76.8	17.1	130.2	19.5	184.8
T22	信甜ST1	12.3	91.2	18.2	145.2	21.0	208.0
T23	粤甜16	11.4	84.8	17.7	148.8	19.8	211.0
T24	ZL-Y43	10.4	84.7	16.0	151.4	18.6	200.0
T25	ZL-Y44	11.6	94.5	17.4	150.6	20.0	195.2
T26	ZL-Y45	11.1	75.6	16.4	128.6	18.4	182.6
T27	ZL-Y50	12.0	75.4	18.7	141.6	20.9	192.0
T28	ZL-Y51	12.1	64.0	18.4	115.6	21.4	160.0
T29	ZL-Y49	12.5	74.6	18.1	111.2	21.2	154.8
T30	ZL-Y46	11.5	82.0	16.8	132.8	19.1	185.0
T31	ZL-Y47	11.6	72.6	18.0	125.2	20.5	184.0
T32	ZL-Y48	11.3	84.4	17.2	146.8	20.2	213.4
T33	万甜2015	11.6	79.1	17.7	133.0	20.0	190.0
T34	金晶龙258	12.5	85.4	18.5	140.4	20.8	193.0
T35	金晶龙211	11.8	77.0	17.9	125.0	20.4	186.0
T36	金晶龙9号	11.1	83.5	16.0	147.0	18.3	188.2
T37	金晶龙6号	12.3	71.1	18.6	118.8	20.6	164.2
T38	金晶龙2号	11.5	84.3	18.4	140.2	20.4	193.6
T39	金晶龙3号	10.9	83.3	15.8	135.6	17.6	179.4
T40	HS1504	9.7	78.5	15.0	126.2	17.6	175.2
T41	斯达206	10.3	74.8	15.6	124.4	17.0	177.0
T42	泰甜88	10.1	82.8	15.3	151.6	18.0	198.2
T43	泰甜606	9.6	73.8	14.4	133.2	17.3	185.2
T44	泰甜809	11.0	81.7	16.5	145.8	19.4	195.8
T45	泰甜558	11.2	88.8	16.7	152.8	19.4	200.8

续表

田间编号	品 种 名 称	4月30日		5月12日		5月23日	
		叶龄/片	苗高/cm	叶龄/片	苗高/cm	叶龄/片	苗高/cm
T46	泰甜808	11.6	80.4	16.9	137.8	19.2	194.0
T47	泰甜308	12.2	74.3	18.9	134.2	21.2	181.6
T48	金银1416	12.2	83.9	18.6	145.2	21.3	201.2
T49	金银1503	11.2	85.2	17.1	134.0	19.6	192.8
T50	金钻2号	12.1	73.0	18.4	126.4	20.8	184.0
T51	金钻3号	10.9	82.0	16.2	133.8	18.3	192.6
T52	华泰甜216	12.0	83.6	16.9	141.2	17.8	189.4
T53	华泰甜313	10.2	82.6	15.2	131.4	17.1	177.8
T54	华泰甜358	11.1	79.0	15.8	142.0	18.6	200.0
T55	华泰甜325	10.6	78.8	14.9	121.4	15.8	159.4
T56	华泰甜329	10.4	82.7	15.7	140.0	17.6	191.6
T57	宏达甜美988	12.7	71.4	19.1	149.0	21.8	186.2
T58	宏达甜美668	13.1	80.2	19.3	149.2	21.9	208.0
T59	荆黄甜玉米	11.2	83.6	16.4	139.0	19.1	189.0
T60	金中玉	11.3	74.2	17.4	128.0	19.6	175.2
T61	金中玉(省公司)	11.5	69.8	17.3	115.2	19.6	170.8
T62	宏中玉	12.2	74.4	19.0	136.4	21.4	191.8
T63	科甜1号	12.1	84.8	18.0	143.8	20.4	195.6
T64	正甜68	11.5	70.0	17.6	125.8	20.2	176.2
T65	粤甜28	11.2	70.2	16.0	129.4	18.6	180.8
T66	楚甜双喜	10.6	73.6	15.2	118.2	17.4	174.6
T67	楚甜金福	11.7	67.9	18.0	117.2	20.4	167.4
T68	奶油冰淇凌	10.6	73.3	16.2	122.4	16.2	165.2
T69	双色冰淇凌	10.9	82.5	15.9	127.8	17.4	163.8
T70	农科甜601	9.7	83.2	14.7	131.8	17.4	185.6
T71	禾甜168	10.1	76.6	15.5	125.0	18.4	168.6
T72	禾甜100	11.7	78.6	18.2	134.2	20.5	190.0
T73	华宝甜8号	11.4	65.7	18.0	135.8	20.6	182.2
T74	蔬1	8.9	83.5	14.2	115.4	—	—
T75	蔬2	9.2	76.5	14.8	117.0	—	—
T76	蔬3	9.4	83.3	13.8	111.6	—	—
T77	蔬4	9.9	62.8	14.0	113.4	—	—
T78	蔬5	10.0	63.5	14.2	104.6	—	—

续表

田间编号	品种名称	4月30日		5月12日		5月23日	
		叶龄/片	苗高/cm	叶龄/片	苗高/cm	叶龄/片	苗高/cm
T79	蔬6	9.7	65.6	14.3	105.5	—	—
T80	蔬7	10.3	63.2	13.9	112.4	—	—
T81	蔬8	9.2	82.1	14.5	115.5	—	—
T82	蔬9	9.8	59.8	15.0	111.0	—	—
T83	蔬10	9.5	72.2	15.1	98.0	—	—
T84	蔬11	9.5	74.1	14.6	93.0	—	—
T85	蔬12	9.4	79.7	14.5	102.0	—	—
T86	蔬13	18.1	78.8	14.1	114.0	—	—
T87	蔬14	9.2	86.4	14.0	112.0	—	—
T88	蔬15	9.2	69.2	14.5	124.0	—	—
T89	蔬16	9.5	63.9	14.0	112.0	—	—
T90	蔬17	9.0	68.2	14.0	113.0	—	—
T91	蔬18	9.1	70.2	15.0	119.0	—	—
T92	蔬19	9.6	68.7	14.0	121.0	—	—
T93	蔬20	9.6	57.0	14.0	121.0	—	—
T94	蔬21	9.9	65.9	13.9	108.0	—	—
T95	蔬22	9.2	70.2	15.2	106.0	—	—
T96	蔬23	9.2	69.4	13.8	125.0	—	—
T97	蔬24	9.0	72.0	16.4	107.0	—	—
T98	蔬25	9.5	65.7	15.6	91.0	—	—
T99	蔬26	9.1	64.5	15.6	112.0	—	—
T100	蔬27	9.0	67.7	15.4	118.0		—
T101	蔬28	8.9	72.7	14.3	116.0	—	—
T102	蔬29	9.2	76.2	13.9	121.0	—	—
T103	蔬30	9.1	72.6	13.4	117.0	—	—
T104	蔬31	10.5	82.2	15.6	116.0	—	—
T105	蔬32	10.2	67.1	15.5	111.0	—	—
T106	蔬33	8.8	64.1	13.3	106.0	—	—
T107	蔬34	9.6	71.0	14.4	104.0	—	—
T108	蔬35	9.3	69.0	14.8	106.0	—	—
T109	蔬36	9.4	56.2	14.7	78.0	—	—
T110	蔬37	9.9	77.4	15.1	132.0	—	—
T111	蔬38	9.7	65.0	14.9	107.0	—	—

田间编号	品 种 名 称	4月30日		5月12日		5月23日	
		叶龄/片	苗高/cm	叶龄/片	苗高/cm	叶龄/片	苗高/cm
T112	蔬39	9.6	68.9	14.7	97.0	—	—
T113	蔬40	9.9	77.2	14.7	126.0	—	—
T114	蔬41	9.9	80.2	14.8	124.0	—	—
T115	蔬42	10.2	80.7	14.8	104.0	—	—
T116	蔬43	9.4	80.2	14.4	124.0	—	—
T117	蔬44	9.2	76.8	14.2	116.0	—	—
T118	蔬45	9.5	71.8	15.0	96.0	—	—
T119	蔬46	9.4	79.1	14.8	103.0	—	—
T120	蔬47	10.4	65.1	16.0	113.0	—	—
T121	蔬48	9.5	64.6	14.9	102.0	—	—
T122	蔬49	10.2	64.3	14.5	111.0	—	—
T123	蔬50	10.5	66.7	15.3	91.0	—	—
T124	MT-4	9.3	80.2	13.0	115.4	13.4	164.6
T125	MT-5	9.8	88.3	14.6	134.8	15.6	179.6
T126	MT-6	10.4	76.4	13.7	130.6	15.6	180.8
T127	MT-7	10.2	69.0	16.5	122.8	19.8	163.4
T128	瑞珍	9.4	62.2	15.2	95.0	18.3	155.0
T129	泰王	8.5	67.4	13.1	113.4	16.9	177.6
T130	H800	8.9	60.2	11.4	91.2	11.4	117.2
T131	金石甜	9.1	64.9	13.4	109.6	17.1	163.6
T132	泰鲜甜3号	9.5	83.3	13.9	120.4	17.7	174.8
T133	20051双色	9.0	70.3	12.2	105.0	12.8	128.8
T134	518#	8.7	71.3	13.0	95.0	14.0	130.6
T135	金珠二号	9.5	73.4	12.8	116.4	12.6	140.8
T136	甜306	11.0	73.7	16.7	109.2	20.4	161.6
T137	西星甜玉二号	9.2	68.4	14.0	104.6	16.2	163.2
T138	斯达甜221	9.6	75.7	14.8	123.6	17.6	179.6
T139	斯达甜219	9.4	73.5	14.5	110.4	16.6	161.4
T140	618#	8.9	76.4	13.2	113.2	14.0	145.0
T141	127#	9.2	81.4	13.1	118.0	14.6	150.4
T142	斯达甜216	10.4	80.1	15.5	119.2	17.8	166.4

田间编号	品 种 名 称	4月30日		5月12日		5月23日	
		叶龄/片	苗高/cm	叶龄/片	苗高/cm	叶龄/片	苗高/cm
T143	FM-20	9.6	73.4	15.1	109.4	14.2	135.2
T144	品甜33	9.1	67.4	14.1	102.2	15.6	143.6
T145	202	—	—	10.7	89.6	15.5	150.0
T146	205	—	—	11.0	85.0	15.1	146.2
T147	中甜300	9.6	75.3	14.8	112.0	16.4	155.4
T148	甘甜2号	9.9	70.0	14.6	117.6	17.8	163.8
T149	绿色超人	9.2	78.9	13.6	120.8	16.0	180.0
T150	金冠220	9.9	86.6	14.8	131.0	17.2	177.6
T151	双甜318	10.2	88.9	15.4	124.2	17.9	194.0
T152	改良601	9.2	73.6	13.1	117.0	14.8	159.4
T153	双色102	9.2	80.2	14.5	128.0	17.3	169.2
T154	黄金至尊903	9.7	80.0	14.6	133.2	17.8	181.2

表130　2016年全国鲜食甜玉米新品种展示植株性状观测汇总表

田间编号	品种名称	株型	株高/cm	穗位/cm	雄穗分枝数/个	茎粗/mm	总叶数/片	穗上叶数/片	雌穗花丝	雄穗花药
T1	金王16-16	半紧凑	233.6	114.4	19.8	25.45	22.4	4.6	绿	绿
T2	金王16-8	半紧凑	228.6	91.8	13.6	24.12	21.2	6.2	绿	绿
T3	丰选1号	平展	227.4	75.0	14.0	20.81	21.2	6.4	绿	绿
T4	丰选2号	半紧凑	212.6	88.6	10.4	20.78	22.2	5.6	绿	绿
T5	丰选8号	半紧凑	208.8	79.6	15.6	22.16	21.4	5.6	绿	绿
T6	丰选9号	半紧凑	248.6	104.0	19.6	21.95	22.8	5.8	绿	绿
T7	丰选12号	半紧凑	243.9	95.0	21.6	23.57	22.6	6.2	绿	绿
T8	丰选13号	半紧凑	188.4	67.6	21.6	22.23	23.0	5.8	绿	绿
T9	丰选16号	半紧凑	236.6	96.8	16.8	23.09	22.6	5.8	绿	绿
T10	丰选18号	半紧凑	217.8	86.4	20.8	21.4	22.8	6.0	绿	绿
T11	丰选19号	半紧凑	216.8	78.0	19.4	21.57	21.6	5.4	绿	绿
T12	丰选28号	半紧凑	247.8	112.6	18.6	23.08	22.0	5.6	绿	绿
T13	湖南湘妹子	平展	188.2	534.0	15.6	19.76	18.4	6.0	绿	绿
T14	绿领甜3号	半紧凑	254.0	99.2	19.4	21.77	18.2	5.0	绿	绿
T15	浙甜2088	半紧凑	219.0	80.8	23.2	22.25	18.2	5.0	绿	绿
T16	萃甜618玉米	半紧凑	218.6	80.2	19.2	21.69	21.8	5.6	绿	绿
T17	信甜早蜜	平展	176.2	37.8	14.4	17.78	15.0	5.0	绿	绿

田间编号	品种名称	株型	株高/cm	穗位/cm	雄穗分枝数/个	茎粗/mm	总叶数/片	穗上叶数/片	雌穗花丝	雄穗花药
T18	信甜400	半紧凑	214.4	86.6	19.0	20.56	21.6	5.4	绿	绿
T19	信甜303	平展	215.6	58.8	12.4	19.6	16.2	5.8	绿	绿
T20	信甜金谷	半紧凑	207.0	78.6	16.8	20.74	21.6	5.2	绿	绿
T21	信甜215	半紧凑	220.8	77.2	16.4	21.46	20.2	5.2	绿	绿
T22	信甜ST1	半紧凑	231.2	95.4	22.8	21.14	21.0	5.0	绿	绿
T23	粤甜16	半紧凑	243.8	111.2	11.4	20.34	20.4	4.4	绿	绿
T24	ZL-Y43	半紧凑	278.2	120.6	12.6	25.43	21.6	6.2	绿	绿
T25	ZL-Y44	半紧凑	240.4	89.2	18.2	22.26	22.4	6.6	绿	绿
T26	ZL-Y45	半紧凑	212.7	66.8	17.8	18.67	18.4	5.0	绿	绿
T27	ZL-Y50	半紧凑	233.8	97.2	20.4	21.68	22.8	5.6	绿	绿
T28	ZL-Y51	半紧凑	197.2	74.8	24.6	22.67	23.6	6.4	绿	绿
T29	ZL-Y49	半紧凑	173.2	62.2	22.4	24.38	22.2	6.0	绿	绿
T30	ZL-Y46	半紧凑	225.0	69.6	15.2	20.00	19.6	5.8	绿	绿
T31	ZL-Y47	半紧凑	222.6	86.0	21.2	21.06	22.0	5.2	绿	绿
T32	ZL-Y48	半紧凑	238.2	77.2	11.0	19.74	20.0	6.4	绿	绿
T33	万甜2015	半紧凑	227.0	80.0	13.2	20.54	20.6	5.4	绿	绿
T34	金晶龙258	平展	223.0	79.2	17.2	19.54	20.6	5.2	浅紫	紫
T35	金晶龙211	半紧凑	236.2	87.8	19.6	21.08	21.6	5.6	绿	绿
T36	金晶龙9号	半紧凑	240.6	102.8	14.4	22.90	21.0	6.0	绿	绿
T37	金晶龙6号	半紧凑	192.0	63.6	25.0	20.10	22.2	6.2	绿	绿
T38	金晶龙2号	平展	215.8	80.6	12.8	20.55	20.6	5.2	绿	绿
T39	金晶龙3号	平展	205.6	55.0	15.0	20.58	17.6	5.4	绿	绿
T40	HS1504	半紧凑	213.4	60.8	17.8	21.48	18.2	5.4	绿	绿
T41	斯达206	平展	191.8	43.6	17.4	19.93	17.0	5.6	绿	绿
T42	泰甜88	半紧凑	279.8	129.0	11.6	24.22	21.0	6.0	绿	绿
T43	泰甜606	半紧凑	264.4	109.2	15.8	20.09	20.6	6.2	绿	绿
T44	泰甜809	半紧凑	254.8	98.6	21.8	20.08	22.2	6.8	绿	绿
T45	泰甜558	半紧凑	271.4	112.2	13.6	20.29	21.6	6.4	绿	绿
T46	泰甜808	半紧凑	229.0	77.2	15.6	20.64	19.8	5.8	绿	绿
T47	泰甜308	半紧凑	209.4	94.6	28.2	22.28	22.8	5.4	绿	绿
T48	金银1416	半紧凑	227.6	84.4	17.4	21.46	21.0	5.6	淡紫	紫
T49	金银1503	半紧凑	228.0	80.0	16.0	20.60	19.8	5.2	绿	绿
T50	金钻2号	半紧凑	208.4	82.6	19.0	20.94	21.6	5.2	绿	绿

续表

田间编号	品种名称	株型	株高/cm	穗位/cm	雄穗分枝数/个	茎粗/mm	总叶数/片	穗上叶数/片	雌穗花丝	雄穗花药
T51	金钻3号	平展	219.4	71.8	11.4	20.85	18.6	5.2	绿	绿
T52	华泰甜216	平展	227.4	51.2	16.2	21.05	17.8	5.8	绿	绿
T53	华泰甜313	平展	223.8	83.2	21.2	21.88	18.8	5.2	绿	绿
T54	华泰甜358	平展	240.4	79.8	20.6	23.44	19.4	6.2	绿	绿
T55	华泰甜325	平展	201.0	50.4	12.6	19.70	15.8	4.4	绿	绿
T56	华泰甜329	平展	233.4	86.4	18.6	24.08	18.6	5.2	绿	绿
T57	宏达甜美988	半紧凑	233.0	102.0	17.2	21.95	22.8	5.8	绿	绿
T58	宏达甜美668	紧凑	223.6	94.6	18.6	20.10	22.2	5.6	绿	绿
T59	荆黄甜玉米	半紧凑	239.4	99.8	12.4	24.50	20.6	5.0	绿	绿
T60	金中玉	半紧凑	218.4	75.2	20.2	20.87	21.0	5.8	绿	绿
T61	金中玉(省公司)	半紧凑	215.6	77.6	19.8	21.08	21.0	5.8	绿	绿
T62	宏中玉	半紧凑	232.2	91.0	15.4	22.47	22.8	5.8	绿	绿
T63	科甜1号	平展	220.6	76.8	16.6	22.76	21.0	5.4	绿	绿
T64	正甜68	半紧凑	232.8	89.0	16.2	20.95	21.8	5.6	绿	绿
T65	粤甜28	半紧凑	233.6	100.0	17.4	24.00	20.8	5.0	绿	绿
T66	楚甜双喜	平展	200.2	56.0	11.2	17.56	17.4	5.0	绿	绿
T67	楚甜金福	半紧凑	207.0	65.5	19.6	22.21	21.6	5.6	绿	绿
T68	奶油冰淇凌	平展	175.4	41.8	17.2	21.35	16.2	5.0	绿	绿
T69	双色冰淇凌	平展	188.4	53.8	16.0	21.43	17.6	5.4	绿	绿
T70	农科甜601	半紧凑	224.0	87.8	12.0	19.04	17.8	5.2	绿	绿
T71	禾甜168	半紧凑	21.5	88.0	19.8	19.04	19.4	5.0	绿	绿
T72	禾甜100	半紧凑	222.6	75.8	16.2	20.08	20.6	5.2	绿	绿
T73	华宝甜8号	平展	211.4	78.0	25.6	20.60	20.2	5.2	绿	绿
T74	蔬1	半紧凑							绿	绿
T75	蔬2	半紧凑							绿	绿
T76	蔬3	半紧凑							绿	绿
T77	蔬4	半紧凑							绿	绿
T78	蔬5	半紧凑							绿	绿
T79	蔬6	半紧凑							绿	绿
T80	蔬7	半紧凑							绿	绿
T81	蔬8	半紧凑							绿	绿
T82	蔬9	半紧凑							淡紫	紫
T83	蔬10	半紧凑							绿	绿

续表

田间编号	品种名称	株　型	株高/cm	穗位/cm	雄穗分枝数/个	茎粗/mm	总叶数/片	穗上叶数/片	雌穗花丝	雄穗花药
T84	蔬 11	半紧凑							绿	绿
T85	蔬 12	半紧凑							绿	绿
T86	蔬 13	半紧凑							绿	绿
T87	蔬 14	半紧凑							绿	绿
T88	蔬 15	半紧凑							绿	绿
T89	蔬 16	半紧凑							绿	绿
T90	蔬 17	半紧凑							绿	绿
T91	蔬 18	半紧凑							绿	绿
T92	蔬 19	半紧凑							绿	绿
T93	蔬 20	半紧凑							绿	绿
T94	蔬 21	半紧凑							绿	绿
T95	蔬 22	半紧凑							绿	绿
T96	蔬 23	半紧凑							绿	绿
T97	蔬 24	半紧凑							绿	绿
T98	蔬 25	半紧凑							绿	绿
T99	蔬 26	平展							绿	绿
T100	蔬 27	半紧凑							绿	绿
T101	蔬 28	半紧凑							绿	绿
T102	蔬 29	半紧凑							绿	绿
T103	蔬 30	半紧凑							绿	绿
T104	蔬 31	半紧凑							绿	绿
T105	蔬 32	半紧凑							绿	绿
T106	蔬 33	半紧凑							绿	绿
T107	蔬 34	半紧凑							绿	绿
T108	蔬 35	半紧凑							绿	绿
T109	蔬 36	半紧凑							绿	绿
T110	蔬 37	半紧凑							绿	绿
T111	蔬 38	半紧凑							绿	绿
T112	蔬 39	半紧凑							绿	绿
T113	蔬 40	半紧凑							绿	绿
T114	蔬 41	半紧凑							绿	绿
T115	蔬 42	半紧凑							绿	绿
T116	蔬 43	半紧凑							绿	绿

田间编号	品种名称	株型	株高/cm	穗位/cm	雄穗分枝数/个	茎粗/mm	总叶数/片	穗上叶数/片	雌穗花丝	雄穗花药
T117	蔬44	半紧凑							绿	绿
T118	蔬45	半紧凑							绿	绿
T119	蔬46	半紧凑							绿	绿
T120	蔬47	半紧凑							绿	绿
T121	蔬48	半紧凑							绿	绿
T122	蔬49	半紧凑							绿	绿
T123	蔬50	半紧凑							绿	绿
T124	MT-4	平展	177.0	36.8	15.8	19.84	13.0	4.0	绿	绿
T125	MT-5	半紧凑	202.4	61.6	12.4	19.89	15.6	4.4	绿	绿
T126	MT-6	半紧凑	228.2	66.6	11.2	20.00	16.5	5.6	绿	绿
T127	MT-7	半紧凑	230.4	83.4	22.4	24.01	21.6	6.0	绿	绿
T128	瑞珍	半紧凑	226.6	91.6	22.0	21.70	21.4	5.4	绿	绿
T129	泰王	半紧凑	288.8	111.0	13.8	27.12	20.6	6.6	绿	绿
T130	H800	平展	117.8	5.0	4.0	14.77	11.4	4.0	绿	绿
T131	金石甜	半紧凑	248.0	78.4	21.0	24.98	20.0	6.8	绿	绿
T132	泰鲜甜3号	半紧凑	250.4	84.2	14.4	19.72	20.0	6.8	绿	绿
T133	20051双色	平展	159.0	28.0	9.2	18.99	13.0	4.0	绿	绿
T134	518#	平展	147.2	23.0	12.2	20.21	14.0	4.4	绿	绿
T135	金珠二号	平展	143.6	20.2	7.6	16.31	12.6	3.6	绿	绿
T136	甜306	半紧凑	215.6	74.0	21.4	23.64	22.2	6.0	绿	绿
T137	西星甜玉二号	半紧凑	209.2	64.4	7.6	17.52	18.0	5.4	绿	绿
T138	斯达甜221	半紧凑	228.0	76.0	12.6	22.77	18.8	5.8	绿	绿
T139	斯达甜219	半紧凑	215.9	64.2	13.8	21.49	17.8	5.0	绿	绿
T140	618#	平展	174.6	34.6	16.5	18.04	14.2	4.6	绿	绿
T141	127#	平展	185.2	31.8	12.6	22.53	15.0	4.6	绿	绿
T142	斯达甜216	平展	206.2	57.2	15.2	21.84	18.0	5.2	绿	绿
T143	FM-20	平展	198.2	50.4	9.6	20.13	15.2	4.8	绿	绿
T144	品甜33	平展	178.2	48.8	11.8	22.13	16.2	4.4	绿	绿
T145	202	平展	254.0	82.2	20.4	23.27	19.2	7.0	绿	绿
T146	205	半紧凑	—	—	—	—	—	—	绿	绿
T147	中甜300	半紧凑	191.8	54.6	10.2	22.85	16.8	5.0	绿	绿
T148	甘甜2号	紧凑	205.8	65.8	15.8	22.29	19.4	5.8	绿	绿
T149	绿色超人	半紧凑	237.4	77.4	19.2	22.95	18.2	5.8	绿	绿

田间编号	品种名称	株　型	株高/cm	穗位/cm	雄穗分枝数/个	茎粗/mm	总叶数/片	穗上叶数/片	雌穗花丝	雄穗花药
T150	金冠220	半紧凑	220.4	63.2	12.8	20.61	17.2	5.6	绿	绿
T151	双甜318	半紧凑	232.6	72.2	12.4	19.93	19.2	6.2	绿	绿
T152	改良601	平展	194.2	48.8	13.0	18.68	15.0	4.6	绿	绿
T153	双色102	平展	248.2	73.2	18.4	20.91	18.4	6.2	绿	绿
T154	黄金至尊903	半紧凑	238.6	77.4	18.6	23.52	20.2	7.0	绿	绿

表131　2016年全国鲜食甜玉米新品种展示果穗性状考种汇总表

田间编号	品种名称	穗长/cm	秃尖长/cm	穗粗/cm	穗行数/行	行粒数/粒	穗型	粒色	轴色	单穗重/g	百粒重/g	出籽率/(%)	籽粒深度/mm
T1	金王16-16	18.40	0.64	5.36	13.2	40.5	锥	黄	白	287.7	34.3	67.89	11.820
T2	金王16-8	20.20	0.00	5.17	13.8	41.9	锥	黄	白	297.9	34.0	56.93	11.060
T3	丰选1号	18.50	0.23	4.87	12.8	36.2	锥	黄	白	230.8	35.7	68.99	11.283
T4	丰选2号	17.50	0.50	4.72	12.0	34.5	锥	黄白	白	212.3	33.3	69.34	10.553
T5	丰选8号	19.28	1.59	5.21	12.6	36.6	锥	黄	白	255.2	33.3	69.25	11.751
T6	丰选9号	20.47	0.91	4.98	14.0	43.0	锥	黄	白	268.7	36.0	75.09	12.410
T7	丰选12号	20.14	0.47	4.85	13.2	40.9	筒	黄	白	263.3	32.3	57.14	10.156
T8	丰选13号	19.36	2.09	5.27	12.2	38.5	锥	黄	白	273.9	43.3	69.61	11.760
T9	丰选16号	20.52	0.98	5.05	12.4	40.6	锥	黄	白	264.4	41.3	68.09	12.440
T10	丰选18号	19.30	0.65	5.18	12.2	37.8	锥	黄	白	275.1	36.3	64.08	10.940
T11	丰选19号	20.72	1.62	5.17	12.4	40.6	锥	黄	白	287.4	38.0	69.26	11.820
T12	丰选28号	19.66	1.19	4.70	12.0	41.1	锥	黄	白	258.6	38.3	68.20	12.740
T13	湖南湘妹子	17.70	0.54	4.88	13.6	32.7	筒	黄	白	229.4	41.3	71.11	10.990
T14	绿领甜3号	18.88	0.31	4.24	13.6	33.7	锥	黄	白	241.5	37.6	70.21	10.858
T15	浙甜2088	19.02	0.35	4.78	14.2	34.2	筒	黄	白	245.9	38.1	69.24	10.254
T16	萃甜618玉米	20.71	1.35	5.17	12.8	40.6	锥	黄	白	285.0	40.3	70.40	11.390
T17	信甜早蜜	18.45	3.55	5.13	13.8	29.2	锥	黄	白	238.1	43.3	70.60	11.360
T18	信甜400	20.47	0.40	5.17	12.8	39.9	锥	黄	白	293.4	44.3	73.01	12.131
T19	信甜303	17.78	0.46	4.78	13.4	34.3	锥	黄白	白	214.2	32.3	67.06	10.530
T20	信甜金谷	20.04	0.76	5.17	12.2	40.3	锥	黄	白	283.8	46.0	71.50	11.980
T21	信甜215	20.60	0.45	5.15	12.8	40.6	锥	黄	白	292.5	39.3	67.28	10.492
T22	信甜ST1	19.33	0.89	5.10	12.8	40.5	锥	黄白	白	256.9	33.7	70.89	11.715
T23	粤甜16	18.28	0.43	5.32	18.0	36.4	锥	黄	白	276.3	30.7	68.69	11.588

续表

田间编号	品种名称	穗长/cm	秃尖长/cm	穗粗/cm	穗行数/行	行粒数/粒	穗型	粒色	轴色	单穗重/g	百粒重/g	出籽率/(%)	籽粒深度/mm
T24	ZL-Y43	20.25	0.00	5.34	17.8	38.1	锥	黄	白	329.9	32.3	60.47	11.014
T25	ZL-Y44	21.01	1.42	6.07	18.4	37.5	锥	黄白	白	399.1	41.0	62.97	12.690
T26	ZL-Y45	18.08	0.94	4.77	14.8	34.5	锥	黄白	白	222.4	27.7	68.28	10.740
T27	ZL-Y50	20.19	0.74	5.18	12.8	40.7	锥	黄	白	277.0	43.0	71.02	12.350
T28	ZL-Y51	20.04	2.58	5.10	13.2	39.2	锥	黄	白	298.3	43.0	73.12	11.920
T29	ZL-Y49	19.37	1.19	5.37	13.0	37.6	锥	黄	白	287.2	41.0	70.58	12.490
T30	ZL-Y46	21.02	0.00	5.25	15.6	40.2	筒	黄	白	322.1	42.3	70.35	12.003
T31	ZL-Y47	19.77	0.81	5.15	12.6	38.8	锥	黄	白	274.1	39.7	73.36	11.500
T32	ZL-Y48	21.42	2.27	4.68	13.6	35.7	筒	黄白	白	246.9	38.7	71.66	11.470
T33	万甜2015	20.97	0.38	5.27	13.4	39.5	锥	黄白	白	304.3	43.3	65.71	11.398
T34	金晶龙258	20.23	0.32	5.31	15.2	38.2	锥	黄白	白	300.4	40.1	72.42	12.137
T35	金晶龙211	19.69	1.05	4.98	12.6	37.7	锥	黄	白	254.9	36.0	62.62	10.540
T36	金晶龙9号	20.34	1.26	5.27	14.8	41.6	锥	黄	白	302.3	36.7	69.20	11.684
T37	金晶龙6号	20.13	2.55	5.27	12.6	38.6	锥	黄	白	283.8	46.0	72.80	12.240
T38	金晶龙2号	18.68	0.64	4.81	12.2	37.2	锥	黄	白	236.7	36.3	67.65	10.778
T39	金晶龙3号	20.33	0.77	5.05	16.2	37.0	筒	黄白	白	253.2	30.0	68.39	10.310
T40	HS1504	21.07	0.91	5.34	14.4	39.7	锥	黄白	白	308.3	39.0	66.82	11.667
T41	斯达206	17.16	2.17	4.78	15.0	33.2	锥	黄	白	204.3	33.0	77.46	11.790
T42	泰甜88	20.59	1.20	5.47	18.8	37.7	锥	黄	白	338.2	32.0	60.61	10.779
T43	泰甜606	20.16	2.95	5.30	15.6	37.4	锥	黄	白	300.9	31.7	56.79	10.680
T44	泰甜809	21.27	2.51	5.78	17.6	37.7	锥	黄白	白	360.0	35.0	60.36	10.860
T45	泰甜558	19.21	0.00	5.28	15.8	40.9	锥	黄	白	303.5	37.0	68.54	11.850
T46	泰甜808	21.96	0.97	5.52	15.0	37.8	锥	黄	白	321.5	41.7	70.08	12.337
T47	泰甜308	19.72	2.37	5.05	14.2	38.9	锥	黄	白	254.8	30.3	63.89	10.914
T48	金银1416	19.99	1.19	5.22	14.2	37.1	锥	黄白	白	284.7	36.3	75.53	12.445
T49	金银1503	21.36	0.87	5.27	13.4	40.9	筒	黄白	白	327.7	45.7	69.73	11.810
T50	金钻2号	20.26	0.74	5.10	12.0	41.1	锥	黄	白	275.1	37.3	64.84	11.670
T51	金钻3号	21.39	0.93	4.95	14.6	39.8	筒	黄	白	269.3	37.7	69.71	12.066
T52	华泰甜216	21.66	1.86	4.78	16.4	40.3	筒	黄	白	258.0	26.7	70.41	10.540
T53	华泰甜313	20.33	2.43	5.12	14.2	40.9	锥	黄白	白	276.2	36.7	68.84	11.464
T54	华泰甜358	20.17	0.26	5.10	13.8	40.7	锥	黄	白	258.9	31.0	64.31	10.792
T55	华泰甜325	20.20	1.79	4.55	14.4	39.4	筒	黄白	白	227.7	30.0	68.80	10.250
T56	华泰甜329	20.82	1.72	5.25	14.0	41.1	锥	黄白	白	290.8	35.7	69.79	10.990

田间编号	品种名称	穗长/cm	秃尖长/cm	穗粗/cm	穗行数/行	行粒数/粒	穗型	粒色	轴色	单穗重/g	百粒重/g	出籽率/(%)	籽粒深度/mm
T57	宏达甜美988	18.62	1.20	4.88	12.8	37.2	锥	黄	白	232.7	31.7	67.03	11.500
T58	宏达甜美668	18.51	0.22	4.75	12.8	40.6	锥	黄白	白	227.5	31.7	68.90	11.218
T59	荆黄甜玉米	21.42	1.03	5.17	15.2	39.3	锥	黄白	白	306.6	35.0	58.41	11.100
T60	金中玉	19.96	0.62	5.20	12.2	40.5	锥	黄	白	280.5	39.7	72.64	12.290
T61	金中玉(省公司)	19.94	0.83	5.18	11.8	40.4	锥	黄	白	269.8	43.0	71.99	12.380
T62	宏中玉	20.34	0.67	5.04	12.8	40.2	锥	黄	白	273.0	40.0	72.50	11.890
T63	科甜1号	19.37	1.23	5.05	14.0	37.0	锥	黄	白	245.6	33.0	64.64	10.566
T64	正甜68	20.24	1.41	5.03	15.2	41.0	筒	黄	白	258.9	31.7	70.77	11.277
T65	粤甜28	20.97	2.03	4.41	18.6	4.31	锥	黄	白	368.9	39.3	71.9	12.030
T66	楚甜双喜	18.02	0.38	4.81	13.0	35.6	锥	黄白	白	210.8	34.3	69.25	10.190
T67	楚甜金福	20.18	1.32	4.80	13.2	39.2	锥	黄	白	295.8	36.3	69.12	12.210
T68	奶油冰淇凌	17.52	2.78	5.08	13.6	34.8	锥	白	白	225.8	32.7	67.29	11.270
T69	双色冰淇凌	17.78	1.20	5.03	14.0	34.8	锥	黄白	白	232.8	32.7	72.15	10.850
T70	农科甜601	19.74	1.79	4.78	13.0	31.6	锥	黄	白	221.3	34.3	63.19	9.962
T71	禾甜168	20.01	1.24	5.25	12.2	41.4	锥	黄	白	285.8	40.7	69.38	11.880
T72	禾甜100	18.22	0.75	5.28	13.4	38.8	锥	黄白	白	273.6	36.0	64.69	11.820
T73	华宝甜8号	17.53	0.00	5.01	14.4	36.6	锥	黄白	白	247.9	33.7	68.79	10.731
T124	MT-4	17.08	1.64	4.56	14.6	30.1	锥	黄白	白	186.5	30.3	60.11	9.630
T125	MT-5	17.98	0.00	5.18	13.8	31.8	锥	黄白	白	272.8	37.6	73.52	10.786
T126	MT-6	18.12	0.40	5.02	12.6	35.7	锥	黄	白	228.5	39.3	72.65	11.277
T127	MT-7	20.11	1.50	4.86	13.8	39.6	筒	黄	白	261.6	37.6	67.25	11.251
T128	瑞珍	19.41	1.45	4.89	12.8	38.9	筒	黄	白	252.9	39.6	75.21	12.032
T129	泰王	20.94	0.00	5.64	17.6	37.5	筒	黄白	白	365.4	39.3	68.69	11.815
T130	H800	17.46	0.80	4.40	12.6	32.7	锥	黄白	白	170.5	27.3	66.47	9.260
T131	金石甜	20.17	0.62	4.96	15.6	37.4	锥	黄白	白	306.5	39.3	69.67	11.993
T132	泰鲜甜3号	18.81	0.66	5.07	16.4	37.9	锥	黄	白	264.2	37.0	64.11	11.374
T133	20051双色	20.06	2.28	4.91	16.0	35.3	锥	黄白	白	249.6	26.3	64.34	10.350
T134	518#	18.91	1.65	4.63	15.4	31.6	锥	白	白	211.7	30.7	67.75	9.990
T135	金珠二号	15.60	0.22	4.89	13.6	30.3	锥	黄白	白	199.7	34.0	67.32	10.460
T136	甜306	19.36	3.29	4.62	12.0	33.7	锥	黄	白	241.1	43.7	68.83	11.691

田间编号	品种名称	穗长/cm	秃尖长/cm	穗粗/cm	穗行数/行	行粒数/粒	穗型	粒色	轴色	单穗重/g	百粒重/g	出籽率/(%)	籽粒深度/mm
T137	西星甜玉二号	20.47	1.28	5.05	14.0	33.8	锥	黄白	白	252.0	35.3	63.08	9.760
T138	斯达甜221	20.10	0.00	5.42	17.2	40.5	锥	黄	白	314.2	34.7	67.79	12.250
T139	斯达甜219	20.14	1.03	4.85	14.6	38.7	锥	黄白	白	240.9	36.0	68.35	10.460
T140	618#	17.42	0.54	4.64	14.2	33.3	锥	黄	白	181.3	34.0	67.52	9.960
T141	127#	20.12	0.27	5.09	14.6	35.6	筒	黄	白	237.3	38.0	70.95	10.105
T142	斯达甜216	20.88	1.49	5.10	15.2	40.5	锥	黄白	白	285.8	35.7	70.88	11.320
T143	FM-20	20.66	2.33	4.85	15.8	37.2	锥	黄白	白	245.0	29.6	66.85	10.831
T144	品甜33	19.52	0.38	5.10	18.4	36.6	锥	黄	白	263.9	33.7	70.49	11.770
T145	202	19.55	1.33	5.15	15.4	35.1	筒	黄白	白	270.0	39.6	66.98	11.250
T146	205	—											
T147	中甜300	20.47	0.65	4.95	14.0	40.8	锥	黄	白	255.9	35.3	75.92	12.493
T148	甘甜2号	18.18	0.00	4.88	12.2	36.5	锥	黄白	白	235.7	39.0	75.21	11.879
T149	绿色超人	20.48	4.75	5.02	16.4	32.6	锥	黄	白	256.0	30.0	52.32	9.553
T150	金冠220	19.94	0.50	4.78	15.0	37.8	锥	黄	白	232.1	33.0	74.62	11.559
T151	双甜318	20.88	1.16	5.01	13.8	38.2	锥	黄	白	271.9	41.0	76.22	12.730
T152	改良601	23.04	2.54	5.05	14.4	40.1	筒	黄	白	293.0	35.0	71.93	11.100
T153	双色102	20.38	2.18	5.18	16.4	39.8	锥	黄白	白	281.0	32.3	60.55	10.110
T154	黄金至尊903	20.07	2.53	4.86	16.2	37.0	筒	黄	白	242.6	35.7	62.01	11.388

表132　2016年全国鲜食糯玉米新品种展示生育期观察记载汇总表

田间编号	品种名称	供(育)种单位	播种期(月/日)	出苗期(月/日)	移栽期(月/日)	抽雄期(月/日)	吐丝期(月/日)	采收期(月/日)	出苗至采收天数
N1	晋单糯41号	山西强盛种业有限公司	3/11	3/14	3/26	5/17	5/20	6/14	92
N2	晋鲜糯6号	山西强盛种业有限公司	3/11	3/14	3/26	5/26	5/27	6/21	99
N3	晋糯8号	山西强盛种业有限公司	3/11	3/14	3/26	5/21	5/23	6/17	95
N4	花糯99	山西强盛种业有限公司	3/11	3/14	3/26	5/25	5/27	6/21	99
N5	苏玉糯11	杭州市良种引进公司	3/11	3/15	3/26	5/27	5/30	6/24	101
N6	沪紫黑糯1号	杭州市良种引进公司	3/11	3/15	3/26	5/25	5/27	6/21	98
N7	ZL-Y41	武汉世真华龙农业生物技术有限公司	3/11	3/14	3/26	5/26	5/27	6/21	99

续表

田间编号	品种名称	供(育)种单位	播种期(月/日)	出苗期(月/日)	移栽期(月/日)	抽雄期(月/日)	吐丝期(月/日)	采收期(月/日)	出苗至采收天数
N8	ZL-Y42	武汉世真华龙农业生物技术有限公司	3/11	3/15	3/26	5/27	5/30	6/24	101
N9	信糯606	武汉信风农作物研究所	3/11	3/14	3/26	5/26	5/27	6/21	99
N10	信糯607	武汉信风农作物研究所	3/11	3/14	3/26	5/31	5/30	6/24	102
N11	斯达38	北京中农斯达农业科技开发有限公司	3/11	3/14	3/26	5/26	5/27	6/21	99
N12	蜜甜糯4号	北京中农斯达农业科技开发有限公司	3/11	3/14	3/26	5/29	5/29	6/23	101
N13	蜜甜糯1号	北京中农斯达农业科技开发有限公司	3/11	3/14	3/26	5/31	6/1	6/26	104
N14	彩甜糯3号	武汉天鸿种业有限责任公司	3/11	3/14	3/26	5/30	5/31	6/25	103
N15	脆甜糯1号	武汉天鸿种业有限责任公司	3/11	3/14	3/26	5/31	6/1	6/26	104
N16	新美甜	广东湛江罗曼奇	3/11	3/14	3/26	6/3	6/9	7/4	112
N17	新香糯	广东湛江罗曼奇	3/11	3/15	3/26	5/30	6/1	6/26	103
N18	楚科彩甜糯	武汉汉研种苗科技有限公司	3/11	3/14	3/26	5/25	5/27	6/21	99
N19	甜加糯10-3	武汉汉研种苗科技有限公司	3/11	3/14	3/26	5/28	5/30	6/24	102
N20	彩甜糯10-1	武汉汉研种苗科技有限公司	3/11	3/15	3/26	5/30	6/1	6/26	103
N21	楚科花糯	武汉汉研种苗科技有限公司	3/11	3/15	3/26	5/31	6/1	6/26	103
N22	楚科晶糯	武汉汉研种苗科技有限公司	3/11	3/14	3/26	6/2	6/2	6/27	105
N23	彩甜糯6号(国)	国家鲜食糯玉米区试品种	3/11	3/14	3/26	5/29	5/31	6/25	103
N24	彩甜糯6号(汉)	武汉汉研种苗科技有限公司	3/11	3/14	3/26	5/29	5/31	6/25	103
N25	彩甜糯6号(荆)	荆州市恒丰种业发展中心	3/13	3/16	3/26	5/30	6/1	6/26	102

田间编号	品种名称	供(育)种单位	播种期(月/日)	出苗期(月/日)	移栽期(月/日)	抽雄期(月/日)	吐丝期(月/日)	采收期(月/日)	出苗至采收天数
N26	彩甜糯9号	荆州市恒丰种业发展中心	3/13	3/16	3/26	5/30	6/1	6/26	102
N27	恒香糯6号	荆州市恒丰种业发展中心	3/13	3/16	3/26	5/25	5/29	6/23	99
N28	恒香糯一号	荆州市恒丰种业发展中心	3/13	3/17	3/26	5/29	5/31	6/25	100
N29	黑珍珠	荆州市恒丰种业发展中心	3/13	3/16	3/26	5/31	6/1	6/26	102
N30	渝糯7号	国家鲜食糯玉米区试对照品种	3/11	3/14	3/26	5/26	5/30	6/24	102
N31	宏彩玉	王玉宝	3/13	3/16	3/26	5/25	5/29	6/23	99
N32	万糯2000	河北华穗种业有限公司	3/11	3/14	3/26	5/27	5/29	6/23	101
N33	HS1601	河北华穗种业有限公司	3/11	3/14	3/26	5/29	5/30	6/24	102
N34	HS1501	河北华穗种业有限公司	3/11	3/14	3/26	5/30	5/31	6/25	103
N35	HS1602	河北华穗种业有限公司	3/11	3/14	3/26	5/29	5/30	6/24	102
N36	HS1503	河北华穗种业有限公司	3/11	3/14	3/26	5/30	6/1	6/26	104
N37	万黄糯253	河北华穗种业有限公司	3/11	3/14	3/26	5/27	5/29	6/23	101
N38	彩糯10	海南椿强种业有限公司	3/11	3/14	3/26	5/29	5/31	6/25	103
N39	甜加糯11号	海南椿强种业有限公司	3/11	3/15	3/26	5/22	5/25	6/19	96
N40	嘉甜糯13	海南椿强种业有限公司	3/11	3/14	3/26	5/27	5/30	6/24	102
N41	巨无霸M30	南京秋田种业研究所	3/13	3/16	3/26	5/31	6/1	6/26	102
N42	糯加甜2000	南京秋田种业研究所	3/13	3/17	3/26	5/30	5/31	6/25	100
N43	太空彩甜霸	南京秋田种业研究所	3/13	3/16	3/26	5/31	6/1	6/26	102
N44	糯霸3000	南京秋田种业研究所	3/13	3/16	3/26	5/31	5/30	6/24	100
N45	美甜八号	南京秋田种业研究所	3/13	3/16	3/26	5/30	5/31	6/25	101
N46	彩糯2号	武汉市宏达种苗有限公司	3/13	3/16	3/26	5/30	5/31	6/25	101
N47	新糯玉5号	北京中农斯达农业科技开发有限公司	3/13	3/16	3/26	5/31	6/4	6/29	105
N48	一口三香	武汉市九头鸟种苗有限公司	3/15	3/19	3/26	5/26	5/27	6/21	94

田间编号	品种名称	供（育）种单位	播种期（月/日）	出苗期（月/日）	移栽期（月/日）	抽雄期（月/日）	吐丝期（月/日）	采收期（月/日）	出苗至采收天数
N49	京科糯 623	北京华奥农科玉育种开发有限责任公司	3/13	3/17	3/26	5/25	5/27	6/21	96
N50	京科糯 656	北京华奥农科玉育种开发有限责任公司	3/13	3/16	3/26	6/1	5/31	6/25	101
N51	京科糯 609	北京华奥农科玉育种开发有限责任公司	3/13	3/16	3/26	5/31	5/30	6/24	100
N52	京科糯 2016	北京华奥农科玉育种开发有限责任公司	3/13	3/16	3/26	5/26	5/27	6/21	97
N53	西星雪中梅	武汉市九头鸟种苗有限公司	3/15	3/18	3/26	5/31	5/31	6/25	99
N54	20035 白糯	武汉市九头鸟种苗有限公司	3/15	3/19	3/26	5/16	5/19	6/13	86
N55	20157 白糯	武汉市九头鸟种苗有限公司	3/15	3/19	3/26	5/26	5/27	6/21	94
N56	西星赤糯一号	武汉市九头鸟种苗有限公司	3/15	3/19	3/26	6/1	6/2	6/27	100
N57	西星红糯 4 号	武汉市九头鸟种苗有限公司	3/15	3/18	3/26	5/27	5/29	6/23	97
N58	西星五彩甜糯	武汉市九头鸟种苗有限公司	3/15	3/18	3/26	5/29	5/30	6/24	98
N59	20056 彩糯	武汉市九头鸟种苗有限公司	3/15	3/19	3/26	5/30	5/31	6/25	98
N60	20116 彩糯	武汉市九头鸟种苗有限公司	3/15	3/19	3/26	5/30	5/31	6/25	98
N61	彩甜糯 68	湖北省种子集团有限公司	3/13	3/16	3/26	5/27	5/29	6/23	99
N62	鲜玉糯 4 号	海南广陵高科实业有限公司海口分公司	3/13	3/16	3/26	5/25	5/29	6/23	99
N63	京甜糯 12 号	北京中农斯达农业科技开发有限公司	3/18	3/22	4/8	6/1	6/3	6/28	98
N64	天贵糯 923	南宁市桂福园农业有限公司	3/18	3/22	4/8	5/31	6/3	6/28	98

田间编号	品种名称	供(育)种单位	播种期(月/日)	出苗期(月/日)	移栽期(月/日)	抽雄期(月/日)	吐丝期(月/日)	采收期(月/日)	出苗至采收天数
N65	农科玉968	武汉市皇经堂种苗有限公司	3/18	3/22	4/8	6/1	6/6	7/1	101
N66	天贵糯919	南宁市桂福园农业有限公司	3/18	3/22	4/8	6/5	6/6	7/1	101
N67	天贵糯161	南宁市桂福园农业有限公司	3/18	3/22	4/8	5/31	6/4	6/29	99
N68	天贵糯162	南宁市桂福园农业有限公司	3/18	3/22	4/8	5/31	6/1	6/26	96
N69	品甜糯3号	北京中品开元种子有限公司	3/18	3/22	4/8	5/31	6/2	6/27	97
N70	2016N-3	北京中农斯达农业科技开发有限公司	3/18	3/22	4/8	6/2	6/5	6/30	100
N71	龙云糯1号	北京中品开元种子有限公司	3/18	3/22	4/8	6/2	6/4	6/29	99
N72	斯达糯41	北京中农斯达农业科技开发有限公司	3/18	3/22	4/8	6/1	6/4	6/29	99
N73	天贵糯169	南宁市桂福园农业有限公司	3/18	3/22	4/8	5/30	6/2	6/27	97
N74	品甜糯2号	北京中品开元种子有限公司	3/18	3/22	4/8	6/2	6/5	6/30	100
N75	MT-3	武汉百姓种业	3/19	3/23	4/8	5/31	6/6	7/1	100
N76	MT-2	武汉百姓种业	3/19	3/23	4/8	6/1	6/5	6/30	99
N77	MT-1	武汉百姓种业	3/19	3/24	4/8	6/2	6/4	6/29	97
N78	京科甜糯623	武汉市皇经堂种苗有限公司	3/21	3/24	4/8	5/27	5/30	6/24	92

表133 2016年全国鲜食糯玉米新品种展示苗情观测汇总表

田间编号	品种名称	4月30日		5月12日		5月23日	
		叶龄/片	苗高/cm	叶龄/片	苗高/cm	叶龄/片	苗高/cm
N1	晋单糯41号	12.1	91.3	17.6	148.2	20.8	182.2
N2	晋鲜糯6号	11.4	95.4	17.1	149.0	18.9	189.0
N3	晋糯8号	11.2	97.2	17.0	151.4	19.8	180.6
N4	花糯99	11.5	84.2	17.0	142.6	18.7	179.6

田间编号	品 种 名 称	4月30日		5月12日		5月23日	
		叶龄/片	苗高/cm	叶龄/片	苗高/cm	叶龄/片	苗高/cm
N5	苏玉糯 11	12.1	85.6	17.1	147.2	19.6	189.0
N6	沪紫黑糯 1 号	11.9	86.7	17.5	141.4	19.9	189.6
N7	ZL-Y41	10.8	93.9	15.7	148.4	17.9	190.4
N8	ZL-Y42	11.7	95.5	16.8	149.0	18.8	192.0
N9	信糯 606	10.3	78.5	15.6	131.4	17.4	171.4
N10	信糯 607	11.3	87.9	17.1	146.0	19.4	171.6
N11	斯达 38	10.2	86.5	15.0	141.4	17.1	176.2
N12	蜜甜糯 4 号	10.1	83.6	15.2	131.2	17.6	172.8
N13	蜜甜糯 1 号	10.2	77.0	15.6	127.2	18.6	173.6
N14	彩甜糯 3 号	11.4	98.0	16.5	151.4	19.4	190.0
N15	脆甜糯 1 号	10.6	79.6	15.4	134.0	18.5	184.4
N16	新美甜	10.4	81.6	15.2	127.2	18.8	179.0
N17	新香糯	10.3	76.0	15.0	112.6	18.1	150.2
N18	楚科彩甜糯	9.8	84.9	14.2	124.2	16.0	167.8
N19	甜加糯 10-3	10.9	77.8	15.1	126.6	17.7	165.0
N20	彩甜糯 10-1	10.6	83.4	15.6	136.2	18.3	180.4
N21	楚科花糯	10.7	73.8	15.5	132.4	17.6	178.0
N22	楚科晶糯	10.0	73.6	14.4	122.4	17.6	178.6
N23	彩甜糯 6 号	10.9	86.0	16.0	135.6	18.4	186.4
N24	彩甜糯 6 号（汉）	11.0	92.1	16.9	150.2	19.3	190.2
N25	彩甜糯 6 号（荆）	11.7	92.8	17.0	145.2	19.3	183.2
N26	彩甜糯 9 号	10.9	84.8	15.7	132.2	18.0	178.4
N27	恒香糯 6 号	11.6	87.5	16.4	13.3	19.3	170.4
N28	恒香糯一号	9.4	80.3	14.0	132.0	17.0	183.2
N29	黑珍珠	11.0	78.7	16.2	124.8	19.5	176.6
N30	渝糯 7 号	11.6	79.3	17.0	136.2	20.7	190.0
N31	宏彩玉	12.0	97.4	17.4	146.6	19.4	196.8
N32	万糯 2000	10.8	84.0	16.0	134.6	18.3	177.6
N33	HS1601	11.0	89.2	15.7	148.2	18.0	181.8
N34	HS1501	10.9	91.5	16.2	146.0	18.2	174.8
N35	HS1602	10.1	75.8	14.6	135.2	17.3	159.4
N36	HS1503	10.2	69.3	14.6	117.8	17.2	150.6
N37	万黄糯 253	10.5	78.2	15.5	120.0	18.0	154.0

田间编号	品 种 名 称	4 月 30 日		5 月 12 日		5 月 23 日	
		叶龄/片	苗高/cm	叶龄/片	苗高/cm	叶龄/片	苗高/cm
N38	彩糯 10	11.5	90.2	16.6	146.4	18.9	191.0
N39	甜加糯 11 号	11.2	81.8	16.1	127.4	18.6	158.8
N40	嘉甜糯 13	10.9	88.9	15.5	14.8	18.6	173.4
N41	巨无霸 M30	8.7	90.8	13.7	130.8	15.5	159.0
N42	糯加甜 2000	9.4	93.7	14.6	145.6	16.5	188.0
N43	太空彩甜霸	10.3	76.0	15.7	131.0	18.5	171.2
N44	糯霸 3000	10.1	72.7	15.4	129.0	18.7	169.6
N45	美甜八号	9.6	87.3	14.8	138.0	17.5	164.2
N46	彩糯 2 号	11.5	83.3	16.9	133.8	19.4	168.6
N47	新糯玉 5 号	10.9	85.2	16.2	139.8	19.4	167.8
N48	一口三香	10.3	86.4	15.3	145.2	17.7	182.0
N49	京科糯 623	10.2	87.0	15.4	136.8	17.4	165.2
N50	京科糯 656	10.1	73.5	15.5	131.2	18.6	167.8
N51	京科糯 609	10.9	83.6	15.9	136.4	18.2	178.2
N52	京科糯 2016	11.3	79.0	16.5	138.0	18.6	153.8
N53	西星雪中梅	9.7	77.1	14.0	129.0	18.2	167.2
N54	20035 白糯	11.1	81.6	16.4	143.8	18.0	179.2
N55	20157 白糯	11.8	77.3	17.3	134.0	19.3	16.5
N56	西星赤糯一号	11.0	84.1	15.5	141.6	18.9	172.8
N57	西星红糯 4 号	10.0	75.9	13.9	128.0	15.8	162.8
N58	西星五彩甜糯	11.2	77.5	15.9	129.6	18.2	163.8
N59	20056 彩糯	10.8	89.6	15.5	141.4	18.5	176.2
N60	20116 彩糯	10.6	77.9	15.8	132.2	18.3	167.6
N61	彩甜糯 68	11.4	80.7	16.2	141.8	18.8	183.0
N62	鲜玉糯 4 号	12.7	97.0	18.0	154.0	20.6	191.8
N63	京甜糯 12 号	9.0	80.6	12.9	127.0	16.0	161.8
N64	天贵糯 923	9.2	66.4	14.0	115.4	17.2	157.0
N65	农科玉 968	9.5	73.4	14.7	111.4	17.6	157.8
N66	天贵糯 919	9.4	63.5	14.2	111.0	17.1	159.0
N67	天贵糯 161	9.1	68.0	13.9	108.2	17.5	149.0
N68	天贵糯 162	9.1	67.2	13.8	110.6	17.0	142.8
N69	品甜糯 3 号	9.0	63.5	13.6	107.6	17.0	150.8
N70	2016N-3	8.9	79.2	13.9	128.0	17.0	160.4

田间编号	品种名称	4月30日		5月12日		5月23日	
		叶龄/片	苗高/cm	叶龄/片	苗高/cm	叶龄/片	苗高/cm
N71	龙云糯1号	10.0	70.5	14.9	112.6	17.6	142.0
N72	斯达糯41	8.6	72.9	12.4	107.6	15.9	152.4
N73	天贵糯169	9.0	67.5	14.2	101.8	17.1	147.0
N74	品甜糯2号	8.4	57.5	13.2	96.0	16.9	146.8
N75	MT-3	8.1	50.1	12.6	91.2	16.6	134.4
N76	MT-2	8.9	71.1	14.1	119.6	17.9	165.4
N77	MT-1	9.0	69.5	14.3	112.2	17.6	162.0
N78	京科甜糯623	8.8	69.5	13.8	113.0	16.2	151.2

表134　2016年全国鲜食糯玉米新品种展示植株性状观测汇总表

田间编号	品种名称	株型	株高/cm	穗位/cm	雄穗分枝数/个	茎粗/mm	总叶数/片	穗上叶数/片	雌穗花丝	雄穗花药
N1	晋单糯41号	半紧凑	200.0	75.0	9.4	20.20	21.0	6.2	浅紫	绿
N2	晋鲜糯6号	半紧凑	224.2	100.8	16.6	20.43	20.6	5.4	浅紫	浅紫
N3	晋糯8号	平展	227.4	94.8	11.8	22.59	19.8	5.0	紫	紫
N4	花糯99	平展	216.2	87.6	19.4	21.62	20.6	5.6	浅紫	浅紫
N5	苏玉糯11	平展	244.0	115.2	14.2	24.26	21.4	5.2	浅紫	淡紫
N6	沪紫黑糯1号	半紧凑	207.2	92.2	18.4	24.08	21.4	5.6	绿	绿
N7	ZL-Y41	半紧凑	214.4	89.6	12.8	25.14	19.4	5.8	浅紫	淡紫
N8	ZL-Y42	半紧凑	219.4	92.6	14.0	23.55	20.2	5.2	绿	淡紫
N9	信糯606	半紧凑	211.8	84.0	12.4	21.20	18.4	5.2	绿	浅紫
N10	信糯607	半紧凑	219.8	96.0	13.6	28.74	20.8	5.6	浅紫	浅紫
N11	斯达38	半紧凑	227.4	94.8	15.6	22.94	19.6	5.4	绿	绿
N12	蜜甜糯4号	半紧凑	220.4	82.8	14.8	26.84	19.2	5.4	浅紫	淡紫
N13	蜜甜糯1号	平展	213.6	86.6	13.0	25.66	20.2	5.8	淡紫	淡紫
N14	彩甜糯3号	半紧凑	215.8	90.4	15.8	23.92	20.2	5.6	浅紫	淡紫
N15	脆甜糯1号	半紧凑	235.4	107.2	11.0	25.56	20.6	5.4	绿(紫)	绿(紫)
N16	新美甜	半紧凑	284.4	126.0	13.8	23.44	22.4	6.2	紫	紫
N17	新香糯	平展	204.8	80.6	6.2	22.51	19.6	5.0	淡紫	淡紫
N18	楚科彩甜糯	半紧凑	185.6	62.6	9.2	21.55	17.6	4.6	淡紫	绿
N19	甜加糯10-3	半紧凑	199.0	73.8	15.4	22.11	19.4	5.4	淡紫	浅紫
N20	彩甜糯10-1	紧凑	211.2	80.2	12.2	22.63	19.8	5.6	浅紫	淡紫
N21	楚科花糯	紧凑	215.6	84.2	13.6	24.28	19.6	5.6	淡紫	淡紫

田间编号	品种名称	株型	株高/cm	穗位/cm	雄穗分枝数/个	茎粗/mm	总叶数/片	穗上叶数/片	雌穗花丝	雄穗花药
N22	楚科晶糯	紧凑	236.6	95.4	14.6	23.70	19.8	5.6	淡紫	浅紫
N23	彩甜糯6号（国）	半紧凑	217.0	94.2	12.4	25.06	20.4	5.2	淡紫	淡紫
N24	彩甜糯6号（汉）	半紧凑	222.6	84.6	12.8	23.22	21.0	6.0	淡紫	淡紫
N25	彩甜糯6号（荆）	半紧凑	222.8	99.0	13.2	23.42	20.8	5.2	淡紫	淡紫
N26	彩甜糯9号	半紧凑	220.8	96.0	17.0	22.58	20.4	5.2	绿	淡紫
N27	恒香糯6号	平展	194.2	64.2	10.0	21.81	20.2	5.6	淡紫	淡紫
N28	恒香糯一号	半紧凑	211.8	90.2	14.4	24.24	18.6	5.2	浅紫	浅紫
N29	黑珍珠	紧凑	215.6	99.4	12.2	23.72	21.6	5.2	绿	浅紫
N30	渝糯7号	半紧凑	234.0	111.0	16.8	21.64	22.0	5.6	淡紫	绿
N31	宏彩玉	半紧凑	235.2	87.8	13.6	23.36	20.6	5.6	淡紫	浅紫
N32	万糯2000	半紧凑	206.6	84.4	11.4	25.18	19.6	5.8	绿	淡紫
N33	HS1601	半紧凑	227.8	103.4	17.6	22.05	19.8	5.2	绿	淡紫
N34	HS1501	紧凑	229.0	91.0	10.8	23.28	20.2	6.0	淡紫	浅紫
N35	HS1602	平展	226.0	101.8	17.4	22.22	19.4	5.0	绿	浅紫
N36	HS1503	半紧凑	212.8	90.4	12.0	23.43	19.0	5.0	浅紫	淡紫
N37	万黄糯253	平展	185.6	61.8	8.4	22.02	20.0	5.0	浅紫	淡紫
N38	彩糯10	半紧凑	223.4	92.8	14.8	22.04	20.4	5.2	淡紫	浅紫
N39	甜加糯11号	半紧凑	188.8	62.6	13.8	25.28	19.0	5.4	浅紫	紫
N40	嘉甜糯13	半紧凑	211.2	88.2	16.2	24.25	20.4	5.8	浅紫	淡紫
N41	巨无霸M30	半紧凑	220.6	89.2	11.6	21.08	18.0	5.0	淡紫	浅紫
N42	糯加甜2000	半紧凑	234.0	104.4	10.4	20.93	18.0	5.0	淡紫	紫
N43	太空彩甜霸	紧凑	226.6	86.0	12.6	23.77	20.2	5.8	淡紫	淡紫
N44	糯霸3000	半紧凑	240.4	102.0	16.0	23.56	20.0	5.2	绿	浅紫
N45	美甜八号	半紧凑	217.8	80.6	16.0	24.71	19.0	6.2	紫	紫
N46	彩糯2号	半紧凑	223.8	90.4	15.4	25.54	20.8	5.0	淡紫	绿
N47	新糯玉5号	半紧凑	251.8	94.6	11.4	24.14	21.0	5.6	淡紫	淡紫
N48	一口三香	紧凑	229.6	76.2	13.4	24.77	19.0	5.8	淡紫	浅紫
N49	京科糯623	半紧凑	205.8	82.8	16.0	25.25	18.8	5.2	淡紫	紫
N50	京科糯656	紧凑	249.4	110.8	10.2	23.62	20.6	5.4	紫	淡紫
N51	京科糯609	紧凑	235.0	92.4	13.4	24.86	20.8	6.6	淡紫	淡紫
N52	京科糯2016	紧凑	203.8	73.2	11.6	24.46	21.0	6.0	浅紫	浅紫
N53	西星雪中梅	紧凑	220.4	87.2	11.0	27.87	20.0	5.0	淡紫	绿

田间编号	品种名称	株 型	株高/cm	穗位/cm	雄穗分枝数/个	茎粗/mm	总叶数/片	穗上叶数/片	雌穗花丝	雄穗花药
N54	20035 白糯	半紧凑	187.6	63.4	12.6	19.56	18.4	5.2	淡紫	淡紫
N55	20157 白糯	半紧凑	219.2	81.4	13.0	24.67	21.6	6.4	浅紫	浅紫
N56	西星赤糯一号	半紧凑	264.0	107.8	10.2	23.88	21.4	5.8	淡紫	淡紫
N57	西星红糯 4 号	紧凑	214.8	85.0	12.6	20.57	18.4	5.0	淡紫	淡紫
N58	西星五彩甜糯	半紧凑	222.8	92.6	12.2	21.34	20.6	5.2	淡紫	淡紫
N59	20056 彩糯	半紧凑	229.8	95.4	13.6	24.02	20.6	5.6	浅紫	浅紫
N60	20116 彩糯	半紧凑	218.4	86.4	13.8	21.43	20.2	5.6	浅紫	浅紫
N61	彩甜糯 68	半紧凑	239.6	107.6	10.2	21.36	20.6	5.2	紫	紫
N62	鲜玉糯 4 号	半紧凑	205.4	83.6	13.4	24.08	21.4	5.6	绿	淡紫
N63	京甜糯 12 号	半紧凑	231.4	92.4	10.6	23.73	18.4	5.2	淡紫	淡紫
N64	天贵糯 923	平展	229.2	88.2	15.6	24.84	19.2	5.0	绿	淡紫
N65	农科玉 968	半紧凑	207.0	73.0	12.4	25.33	19.4	5.4	绿	淡紫
N66	天贵糯 919	半紧凑	234.0	128.0	12.6	20.18	21.0	4.4	绿	浅紫
N67	天贵糯 161	半紧凑	218.8	72.4	14.0	23.50	19.2	5.4	浅紫	淡紫
N68	天贵糯 162	半紧凑	207.4	76.6	13.8	23.50	19.0	5.4	淡紫	淡紫
N69	品甜糯 3 号	半紧凑	199.6	65.8	13.2	26.75	18.6	5.6	淡紫	淡紫
N70	2016N-3	半紧凑	237.2	95.6	7.0	26.90	18.8	5.0	淡紫	淡紫
N71	龙云糯 1 号	半紧凑	203.2	68.2	12.0	23.03	20.0	6.0	浅紫	淡紫
N72	斯达糯 41	半紧凑	225.2	71.2	13.8	25.33	18.6	5.6	淡紫	淡紫
N73	天贵糯 169	平展	195.2	72.4	16.6	23.57	18.4	4.6	绿	浅紫
N74	品甜糯 2 号	半紧凑	207.8	63.2	12.8	29.16	18.8	5.8	淡紫	淡紫
N75	MT-3	半紧凑	185.0	70.4	15.2	25.27	18.0	4.6	淡紫	绿
N76	MT-2	半紧凑	212.2	82.4	14.0	27.90	20.2	5.8	淡紫	淡紫
N77	MT-1	半紧凑	211.2	80.0	17.4	31.41	19.6	5.8	淡紫	淡紫
N78	京科甜糯 623	平展	196.0	70.6	11.2	25.47	17.6	5.0	淡紫	浅紫

表 135　2016 年全国鲜食糯玉米新品种展示果穗性状考种汇总表

田间编号	品种名称	穗长/cm	秃尖长/cm	穗粗/cm	穗行数/行	行粒数/粒	穗型	粒色	轴色	单穗重/g	百粒重/g	出籽率/(%)	籽粒深度/mm
N1	晋单糯 41 号	17.55	2.01	4.84	13.2	29.4	锥	黄	白	205.4	30.3	59.86	8.810
N2	晋鲜糯 6 号	19.84	2.41	5.12	13.8	37.5	锥	白	白	263.1	31.0	61.63	9.640

田间编号	品种名称	穗长/cm	秃尖长/cm	穗粗/cm	穗行数/行	行粒数/粒	穗型	粒色	轴色	单穗重/g	百粒重/g	出籽率/(%)	籽粒深度/mm
N3	晋糯8号	15.77	0.00	4.88	14.2	29.5	锥	彩色	紫色	193.8	31.0	73.26	9.785
N4	花糯99	21.33	1.35	4.89	12.4	37.8	锥	紫花	白	268.3	39.0	66.85	10.380
N5	苏玉糯11	18.18	1.03	4.71	14.6	34.4	锥	紫花	白	226.9	36.7	75.56	10.499
N6	沪紫黑糯1号	17.75	0.00	5.47	17.6	32.3	锥	紫花	白	273.7	37.0	71.03	10.680
N7	ZL-Y41	18.75	0.25	5.22	13.6	39.9	锥	白	白	261.4	32.7	66.98	8.191
N8	ZL-Y42	20.38	0.76	5.28	13.7	35.4	锥	紫花	白	305.3	39.7	60.45	10.465
N9	信糯606	17.45	0.28	5.15	14.8	33.1	锥	白	白	243.2	32.3	62.80	10.270
N10	信糯607	17.21	0.00	5.15	12.4	36.4	锥	白	白	233.4	34.3	70.82	10.944
N11	斯达38	20.06	0.00	5.08	13.0	39.1	锥	白	白	259.0	34.7	66.79	10.258
N12	蜜甜糯4号	18.12	0.25	4.78	13.4	38.9	锥	黄白	白	203.2	29.7	68.15	9.870
N13	蜜甜糯1号	18.23	0.77	4.59	13.8	38.7	锥	白	白	233.2	32.7	72.12	11.255
N14	彩甜糯3号	20.07	1.80	5.17	12.8	36.2	锥	紫花	白	275.0	38.7	60.02	10.459
N15	脆甜糯1号	19.70	2.22	4.83	12.6	38.5	锥	白	白	260.7	35.7	71.34	10.700
N17	新香糯	18.46	3.21	4.31	14.0	36.2	锥	黄	白	203.2	24.6	67.72	10.579
N18	楚科彩甜糯	20.92	1.18	4.90	14.2	35.6	筒	紫花	白	248.3	34.7	65.42	10.430
N19	甜加糯10-3	19.61	0.51	5.04	14.2	35.8	锥	白	白	250.2	38.3	69.62	10.099
N20	彩甜糯10-1	21.52	2.42	4.85	13.8	38.9	锥	彩	白	322.0	42.7	63.19	10.763
N21	楚科花糯	19.59	2.21	4.69	12.2	39.4	锥	彩	白	268.3	40.7	67.09	10.644
N22	楚科晶糯	20.20	2.50	4.82	13.4	39.2	锥	白	白	293.3	36.0	63.63	10.711
N23	彩甜糯6号(国)	20.68	1.65	5.18	14.2	36.5	锥	紫花	白	290.5	37.7	61.03	9.975
N24	彩甜糯6号(汉)	20.18	2.82	5.21	13.6	33.8	锥	彩	白	273.7	38.0	59.04	9.986
N25	彩甜糯6号(荆)	21.16	2.69	4.92	13.2	36.7	锥	彩	白	305.4	42.0	64.29	11.025
N26	彩甜糯9号	21.01	2.14	4.94	14.2	38.2	锥	彩	白	314.1	44.7	61.00	11.140
N27	恒香糯6号	20.81	1.44	5.17	14.2	38.2	锥	紫花	白	284.2	34.7	64.50	9.650
N28	恒香糯一号	19.10	0.62	5.27	14.6	39.2	锥	白	白	277.0	35.6	71.43	10.538
N29	黑珍珠	18.64	2.86	4.02	14.4	36.0	锥	紫	紫	212.5	25.6	61.01	10.348
N30	渝糯7号	19.02	0.76	5.15	15.8	35.2	锥	白	白	264.5	34.0	70.11	10.514
N31	宏彩玉	20.44	2.05	5.18	13.2	36.6	锥	紫花	白	286.2	38.3	62.01	10.230
N32	万糯2000	19.57	0.00	5.48	14.0	37.2	锥	白	白	300.6	41.3	68.22	10.460
N33	HS1601	19.86	1.44	5.68	16.0	35.2	锥	白	白	290.5	36.3	60.69	10.193
N34	HS1501	20.20	0.32	5.48	13.4	39.0	锥	白	白	291.4	34.3	68.99	10.935
N35	HS1602	20.27	1.23	5.47	14.2	37.2	锥	紫花	白	323.8	38.1	64.93	10.796

续表

田间编号	品种名称	穗长/cm	秃尖长/cm	穗粗/cm	穗行数/行	行粒数/粒	穗型	粒色	轴色	单穗重/g	百粒重/g	出籽率/（%）	籽粒深度/mm
N36	HS1503	19.19	1.32	5.05	14.6	36.2	锥	白	白	274.8	37.7	63.14	9.499
N37	万黄糯253	20.57	2.90	4.75	13.4	33.2	锥	黄	白	288.5	37.0	57.94	9.660
N38	彩糯10	21.04	1.61	5.45	13.8	37.3	锥	彩	白	315.3	44.3	62.65	10.909
N39	甜加糯11号	19.13	1.48	4.90	13.0	35.8	锥	白	白	227.6	32.3	70.81	10.460
N40	嘉甜糯13	18.95	0.33	5.18	13.2	36.8	锥	白	白	255.0	38.3	68.21	10.103
N41	巨无霸M30	19.92	2.40	5.01	13.4	38.5	锥	白	白	283.9	35.3	67.92	10.516
N42	糯加甜2000	19.59	1.31	5.37	12.2	36.6	锥	白	白	272.4	38.7	65.90	10.077
N43	太空彩甜霸	20.90	2.44	4.76	13.2	37.1	锥	彩	白	300.8	42.0	63.09	11.179
N44	糯霸3000	21.19	1.60	5.16	14.8	35.2	锥	白	白	283.7	38.6	68.17	10.296
N45	美甜八号	20.37	0.87	5.16	13.8	38.0	锥	白	白	363.3	44.7	64.88	10.788
N46	彩糯2号	17.73	0.20	4.52	11.2	37.0	锥	紫花	白	203.7	32.7	72.39	10.660
N47	新糯玉5号	18.37	1.56	4.82	12.8	34.2	锥	白	白	256.0	38.3	67.87	10.478
N48	一口三香	20.02	0.42	5.15	14.2	43.1	锥	黄	白	281.1	33.0	63.60	11.399
N49	京科糯623	18.35	0.00	5.15	13.0	33.8	锥	白	白	246.3	38.7	72.71	10.792
N50	京科糯656	19.05	0.66	5.17	13.6	38.6	锥	白	白	263.8	35.0	68.82	10.301
N51	京科糯609	19.90	0.77	5.27	13.7	41.8	锥	白	白	271.4	34.2	58.21	10.575
N52	京科糯2016	17.70	0.15	5.18	14.0	39.0	锥	白	白	265.7	36.0	66.09	11.150
N53	西星雪中梅	19.72	1.92	5.08	13.8	34.7	锥	紫花	白	269.8	38.6	64.52	10.039
N54	20035白糯	17.49	3.70	5.07	15.4	26.2	锥	白	白	207.5	31.7	63.16	9.380
N55	20157白糯	17.50	0.18	5.27	14.6	37.2	锥	白	白	260.2	32.3	67.56	11.770
N56	西星赤糯一号	19.89	2.06	4.83	14.6	36.1	筒	红	白	266.8	32.0	59.30	9.634
N57	西星红糯4号	21.69	1.08	4.98	14.8	40.2	筒	红	白	279.0	31.7	70.13	11.300
N58	西星五彩甜糯	20.76	1.93	4.77	14.6	35.6	筒	彩	白	245.3	31.1	64.07	9.827
N59	20056彩糯	21.40	2.09	5.37	13.4	37.6	锥	彩	白	301.1	40.2	59.87	10.244
N60	20116彩糯	—	—	—	—	—	—	—	—	—	—	—	—
N61	彩甜糯68	19.28	1.37	5.53	14.6	38.6	锥	紫花	白	299.0	33.3	65.42	10.360
N62	鲜玉糯4号	21.12	2.06	5.12	14.4	39.6	锥	紫花	白	286.9	38.0	60.22	10.370
N63	京甜糯12号	19.50	2.40	5.00	14.0	34.6	筒	彩	白	296.3	38.0	60.31	11.603
N64	天贵糯923	20.31	2.83	5.00	14.8	34.4	锥	彩	白	301.6	40.3	63.72	11.299
N65	农科玉968	19.86	2.63	5.18	13.6	33.0	锥	彩	白	162.5	40.7	64.55	10.305
N66	天贵糯919	20.72	1.79	5.22	15.0	35.1	筒	白	白	308.2	39.3	64.92	10.648
N67	天贵糯161	18.96	4.24	4.47	14.6	30.8	锥	白	白	235.9	33.3	62.94	10.573

田间编号	品种名称	穗长/cm	秃尖长/cm	穗粗/cm	穗行数/行	行粒数/粒	穗型	粒色	轴色	单穗重/g	百粒重/g	出籽率/(%)	籽粒深度/mm
N68	天贵糯162	19.86	2.08	4.36	17.6	33.3	锥	白	白	253.6	30.7	59.10	9.642
N69	品甜糯3号	17.90	0.96	4.56	13.8	37.0	锥	黄白	白	217.1	32.0	66.45	10.940
N70	2016N-3	18.46	1.99	5.18	13.8	32.9	锥	白	白	248.2	39.0	68.79	10.379
N71	龙云糯1号	17.50	1.91	4.32	13.8	35.9	锥	白	白	214.6	32.0	71.16	10.669
N72	斯达糯41	17.01	2.22	4.48	15.0	33.1	锥	白	白	221.2	29.6	66.52	9.946
N73	天贵糯169	20.18	2.20	4.95	13.4	34.6	锥	白	白	261.0	38.3	67.98	10.240
N74	品甜糯2号	17.96	0.00	5.17	14.0	36.2	锥	白	白	248.0	35.3	72.98	10.869
N75	MT-3	18.91	3.12	5.47	16.8	30.3	锥	黄	白	290.9	42.7	69.23	11.452
N76	MT-2	20.85	1.70	5.34	13.4	35.3	锥	彩	白	314.1	43.7	68.74	10.990
N77	MT-1	17.05	0.47	4.65	13.8	35.8	锥	白	白	246.8	38.0	71.01	11.585
N78	京科甜糯623	17.82	0.13	5.18	15.0	33.6	锥	白	白	235.1	34.3	69.83	10.171

高粱科技成果总结

机收酿造高粱新品种
生产示范试验总结

当前白酒生产前景广阔,对高粱需求日益增大,为高粱产业发展带来了良好的机遇,同时随着青年劳动力进入城市,农村剩余劳动力大多为老人和孩子,劳动力十分缺乏。为选择产量高、抗性好、适宜机收的高粱品种,特组织开展机收高粱的生产示范试验。

1. 参试品种

试验品种共 2 个,由四川省农科院水稻高粱研究所提供,分别为机糯粱 1 号和金糯粱 1 号。

2. 试验地点

试验安排在湖北省现代农业展示中心种子专业园农作物展示区 3 号田,海拔 20.3 m,地势平坦,田间路渠配套,排灌方便;属长江冲积平原,潮土土质,前茬作物为西兰花,冬炕田。

3. 试验设计

试验采用大区排列设计,不设重复,每个品种种植 5 厢,每厢种 2 行,厢长 30 m,厢宽 1.2 m,种植面积为 180 m²;试验采用塑料饮盘基质育苗,地膜覆盖,宽窄行牵绳定距移栽,垄宽 120 cm(含垄沟),垄内窄行距 40 cm,垄间宽行距 80 cm,穴距 18.5 cm,每穴留双苗,密度为 12000 株/667 米²。

4. 栽培管理

4.1 精细整地

试验地冬季深翻炕土,2 月 28 日旋耕碎垡,并按 120 cm 宽开沟起垄,同时在垄中间开沟埋施底肥,每 667 m² 撒施"鄂福"牌复混肥($N_{26}P_{10}K_{15}$)50 kg,肥料称量到垄。随即耙土盖肥,整碎垄面土垡,用石磙碾压。厢面撒施阿维·毒死蜱颗粒防治地下害虫,然后覆盖宽 110 cm、厚 0.01 mm 的农用黑地膜。

4.2 适时播种

参试品种全部采用塑料软盘基质育苗。基质用草炭＋珍珠岩＋蛭石按 4∶1∶1 的比例配制,混拌均匀后(以手抓成团,落地散开为宜)加适量水分,然后将基质装入穴盘孔内(100 孔/盘),用木板轻压、填实、抹平,平放于苗床上,一排横向摆 2 盘;3 月 24 日播种,每穴播 3～5 粒精选种子,以确保每孔成苗 2 株,播种深度 0.5 cm 左右,播后用花洒浇足水分,再用过筛细土盖种 0.5 cm,然后覆盖拱膜;4 月 1 日出苗,出苗后视天气情况揭膜通风,适当补充水分;两叶一心通风炼苗;结合浇水浇施 0.5% 的尿素溶液;栽前一天苗床浇透水分,并喷施送嫁药新甲胺(1.3%阿维·高氯氟)。

4.3 规范移栽

4月11日移栽,移栽叶龄为三叶一心,按试验设计密度12000株/667米²,牵绳带尺定距用直播器打孔定植,保证每穴2苗。用细土封盖基质及膜口,并用手按实,移栽后及时浇足定根水。

4.4 田间管理

移栽后一周内,查苗补缺,4月19日喷施甲氰菊酯+新甲胺(1.3%阿维·高氯氟)防治地下害虫、蚜虫等;4月25日及时去除分蘖,保留主茎成穗;4月27日追施苗肥,每667 m²追施"富瑞德"牌尿素(N≥46.4%)10 kg,肥料称量到垄,用直播器打洞穴施,在高粱定植行上间隔2株打一个洞,将肥料均匀施入洞内,随即盖土埋肥;5月6日喷施顺式氯氰菊酯+阿维菌素防治蚜虫及螟虫等;5月22日追施穗肥,每667 m²施"鄂福"牌复混肥(N₂₆P₁₀K₁₅)7.5 kg+"富瑞德"牌尿素(N≥46.4%)7.5 kg,并用BT可湿性粉剂拌土丢芯预防螟虫等;5月30日喷施甲维盐+常宽+锌肥防治蚜虫、螟虫等。

5. 天气情况

降雨:3月下旬,天气较好,利于田间整地;4月雨水较往年偏多,晴雨相间,气温逐渐回升,幼苗缓苗快且生长较好;5月降雨调和,高粱生长稳健且根系生长较好;6月中下旬入梅,正值高粱开花结实及籽粒灌浆期,长期阴雨寡照,气温较常年同期低,不利于高粱开花散粉及籽粒灌浆,田间2次积水受涝,根系受渍,且穗子大小不匀,成熟性不一致,对产量影响较大;7月中下旬,雨后暴晴,气温快速回升,形成高温高湿的田间小气候,纹枯病较往年偏高,也不利于籽粒充实。

温度:本年高粱生长期间的气温整体较常年同期低;前期温度回升缓慢,高粱长势稳健,5月至7月中旬,气温较常年同期低,7月下旬遇晴热高温天气,气温较常年同期偏高。

日照:整个生育期间的日照较常年偏少,特别是6月中下旬至7月中旬,阴雨寡照天气较多,不利于光合作用产物的积累及形成高产(表136)。

表136 2016年3—7月主要气象因素与历年比较值表

项目	月份	3	4	5	6	7	备 注
月平均气温/℃	当年	12.6	18.8	20.9	24.6	28.7	历年值为1981—2010年平均值
	历年	10.9	17.4	22.6	26.2	29.1	
	比较	1.7	1.4	−1.7	−1.4	−0.4	
降雨量/mm	当年	81.1	159.4	138.4	284.5	624.6	
	历年	89.6	136.4	166.9	189.9	224.7	
	比较	−8.5	23.0	−28.5	94.6	399.9	
日照/h	当年	136.2	129.8	132.5	129.0	197.1	
	历年	122.8	152.5	180.9	170.8	220.0	
	比较	13.4	−22.7	−48.4	−41.8	−22.9	

6. 品种简评

机糯粱 1 号：植株较整齐，矮秆，中紧，中穗粒小；叶斑病较轻，纹枯病较轻，蚜虫轻，适宜本地栽培。

金糯粱 1 号：植株整齐，矮秆，中散，中大穗粒大；叶斑病较轻，纹枯病较重，蚜虫轻，较适宜本地栽培，需注意病害防治，特别是纹枯病（表 137、表 138）。

表 137　2016 机收酿造高粱新品种生产示范试验组合特征特性汇总表

品种名称	播种期（月/日）	出苗期（月/日）	开花期（月/日）	成熟期（月/日）	生育期/天	芽鞘色	幼苗色	倾斜率/(%)	倒折率/(%)	抗旱性	穗型	穗形	叶斑病	黑穗病/(%)	纹枯病
机糯粱1号	3/24	3/31	6/14	7/18	109	无色	绿	0	0	中	中紧	纺锤形	较轻	0	较轻
金糯粱1号	3/24	4/1	6/19	7/23	113	无色	绿	0	0	中	中散	纺锤形	较轻	0	较重

表 138　2016 年机收酿造高粱新品种生产示范试验组合特征特性及产量汇总表

品种名称	株高/cm	穗长/cm	穗粒重/g	千粒重/g	壳色	粒色	植株整齐度	实测密度/(株/667 米²)	实测产量/(kg/12 m²)	单产/(kg/667 m²)
机糯粱1号	138.6	27.6	26.8	14.959	红褐色	红褐色	较整齐	10839	4.590	255.1
金糯粱1号	147.2	38.6	36.4	16.124	红褐色	红褐色	整齐	10728	6.235	346.6

大豆科技成果总结

2016 年湖北省鲜食大豆品种对比试验初报

摘　要：选 7 个鲜食大豆品种参试，以沪鲜 6 号作对照品种做对比试验，研究结果表明交大 127、龙泉 10 号、交大 282、K 丰 80-1 等 4 个品种综合性状较好，比较适宜本地区作鲜食大豆推广种植，市场需求也给品种选育和推广提出了方向。

关键词：鲜食大豆；品种；对比试验；技术总结

鲜食大豆作为特色蔬菜受市民喜爱，市场需求量呈逐年上升趋势。为鉴定鲜食大豆品种的丰产性、稳定性、适应性、抗逆性、品质等，筛选出适宜本地区推广种植的优良品种，给品种推广提供科学依据，特组织开展鲜食大豆品种对比试验。

1. 材料与方法

1.1　试验材料

参试品种 6 个，以沪鲜 6 号作对照品种，种子由武汉市种子站组织国内科研院所及种子经营部门提供。试验肥料选用"鄂福"牌复混肥（$N_{26}P_{10}K_{15}$）、"富瑞德"牌尿素（$N \geqslant 46.4\%$）；农药选用啶虫脒、氟氰菊酯、新甲胺、毒死蜱等高效低毒农药。品种名称及选育单位见表 139。

表 139　品种名称及选育单位

品 种 名 称	选 育 单 位
交大 127	上海交通大学
K 丰 79-2	铁岭市维奎大豆科学研究所
交大 282	上海交通大学
K 丰 80-1	铁岭市维奎大豆科学研究所
龙泉 10 号	开原市龙泉种子有限公司
龙泉 11 号	开原市龙泉种子有限公司
沪鲜 6 号（CK）	上海交通大学

1.2　试验地概况

试验地选在湖北省现代农业展示中心国家农作品种区域试验站 20 号旱地田，地势平坦，肥力中等，海拔 20.5 m，田间沟渠配套，排灌方便；属长江冲积平原，潮土土质，前茬作物为高山娃娃菜。

1.3 试验设计

采用随机区组排列,3次重复;小区长3 m,宽3.6 m,小区面积10.8 m²,每小区9行,种植行距40 cm,穴距20 cm,每穴留2株苗,种植密度1.67万穴/667米²;裁头去边后采收小区中间面积为6.67 m²的鲜荚计实产。

1.4 试验实施

1.4.1 耕地施肥 前茬作物高山娃娃菜在4月初采收完毕后,随即深翻炕土,移栽前3天连续旋耕2遍,达到细、碎、平,然后按照试验设计划分重复和小区,小区间和重复间均留40 cm作走道,清理成厢沟,并将沟土均匀撒在厢面上;4月14日小区划分后,分区撒施底肥,每667 m²撒施复合肥25 kg,肥料称量到小区均匀撒施,然后耙土盖肥,使厢面达到碎、平,略呈龟背形。

1.4.2 精细播种 播种前晒种2个太阳日;因个别品种的发芽率低,试验统一采取育苗移栽,4月2日播种,塑盘基质育苗,每品种播种12盘(70孔/盘),每孔播种2粒好种子,用基质盖种后放在玻璃温室内保温育苗;4月14日移栽,用竹篙打点定距、打孔移栽,行距40 cm、穴距20 cm,每小区播种9行,每穴定植2苗,密度为1.67万穴/667米²,随机区组排列,一人播种一个重复;四周保护行播种相应品种。

1.4.3 田间管理 试验坚持"防虫不防病"的原则,4月14日于移栽前厢面喷施异丙甲草胺封闭杂草;育苗移栽后次日降雨,有利于幼苗成活;4月19日喷施氟氰菊酯、新甲胺、啶虫脒、磷酸二氢钾防治菜粉蝶、蚜虫等;5月3日喷施毒死蜱、联苯菊酯、磷酸二氢钾、精喹禾灵防治螟虫、蚜虫等及禾本科杂草;5月9日人工除草;5月12日喷施新甲胺防治夜蛾类幼虫;6月4日,喷施新甲胺、联苯菊酯、啶虫脒防治豆荚螟、斜纹夜蛾、蚜虫等。

1.4.4 采收计产 6月下旬至7月初分4期采收计产,小区去边裁头后收取中间植株,小区中间7行,按长2.8 m,割倒后计算实收株数,并分区人工摘下鲜豆荚现场称重计产。同时在第Ⅰ、Ⅱ重复的各小区内连续取10株正常植株带回室内考种。试验按照湖北省鲜食大豆品种区域试验观察记载项目与标准进行观察记载。

1.5 天气情况

今年鲜食大豆试验期间的气象条件不太利于品种的丰产性发挥。播种后遇中雨,墒情好,出苗比较整齐;5、6月的低温,加上阴雨天气较多,大豆苗期生长较弱,生育进程减缓,特别是6月下旬入梅以后,多轮强降雨致使田间积水,根系受渍害成暗伤,加上鼓粒期遇低温寡照,霜霉病、炭疽病有不同程度发生,秕荚较多,产量潜力未得到充分表现。

2. 结果与分析

2.1 生育期

采用温室大棚育苗,出苗快,有利于移栽;试验移栽后遇阴雨天,土壤墒情好,有利于幼苗成活;品种的出苗期在4月9—11日,开花期在5月15—19日,采收期在6月22日—7月1日,其中对照品种沪鲜6号出苗至采收期的生长天数为75天,参试品种龙泉11号生长天数最短,为74天,其次是交大282生长天数与对照品种相当,其他品种的生长天数均比对照多 1～9 天,在 76～84 天(表 140)。

表 140　鲜食大豆品种对比试验生育期一览表

品 种 名 称	播种期(月/日)	出苗期(月/日)	开花期(月/日)	采收期(月/日)	生长天数/天
交大 127	4/2	4/11	5/17	6/25	76
K 丰 79-2	4/2	4/9	5/19	7/1	84
交大 282	4/2	4/11	5/16	6/24	75
K 丰 80-1	4/2	4/9	5/18	6/26	79
龙泉 10 号	4/2	4/11	5/18	6/26	77
龙泉 11 号	4/2	4/10	5/15	6/22	74
沪鲜 6 号(CK)	4/2	4/11	5/16	6/24	75

2.2　农艺性状

参试品种的叶形均为卵圆形;花色除龙泉 10 号为紫色外,其他品种均为白色;茎秆及鲜荚的茸毛均为灰色;鲜荚色除 K 丰 79-2、K 丰 80-1 及龙泉 10 号为绿色外,其他均为淡绿色;株型除 K 丰 79-2、沪鲜 6 号(CK)为收敛,其他均为半开张;沪鲜 6 号(CK)株高为 31.2 cm,其中品种株高最高的是 K 丰 79-2,为 37.8 cm,较对照高的品种依次还有交大 282(株高为 34.0 cm)、K 丰 80-1(株高为 31.8 cm),其他品种均较矮,在 22.7～28.4 cm 之间;主茎节数最多的是 K 丰 79-2,为 8.7 节,节数最少的是龙泉 10 号,为 6.9 节,其他品种节数在 7.1～8.3 节之间;分枝数较多的品种是 K 丰 79-2,为 3.3 个,其他普遍较低,在 0.6～2.4 个之间(表 141)。

表 141　鲜食大豆品种对比试验农艺性状汇总表

品 种 名 称	叶形	花色	茸毛色	鲜荚色	株 型	结荚习性	株高/cm	主茎节数/节	分枝数/个
交大 127	卵圆	白色	灰	淡绿	半开张	有限	27.4	8.2	0.6
K 丰 79-2	卵圆	白色	灰	绿	收敛	有限	37.8	8.7	3.3
交大 282	卵圆	白色	灰	淡绿	半开张	有限	34.0	7.6	1.9
K 丰 80-1	卵圆	白色	灰	绿	半开张	有限	31.8	8.3	1.1
龙泉 10 号	卵圆	紫色	灰	绿	半开张	有限	22.7	6.9	0.6
龙泉 11 号	卵圆	白色	灰	淡绿	半开张	有限	28.4	7.1	2.4
沪鲜 6 号(CK)	卵圆	白色	灰	淡绿	收敛	有限	31.2	7.9	0.7

2.3　经济性状

2.3.1　结荚性　参试品种的平均单株荚数总数在 18.1～25.8 个,平均单株荚数总数最高的品种是 K 丰 79-2,为 25.8 个,平均单株荚数总数最低的品种是交大 282,为 18.1 个,但是按照品种间的单株秕荚数、多粒荚数及多粒荚率,相差又有变化,平均单株秕荚数较少,而多粒荚数最多的品种龙泉 10 号,单株秕荚数为 1.7 个,多粒荚数为 5.1 个,多粒荚率为 25.1%,表现为结荚性好、结实性好,多粒荚率排名第一;其次,品种交大 127 的单株秕荚数、多粒荚数较多,单株秕荚数为 1.3 个,多粒荚数为 3.9 个,多粒荚率为 20.2%,综合性状好,多粒荚率排名第二;再就是品种交大 282,单株秕荚数为 2.3 个,多粒荚数为 2.9 个,多粒荚率为 15.9%,多粒荚率排名第三,而对照品种沪鲜 6 号,单株秕荚数为 2.3 个,多粒荚数为 2.9 个,多粒荚率为 14.8%,多粒荚率排名第四;其余品种多粒荚率在 10.1%～11.4%之间;多粒荚率最低的品种是 K 丰 79-2,为 10.1%(表 142)。

表 142　鲜食大豆品种对比试验经济性状考种结果汇总表

品种名称	单株荚数/个					多粒荚率/(%)	单株荚重/g	标准荚数/(个/500克)	各种荚率/(%)				标准荚/cm		百粒鲜重/g	口感
	秕荚	一粒	两粒	多粒	总数				标准	虫食	病害	其他	长	宽		
交大127	1.3	4.2	9.8	3.9	19.2	20.2	56.8	133.5	88.6	0	1.0	10.4	5.91	1.54	84.0	A
K丰79-2	3.1	8.3	11.8	2.6	25.8	10.1	61.7	174.5	75.1	0	0.7	24.2	5.25	1.35	83.2	B
交大282	2.3	5.5	7.4	2.9	18.1	15.9	51.0	126.5	77.3	0.7	3.1	18.9	6.25	1.48	88.3	A
K丰80-1	2.1	5.1	9.8	2.0	19.0	10.5	50.0	162.0	79.2	0	2.2	18.6	5.39	1.39	65.2	A
龙泉10号	1.7	5.0	8.6	5.1	20.4	25.1	46.6	165.5	87.2	1.3	1.0	10.5	5.68	1.35	68.4	B
龙泉11号	1.3	6.8	10.7	2.4	21.2	11.4	38.6	166.5	79.8	0	2.3	17.9	5.76	1.50	67.5	B
沪鲜6号(CK)	2.3	5.2	8.9	2.9	19.3	14.8	55.6	128.0	84.1	0	3.8	12.1	5.60	1.20	87.2	A

2.3.2　商品性　鲜荚、籽粒较大的品种有 K 丰 79-2、交大 127、交大 282、沪鲜 6 号等 4 个品种,这些品种标准荚的长在 5.25～6.25 cm,宽在 1.20～1.54 cm,500 g 标准荚数在 126.5～174.5 个,百粒鲜重在 83.2～88.3 g;在单株荚数变化较小的情况下,荚大则单株产量较高,如品种 K 丰 79-2 的单株荚重最高为 61.7 g,其次是品种交大 127 为 56.8 g,再依次是对照品种沪鲜 6 号(55.6 g)、交大 282(51.0 g),其他品种 K 丰 80-1 为 50.0 g,龙泉 10 号为 46.6 g,龙泉 11 号为 38.6 g;500 g 标准荚数最高品种是 K 丰 79-2 为 174.5 个,最低品种是交大 282(126.5 个),其他品种 500 g 标准荚数在 128.0～166.5 个;标准荚率品种从高到低排序是交大 127、龙泉 10 号、沪鲜 6 号、龙泉 11 号、K 丰 80-1、交大 282、K 丰 79-2,品种 K 丰 79-2、龙泉 11 号商品荚率较低,鲜食品质一般。

2.3.3　产量结果　对照品种沪鲜 6 号的鲜荚单产为 814.7 kg/667 m²;较对照品种增产的 5 个品种是交大 127、K 丰 79-2、交大 282、K 丰 80-1、龙泉 10 号,鲜荚单产在 843.2～959.7 kg/667 m²,增产幅度在 3.5%～17.8%,增产幅度较显著,品种龙泉 11 号较对照品种沪鲜 6 号减产 12.2%,减产不显著(表 143)。

表143　鲜食大豆品种对比试验产量结果统计

品 种 名 称	产量/(kg/667 m²)	比 CK/(%)	产 量 位 次
交大 127	946.3	16.2	2
K 丰 79-2	959.7	17.8	1
交大 282	843.2	3.5	5
K 丰 80-1	921.0	13.0	3
龙泉 10 号	874.8	7.4	4
龙泉 11 号	715.5	−12.2	7
沪鲜 6 号(CK)	814.7	0	6

2.4　鲜食口感

作为鲜食产品更要注重鲜食口感。在鲜荚采收期,适期采标准荚粒进行鲜食口感评价,经多人品尝认为交大 127、交大 282、K 丰 80-1、沪鲜 6 号(CK)鲜食口感香甜、柔软,具有糯性,其他品种的鲜食口感比对照品种的较差。

2.5　抗逆性

参试品种的抗倒性好,生育期间均未发生倒伏;对照品种沪鲜 6 号在荚粒期花叶病毒病和霜霉病发病程度为 4 级,品种 K 丰 79-2 在荚粒期花叶病毒病和霜霉病发病程度为 1 级,其他均为 2 级,试验显示对照品种沪鲜 6 号的花叶病毒病和霜霉病较重,以致病荚率略高;品种 K 丰 79-2 综合抗性较好,其余品种抗病性一般(表 144)。

表144　鲜食大豆品种对比试验抗逆性汇总表

品 种 名 称	倒伏程度	花叶病毒病		霜霉病	
		时期	程度	时期	程度
交大 127	1	荚粒期	2	荚粒期	2
K 丰 79-2	1	荚粒期	1	荚粒期	1
交大 282	1	荚粒期	2	荚粒期	2
K 丰 80-1	1	荚粒期	2	荚粒期	2
龙泉 10 号	1	荚粒期	2	荚粒期	2
龙泉 11 号	1	荚粒期	2	荚粒期	2
沪鲜 6 号(CK)	1	荚粒期	4	荚粒期	4

3. 品种简述

K 丰 79-2:该品种生育期较长,苗期长势好,有效分枝多,结荚性一般,荚较小,但籽粒饱满,多粒荚数较少,商品荚率较低,鲜食品质一般,综合抗性较好;鲜荚色绿,市场易接收;丰产性好,较适宜本地区种植,建议考虑参试。

交大 127:该品种生育期适中,苗期长势好,结荚性好,荚大粒大,多粒荚数较多,商品荚率较高,鲜食品质优,综合抗性一般;缺点是鲜荚色较淡;适宜本地区种植,建议续试。

K丰80-1：该品种生育期较适，苗期长势好，鲜荚色绿，结荚性好，多粒荚数较少，荚粒较小，商品荚率一般，鲜食品质优，综合抗性优于对照；较适宜本地区种植，建议续试。

龙泉10号：该品种生育期较适，苗期长势好，鲜荚色绿，结荚性好，多粒荚率高，荚粒较小，荚粒饱满，商品荚率高，鲜食品质较优，综合抗性优于对照；适宜本地区种植，建议续试。

交大282：该品种生育期较短，苗期长势较好，结荚性较好，荚大粒大，多粒荚数较多，鲜食品质优，综合抗性好于对照；缺点是鲜荚色较淡，荚壳较大，看起来像不饱满，商品荚率较低；适宜本地区种植，建议续试。

沪鲜6号（CK）：该品种生育期适中，苗期长势较好，结荚性好，荚较大，籽粒饱满，商品荚率高，鲜食品质优，鲜荚色较淡，综合抗性一般，较适宜本地区种植，建议可作对照。

龙泉11号：该品种生育期较短，具有早熟性；苗期长势较好，鲜荚色淡绿，结荚性一般，荚较大、籽粒较小，多粒荚率、商品荚率较低，鲜食品质一般，综合抗性优于对照；丰产性差，不适宜本地区种植，建议终止试验。

2016 年鲜食大豆新品种生产试验栽培技术总结

为了进一步观察鲜食大豆新品种的特征特性,鉴定品种的丰产性、稳产性、适应性、抗逆性、品质及品种真实性等,摸索配套的高产栽培技术,给品种审定及大面积推广提供科学依据,按照湖北省主要农作物品种审定程序组织开展报审品种的生产试验。

1. 参试品种

2 个参试品种由湖北省种子管理局组织供(育)种单位供种(表 145)。

表 145　品种名称及供(育)种单位

品 种 名 称	供(育)种单位
绿宝石	开原市毛豆研究所
K 丰 78-6	辽宁省铁岭市维奎大豆科学研究所

2. 试验设计

2.1　试验地点

试验安排在湖北省现代农业展示中心区域试验站 20 号田,海拔 20.3 m,属于长江冲积平原,地势平坦,土层深厚,肥力中上等;前茬作物为高山娃娃菜。

2.2　试验设计

小区面积为 333 m²,行距为 40 cm,株距为 20 cm,每穴两棵苗,保苗密度为 1.67 万苗/667 米²。

3. 观察记载

按湖北省鲜食大豆品种区域试验观察记载项目与标准进行田间观察,详细记载生育期、植株性状、荚粒性状、抗逆性、操作管理、采收期,各品种在田间选择有代表性的点连续取 30 株用于室内考种,进行 3 点取样测产,每点取 3 m 长的样段(厢)测算实收密度、计产。

4. 栽培管理

4.1　整地施肥

前茬作物为高山娃娃菜,在 4 月初采收完毕后,随即深翻炕土,移栽前 3 天连续旋耕 2 遍,达到细、碎、平,然后用拖拉机旋耕,按 200 cm 宽旋耕开厢,4 月 14 日撒施底肥,每 667

m² 撒施"鄂福"牌复混肥($N_{26}P_{10}K_{15}$)15 kg,然后用旋耕机旋耕盖肥,人工清理厢沟、围沟,并将沟土均匀撒在厢面上,使厢面达到碎、平,略呈龟背形。

4.2　播种期及播种方式

4月11日播种,人工点播,每厢播种5行,牵绳定距穴播,行距40 cm,穴距20 cm,每穴播种2~3粒种子,播种深度3~5 cm,保苗2株,设计密度为1.67万株/667米²。

4.3　田间管理

4月19日喷施氟氰菊酯、新甲胺、啶虫脒、磷酸二氢钾等防治菜粉蝶、蚜虫等;4月30日间苗;5月3日喷施精喹禾灵杀灭禾本科杂草;5月3日喷施毒死蜱、联苯菊酯、磷酸二氢钾防治螟虫、蚜虫等;5月12日喷施新甲胺防治夜蛾类幼虫;5月15日人工拔除少数杂草;6月4日喷施新甲胺、联苯菊酯、啶虫脒防治豆荚螟、斜纹夜蛾、蚜虫等。

5. 天气影响

今年鲜食大豆试验期间的气象条件不太利于品种的丰产性发挥。播种后遇中雨,墒情好,出苗比较整齐;5、6月的低温,加上阴雨天气较多,大豆苗期生长较弱,生育进程减缓,特别是6月下旬入梅以后,多轮强降雨致使田间积水,根系受渍害成暗伤,加上鼓粒期遇低温寡照,霜霉病、炭疽病有不同程度发生,秕荚较多,产量潜力未得到充分表现。

6. 试验结果

6.1　品种简评

绿宝石:植株较矮,长势好,叶色深绿,中晚熟,结荚性较好,荚粒饱满,多粒荚率较高,鲜荚色绿,商品性较好,市场畅销。缺点:荚、粒略小,鲜食口感、丰产性一般,建议报审。

K丰78-6:植株略高,叶色绿,长势较好,结荚性好,荚较大,籽粒饱满,中熟;多粒荚率、商品荚率高,产量较高,鲜食口感优,建议报审(表146、表147)。

6.2　试验小结

2个参试品种的植株长势较好,结荚性较好,荚粒饱满,多粒荚率较高,鲜食口感香甜、软糯,荚、粒较大,鲜荚产量高,适宜在本地区作鲜食大豆种植。

表 146　2016 年湖北省鲜食大豆生产试验品种田间调查记载表

品种名称	播种期	出苗期	开花期	采收期	生长日数	叶形	花色	茸毛色	鲜荚色	株型	结荚习性	倒伏程度/级	株高/cm	主茎节数/节	分枝数/个
绿宝石	4/11	4/23	5/28	7/7	76	卵圆	紫色	灰	绿	半紧凑	有限	1	44.5	8.6	1.1
K 丰 78-6	4/11	4/23	5/28	7/7	76	卵圆	紫色	灰	绿	半紧凑	有限	1	51.5	10.7	0.2

表 147　2016 年湖北省鲜食大豆生产试验品种植株及主要商品性状调查结果表

品种名称	单株荚数/个					多粒荚率/(%)	单株荚重/g	标准荚数/(个/500 克)	各种荚率/(%)				标准两粒荚/cm		百粒鲜重	实收密度/(万株/667 米²)	鲜食产量/(kg/667 m²)
	批荚	一粒	两粒	多粒	总数				标准	虫食	病害	其他	长	宽			
绿宝石	26	40	164	57	287	19.9	656	170	79.4	0.4	4.0	16.2	5.15	1.25	59.2	1.67	626.98
K 丰 78-6	68	68	117	73	326	22.4	668	174	79.8	0.2	4.4	15.6	5.32	1.28	63.6	1.63	742.04

2016年湖北省夏大豆新品种
生产试验栽培技术总结

为了进一步观察夏大豆生产试验品种的特征特性,鉴定品种的丰产性、稳产性及抗逆性,摸索配套的高产栽培技术,给品种审定及大面积推广提供科学依据,按照湖北省主要农作物品种审定程序组织开展夏大豆新品种生产试验。

1. 参试品种

参试品种2个,以中豆33为对照,由湖北省种子管理局组织申报单位供种,品种和供(育)种单位见表148。

表 148　品种和供(育)种单位

品 种 名 称	供(育)种单位
中黄39	中国农业科学院作物科学研究所
SK27	山东圣丰种业科技有限公司
中豆33(CK)	中国农业科学院油料作物研究所

2. 试验设计

2.1　试验地点

试验安排在湖北省现代农业展示中心国家区试站11号田,属长江冲积平原,潮土土质,前茬作物为油菜。

2.2　田间设计

大田生产,不设重复,每个品种种植1000 m²左右,采取南北行向,定距条穴点播,厢宽200 cm(包沟30 cm),每厢种4行,穴距20 cm,每穴留2苗,密度为1.33万株/667米²左右。

3. 栽培管理

3.1　整地施肥

前茬作物油菜5月上旬收割,秸秆全部粉碎还田。6月9日旋耕整地,旋耕第二遍前施底肥,每667 m²施复合肥($N_{22}P_8K_{20}$)26 kg,然后用旋耕开沟机按200 cm宽旋耕开厢,人工清理厢沟、围沟,并将沟土整碎撒在厢面上,使厢面平整。

3.2　抢墒播种

播种前3天晒种两个太阳日;6月10日播种,每厢播种4行,牵绳定距用人工播种器定点播种,行距 40 cm 左右,穴距 20 cm,每穴播 2～3 粒种子,播种深度为 3 cm 左右。

3.3 加强管理

播种后于 6 月 12 日喷施封闭除草剂,每 667 m² 用 96％异丙甲草胺乳油 60 mL 兑水 30 kg 均匀喷雾,封闭小粒种子杂草;出苗后于 6 月 28 日间苗定苗;6 月 30 日喷施氟磺胺草醚水剂 60 mL、精喹禾灵 20 mL、新甲胺兑水喷雾,防治杂草和虫小菜蛾等;7 月 27 日用新甲胺、甲维盐、磷酸二氢钾兑水喷雾,防虫补肥;8 月 17 日喷施甲维盐、啶虫脒,防治蚜虫、豆荚螟、小菜蛾等。

4. 天气影响

本年夏大豆生长期间的天气条件较差,苗期遭遇 6 月下旬至 7 月中旬的持续阴雨天气,加上多轮强降雨,田间厢面几度积水,长期阴雨寡照导致幼苗长势不壮;花期又遇两轮高温天气(7 月 21 日—8 月 2 日、8 月 11 日—23 日),虽然有利于授粉结荚,但一涝一旱,土壤板结,气温高,蒸腾作用强,大豆根系活力降低,基部叶片和豆荚多有感病现象;鼓粒期秋高气爽,但因前期的渍害,高温缩短了根、叶的功能期,以致上部豆粒不饱满。

5. 结果与分析

5.1 生育期

参试品种统一于 6 月 10 日播种,播后遇小雨,土壤墒情好,6 月 17 日出苗,花期在 7 月下旬,开花最早的是中黄 39,在 7 月 23 日;其次是 SK27,在 7 月 25 日,对照品种在 7 月 28 日。成熟期最早的品种是对照品种中豆 33,在 9 月 15 日,全生育期为 97 天;中黄 39 的成熟期在 10 月 3 日,全生育期为 115 天;SK27 的成熟期最晚在 10 月 7 日,全生育期为 119 天(表 149)。

表 149　2016 年湖北省夏大豆生产试验品种生育期观察记载表

品种名称	播种期(月/日)	出苗期(月/日)	开花期(月/日)	成熟期(月/日)	全生育期/天
中豆 33(CK)	6/10	6/17	7/28	9/15	97
中黄 39	6/10	6/17	7/23	10/3	115
SK27	6/10	6/17	7/25	10/7	119

5.2 农艺性状差异

5.2.1 质量性状　花荚期叶色对照品种中豆 33 为绿色,2 个参试品种均为深绿色;参试品种的叶形均为卵圆形;生长习性均为半直立;结荚习性均为有限型;株型均为收敛;中豆 33 茸毛色为棕色,其他均为灰色;中豆 33 落叶习性为完全落叶,另 2 个参试品种均为半落叶。

5.2.2 数量性状　参试品种株高较高的品种是对照品种中豆 33,株高为 80.3 cm,其次是 SK27,株高为 72.6 cm,中黄 39 的株高为 54.7 cm;主茎节数最多的是中豆 33,节数为 15.8 节,其次是中黄 39,节数为 13.7 节,SK27 的节数为 13.1 节;有效分枝数较多的是中豆 33 和中黄 39,均为 3.5 个,SK27 为 2.4 个(表 150)。

5.3　经济性状差异

因种子的出苗率不同,田间的保苗率略有差异,每 667 m² 实收密度在 13284～14738 株。在种植密度和品种结荚性的综合因素影响下,单株荚数最多的品种是中黄 39,单株荚数为 55.4 个,其中有效荚 45.9 个,秕荚 9.5 个;单株荚数较多的是中豆 33,单株荚数为 51.6 个,有效荚 48.6 个,秕荚 3.0 个;SK27 的单株荚数为 48.5 个,有效荚 42.4 个,秕荚 6.1 个;从荚粒结构看,中豆 33 是以二粒荚为主,其他两个品种是以一粒荚为主。平均每荚粒数:中豆 33 为 1.88 粒,SK27 为 1.57 粒,中黄 39 为 1.54 粒。百粒重最高的品种是 SK27,为 29.17 g;中黄 39 的较高,为 29.01 g;最低的中豆 33,为 20.38 g。实测单产:对照品种中豆 33 为 153.1 kg/667 m²;中黄 39 的最高,为 187.6 kg/667 m²,较对照增产 22.5%;其次是品种 SK27,为 177.4 kg/667 m²,较对照增产 15.9%(表 151)。

6. 小结

本年大豆生产试验期间先后遭遇持续阴雨和持续晴热高温天气,参试品种特征特性、抗逆性及丰产性仍得到了充分表现。其中中豆 33 的植株整齐,长势好,无倒伏,株型收敛,成熟期最早,结荚性好,抗病性、抗倒伏性好,丰产性一般,有裂荚落粒现象,生产上应适时早收;中黄 39 长势好、茎秆粗,株高适中,株型收敛,抗倒伏性好,结荚较好,秕荚病荚(粒)较多,丰产性较好,生育期较长,生产应用上,在鼓粒期注意防治荚霉病等,品种 SK27 株高较高,株型收敛,分枝部位较高,结荚性好,抗病性好,丰产性好,抗倒伏性较好,生育期较长,生产上应适期早播。

表 150　2016 年湖北省夏大豆生产试验品种植株性状观测汇总表

品种名称	花荚期叶色	叶形	花色	株型	生长习性	结荚习性	茸毛色	荚熟色	落叶习性	株高/cm	主茎节数/节	有效分枝数/个
中豆 33（CK）	绿	卵圆	白	收敛	半直立	有限型	棕色	灰色	完全落叶	80.3	15.8	3.5
中黄 39	深绿	卵圆	白	收敛	半直立	有限型	灰色	灰色	半落叶	54.7	13.7	3.5
SK27	深绿	卵圆	白	收敛	半直立	有限型	灰色	灰色	半落叶	72.6	13.1	2.4

表 151　2016 年湖北省夏大豆生产试验品种经济形状及产量结果汇总表

品种名称	单株荚数/个						病斑粒率/（%）	每荚粒数/（粒）	单株粒重/g	不饱满粒率/（%）	百粒重/g	实收密度/（株/667米²）	实测单产/（kg/667 m²）
	总数	批荚	有效荚	一粒荚	二粒荚	三粒荚							
中豆 33（CK）	51.6	3.0	48.6	13.7	27.4	7.6	2.7	1.88	13.62	5.4	20.38	14738	153.1
中黄 39	55.4	9.5	45.9	25.4	16.1	4.5	8.3	1.54	17.75	9.4	29.01	14313	187.6
SK27	48.5	6.1	42.4	21.6	17.2	3.6	4.7	1.57	18.15	13.2	29.17	13284	177.4

棉花科技成果总结

2016 年湖北省棉花新品种生产试验栽培技术总结

为了进一步系统观测湖北省棉花区试苗头品种的特征特性,鉴定品种的丰产性、稳产性及抗逆性,根据品种选育单位的申请,特组织开展棉花新品种生产试验,给品种审定及审定后的推广应用提供科学依据。

1. 参试品种

按照湖北省农作物品种审定程序,组织在区域试验中表现突出的 5 个春播杂交棉、1 个常规棉进行生产试验,分别以鄂杂棉 10 号、鄂抗棉 13 为对照,试验用种由供(育)种单位提供。品种名称及供(育)种单位如表 152。

表 152　品种名称及供(育)种单位

品 种 名 称	类 型	供(育)种单位
QS05	春播杂交棉	湖北省农科院经济作物研究所
H834	春播杂交棉	华中农业大学
楚棉 608	春播杂交棉	湖北荆楚种业股份有限公司
荆棉 16	春播杂交棉	荆州市农科院
中棉 1279	春播杂交棉	中国农业科学院棉花研究所
华棉 3097	春播常规棉	华中农业大学
鄂杂棉 10 号(CK1)	春播杂交棉	湖北惠民农业科技有限公司
鄂抗棉 13(CK2)	常规抗虫棉	湖北农垦现代农业集团有限公司

2. 试验设计

2.1　试验地点

试验安排在武汉市黄陂区武湖农场湖北省现代农业展示中心新品种展示区 7、8 号田,海拔 20.3 m,地势平坦,沟渠配套,排灌方便;属长江冲积平原,潮土土质,前茬作物为油菜。

2.2　试验设计

大田生产示范,每个品种种植 667 m² 左右,不设重复;种植密度 1700 株/667 米²,厢宽 2.00 m,每厢栽 2 行,即平均行距 100 cm,株距 39.2 cm。

2.3　观察记载

按照棉花品种试验观察记载项目内容及标准进行系统观察,定苗后在有代表性的点连续标定 10 株,定期观测叶龄、苗高、果枝、蕾、花、铃等;吐絮期,每个品种选有代表性的点连续圈定 30 株,分期摘花计产。

3. 栽培管理

3.1 备土制钵

秋播时预留棉花营养钵苗床,冬季深翻炕土,结合深翻每平方米撒施普通过磷酸钙 50 g,4 月上旬用微耕机整理苗床,撒施复合肥 20 g/m²,耙碎土壤,整平厢面,然后浇水,用农膜覆盖保湿,使土壤吸水均衡;播种前 5 天制钵,营养钵整齐摆放在厢面上,每排 25 个。

3.2 适时播种

播种前晒种两个太阳日,统一用咯菌腈+有机水溶性肥料拌种;分别在 4 月 14 日、4 月 18 日播种,营养钵浇足底水后喷洒多菌灵 1000 倍液,待播种孔无明显渍水后播种,每穴播种 1 粒精选种子,播后细土盖种 1 cm 厚,用喷壶喷水补墒,然后撒施阿维·毒死蜱颗粒防治地下害虫,最后扎竹弓覆盖农膜,保温防风。

3.3 管理苗床

齐苗后于 4 月 27 日掀膜炼苗,4 月 29 日喷施啶虫脒、多菌灵及叶面肥防虫提苗;1 片真叶期于 5 月 10—11 日搬钵蹲苗,调控茎叶生长,促苗转壮;5 月 12 日喷施阿维菌素、啶虫脒、甲氰菊酯、多菌灵等预防病虫,移栽前一天傍晚用喷壶浇水,让棉苗带药、带肥、带水下田。

3.4 整地施肥

前茬作物油菜机械收割时,秸秆粉碎还田;5 月 12 日整地,先在定植行上撒施底肥,每 667 m² 施"鄂福"牌复混肥($N_{26}P_{10}K_{15}$)40 kg,然后用旋耕开沟机套在前茬的厢面上旋耕灭茬,人工清理中沟、围沟,整平厢面。

3.5 规范移栽

5 月 13—14 日移栽,牵绳定距打洞,洞底丢施"洞口肥"5 kg/667 m²,每厢移栽 2 行,株距 39.2 cm,大小苗分级定植,用细土盖严营养钵。

3.6 田间管理

5 月 25 日查苗补缺;6 月 6 日喷施氟氰菊酯、啶虫脒等防治小地老虎、红蜘蛛、棉蚜及杂草;6 月 12—14 日追施蕾肥,每 667 m² 施尿素 7.5 kg,并中耕灭草;6 月 18 日、7 月 8 日、7 月 20 日,分别用高氯·阿维菌素、甲维盐、阿维菌素、啶虫脒防治红蜘蛛、蚜虫及盲蝽象;7 月 18—19 日打叶枝,7 月 23 日打洞追施花铃肥,每 667 m² 施"鄂福"牌复混肥($N_{26}P_{10}K_{15}$)35 kg,尿素 5 kg;7 月 27 日浇水抗旱预防高温;7 月 30 日、8 月 8 日、8 月 15 日、8 月 24 日、9 月 3 日分别选用高氯·阿维菌素、甲维盐、新甲胺、阿维菌素、啶虫脒、阿维·氟酰胺(稻腾)喷雾防治棉铃虫、盲蝽象等害虫,结合施药叶面喷施硼肥、锌肥、磷酸二氢钾各 2 次;8 月 19 日顺沟浇水抗旱;9 月下旬开始收花。

3.7 因苗调控

根据田间苗情,分 3 次打叶枝、抹赘芽,7 月 16 日、7 月 30 日、8 月 8 日喷施棉花调节剂"猛上桃"(Cu+Fe+B≥20 mL/L、氨基酸 20 mL/L 等成分),每 667 m² 分别用"猛上桃"制剂 30 mL、60 mL、70 mL 兑水 15 kg 喷雾,8 月 16—18 日打顶;8 月底结合防虫每 667 m² 喷施"猛上桃"制剂 80 mL＋助壮素 5 mL。

4. 天气条件对试验的影响

本年棉花生产试验期间的气象灾害多发重发,对棉花生产极为不利。移栽后,间歇降雨,有利于缓苗、保苗,但气温较常年同期偏低,棉苗长势较弱;紧接着遭遇 6 月中旬至 7 月中旬长达 42 天的梅雨,阴雨时间长,降雨强度大,田间几度发生积水(淹没厢面)、低温、寡照、渍害致使棉苗迟发,生育进程减缓,现蕾期、开花期、吐絮期均较常年推迟 10～20 天,生育期延长,秋桃比例偏高;7 月 22 日—8 月 2 日、8 月 10—25 日遇两段晴热高温天气,高温和干旱叠加,虽然进行了 3 次浇灌,但因气温高、湿度小、蒸腾作用强,棉株仍然出现生理干旱现象,上部果枝的落蕾、落花较重,不利于产量形成;8 月底以后多晴朗天气,且气温适宜,昼夜温差渐大,有利于秋桃膨大和纤维形成,也有利于吐絮和捡花;10 月中下旬至 11 月中旬阴雨天较多,温度低,光照差,棉花吐絮期延长。

5. 试验结果

5.1 生育期

参试品种分两期播种,同期移栽,开花期在 7 月 15—26 日,开花较早的是楚棉 608、华棉 3097 和 H834,较迟的品种有 QS05、中棉 1279,在 7 月 26 日;吐絮期在 9 月 6—18 日,最早的是楚棉 608 和 H834,在 9 月 6 日,其次是华棉 3097,均较两个对照品种早,生育期分别为 142 天、137 天和 146 天,均比同期播栽的相应对照品种短。春播杂交棉品种 QS05、中棉 1279、荆棉 16 的生育期均为 149 天,比相应对照品种鄂杂棉 10 号的生育期(148 天)长 1 天左右(表 153)。

表 153　2016 年湖北省棉花生产试验品种生育期记载表

品 种 名 称	播种期 (月/日)	出苗期 (月/日)	移栽期 (月/日)	开花期 (月/日)	吐絮期 (月/日)	生育期 /天	株距 /cm	行距 /cm	密度 /(株/667 米²)
QS05(春播杂交棉)	4/14	4/18	5/13	7/26	9/13	149	40.2	100	1658
楚棉 608(春播杂交棉)	4/14	4/18	5/13	7/15	9/6	142	38.3	100	1741
中棉 1279(春播杂交棉)	4/14	4/19	5/13	7/26	9/14	149	39.0	100	1710
华棉 3097(春播常规棉)	4/14	4/18	5/13	7/15	9/10	146	40.2	100	1659
鄂杂棉 10 号(CK)	4/14	4/19	5/13	7/25	9/13	148	39.5	100	1686
鄂抗棉 13(7♯田 CK)	4/14	4/18	5/13	7/24	9/15	151	34.5	100	1933
荆棉 16(春播杂交棉)	4/18	4/23	5/14	7/24	9/18	149	34.7	100	1922
H834(春播杂交棉)	4/18	4/23	5/14	7/15	9/6	137	38.8	100	1719
鄂抗棉 13(8♯田 CK)	4/18	4/23	5/14	7/18	9/13	144	33.5	100	1991

5.2 三桃情况

田间定点、定株观测结果显示,7 月 15 日调查平均单株蕾、花、铃数量较多的品种有楚棉

608、H834、鄂杂棉 10 号(CK)等;8 月 15 日调查,平均单株铃数较多的品种依次有楚棉 608(20.0 个)、鄂杂棉 10 号(CK)(16.2 个)、QS05(15.2 个)、中棉 1279(12.8 个);9 月 15 日调查,平均单株铃数在 32.4～38.8 个,其中较多的有鄂杂棉 10 号(CK)(38.8 个)、中棉 1279(37.5 个)和 QS05(34.9 个)(表 154)。"三桃"构成比例显示,伏前桃几乎没有,伏桃比例在22.8%～57.7%,而秋桃比例偏高,在 41.7%～77.2%;霜前花率除楚棉 608 达到 83.4%外,其他品种在 51.6%～67.7%(表 155),可见前期的低温阴雨、渍害严重影响了棉苗生长,生长发育迟缓,生育期推迟。

表 154   2016 年湖北省棉花生产试验品种三桃调查汇总表

品 种 名 称	7 月 15 日					8 月 15 日						9 月 15 日	
	苗高/cm	叶龄/片	蕾/个	花/朵	铃/个	苗高/cm	叶龄/片	果枝/台	蕾/个	花/朵	铃/个	果枝/台	铃/个
QS05(春播杂交棉)	52.2	14.5	4.8	0	0	97.4	25.3	17.0	36.2	3.2	15.2	15.6	34.9
楚棉 608(春播杂交棉)	48.2	14.4	5.4	0.2	0.2	98.6	25.4	17.8	21.0	4.3	20.0	16.6	34.3
中棉 1279(春播杂交棉)	39.4	14.1	3.4	0	0	88.4	26.7	15.8	46.0	3.4	12.8	15.6	37.5
华棉 3097(春播常规棉)	41.6	13.9	4.2	0	0	85.2	23.7	14.2	38.6	1.6	9.4	14.6	34.3
鄂杂棉 10 号(CK)	45.6	15.1	5.2	0	0	95.4	26.0	16.2	45.4	2.8	16.2	16.0	38.8
鄂抗棉 13(7♯田 CK)	41.0	14.0	2.8	0	0	87.8	25.2	15.6	32.4	1.6	12.0	16.6	33.3
荆棉 16(春播杂交棉)	54.4	14.5	4.6	0	0	86.6	23.2	14.6	30.4	3.6	7.6	15.2	33.4
H834(春播杂交棉)	58.4	13.8	5.2	0	0.2	92.2	24.3	15.2	32.4	3.4	8.2	14.4	32.4
鄂抗棉 13(8♯田 CK)	54.6	14.3	6.0	0	0	78.4	24.4	17.6	33.8	1.8	12.6	17.4	32.6

5.3   籽棉产量

参试品种籽棉实测产量在 207.7～289.9 kg/667 m²。产量最高的品种是春播杂交棉中棉 1279(289.9 kg/667 m²),产量最低的是常规棉对照品种鄂抗棉 13,两个田块的单产分别为 242.3 kg/667 m²、207.7 kg/667 m²。籽棉产量较高的参试品种依次是中棉 1279(289.9 kg/667 m²)、鄂杂棉 10 号(284.8 kg/667 m²)、QS05(281.1 kg/667 m²)、楚棉 608(264.2 kg/667 m²)等,春播常规棉华棉 3097 也较鄂抗棉 13 增产。进一步比较产量结构三要素得知,在种植密度基本一致的情况下,参试品种的单铃重差异明显,其中单铃重较高的品种有中棉 1279(5.73 g)、QS05(5.66 g)、荆棉 16(5.34 g)、H834(5.25 g);平均单株铃数在 32.4～38.8 个(表 155)。

表 155   2016 年湖北省棉花生产试验新品种植株性状及经济性状汇总表

品 种 名 称	株高/cm	第一果枝高/cm	实收密度/(株/667 米²)	单株铃数/个	单铃重/g	三桃构成百分比			霜前花率/(%)	实测产量/(kg/667 m²)
						伏前桃/(%)	伏桃/(%)	秋桃/(%)		
QS05(春播杂交棉)	98.0	31.0	1658	34.9	5.66	0	43.6	56.4	61.7	281.1
楚棉 608(春播杂交棉)	93.2	26.8	1741	34.3	5.14	0.6	57.7	41.7	83.4	264.2
中棉 1279(春播杂交棉)	87.2	27.6	1710	37.5	5.73	0	34.1	65.9	67.7	289.9

品 种 名 称	株高/cm	第一果枝高/cm	实收密度/(株/667 米²)	单株铃数/个	单铃重/g	三桃构成百分比			霜前花率/(%)	实测产量/(kg/667 m²)
						伏前桃/(%)	伏桃/(%)	秋桃/(%)		
华棉 3097(春播常规棉)	82.2	30.8	1659	34.3	5.00	0	27.4	72.6	55.5	243.2
鄂杂棉 10 号(CK)	94.6	26.0	1686	38.8	4.95	0	41.8	58.2	67.4	284.8
鄂抗棉 13(7♯田 CK)	86.6	23.4	1933	33.3	4.60	0	36.0	64.0	62.2	242.3
荆棉 16(春播杂交棉)	82.4	29.8	1922	33.4	5.34	0	22.8	77.2	56.4	256.2
H834(春播杂交棉)	90.4	32.8	1719	32.4	5.25	0.5	24.7	74.8	51.6	258.0
鄂抗棉 13(8♯田 CK)	86.4	25.4	1991	32.6	4.50	0	38.7	61.3	55.8	207.7

6. 小结

在前期低温、阴雨寡照、田间受渍、花铃期遭遇持续高温干旱及后期低照的多灾叠加的情况下,参试品种表现出了好的抗逆性。其中春播杂交棉中棉 1279、QS05、荆棉 16、H834 和常规棉华棉 3097 的长势好、结铃性好,丰产性和熟期较好,可在同生态棉区种植;楚棉 608 的长势较好,丰产性、早熟性突出,但茎秆较软,后期倒斜较严重,有早衰迹象,栽培管理上应注意增钾化控,防倒、防早衰。

2016 年短季棉麦后直播对比示范总结

近年来,受农村劳动力日益短缺、物化人工成本不断攀升以及政策支持趋于弱化等多重因素影响,湖北棉花产业遇到了前所未有的挑战。如何提高直播棉效益,降低生产成本,促进粮棉协调发展,是目前亟须解决的问题。在多年短季棉试验的基础上,特组织开展短季棉新品种麦后直播对比示范,推广短季棉直播轻简化栽培技术。

1. 示范品种

短季棉品种选用湖北早熟棉花品种区域试验中表现突出的 2 个品种,分别是黄冈市农业科学院选育的冈早 1 号、湖北惠民农业科技有限公司选育的华惠 17,以湖北农垦现代农业集团有限公司选育的鄂抗棉 13 作对照,示范用种由各供(育)种单位提供。

2. 试验设计

2.1 示范地点

示范地点安排在武汉市黄陂区武湖农场湖北省现代农业展示中心旱作物 8 号田,海拔 20.3 m,地势平坦,沟渠配套,排灌方便;属长江冲积平原,潮土土质,前茬作物为小麦。

2.2 田间设计

大田生产,每个品种种植 667 m² 左右,不设重复,麦后直播,种植密度约为 5000 株/667 米²,厢宽 2.00 m,每厢种植 3 行,即行距 67 cm、株距 20 cm 左右。

2.3 观察记载

按照棉花品种试验观察记载项目内容及标准,进行系统观察,定苗后在有代表性的点连续标定 10 株。定期观测叶龄、苗高、果枝、蕾、花、铃数等;吐絮期,每个品种选有代表性的点连续圈定 30 株,分期摘花计产。

3. 栽培管理

3.1 整地施肥

前茬作物小麦机械收割时,秸秆粉碎还田;5 月 12 日整地,先在定植行上撒施底肥,每 667 m² 施"鄂福"牌复混肥($N_{26}P_{10}K_{15}$)40 kg,然后用旋耕开沟机套在前茬的厢面上旋耕灭茬,人工清理中沟、围沟,整平厢面。

3.2 精细播种

播种前一天,种子统一用咯菌腈＋有机水溶性肥料拌种;5 月 25 日播种,牵绳带尺定距直播,每厢播种 3 行,株距 20 cm,每穴播种 3 粒。

3.3 田间管理

6 月 5 日补种,并喷施氟氰菊酯防治地下害虫;6 月 13 日定苗、人工锄草;6 月 14 日在雨前撒施苗肥,每 667 m² 施尿素 5 kg;7 月 25 日追施花铃肥,每 667 m² 施"鄂福"牌复混肥($N_{26}P_{10}K_{15}$)30 kg,尿素 8 kg,同时结合盖肥,人工中耕锄草;7 月 27 日和 8 月 19 日喷水灌溉,8 月 27 日沟灌;7 月 18 日打叶枝、8 月初、8 月 27 日、9 月 10 日抹赘芽,8 月 16 日打顶;7 月 30 日、8 月 8 日结合喷药,每 667 m² 用棉花调节剂"猛上桃"($Cu+Fe+B \geqslant 20$ mL/L、氨基酸 20 mL/L 等成分)制剂 30 mL、60 mL 喷雾,8 月 27 日结合防虫每 667 m² 喷施"猛上桃"制剂 80 mL、助壮素 5 mL;9 月 3 日分别选用高氯·阿维菌素、甲维盐、新甲胺、阿维菌素、啶虫脒、阿维·氟酰胺(稻腾)喷雾防治棉铃虫、盲蝽象等害虫,结合施药叶面喷施硼肥、锌肥、磷酸二氢钾各 2 次;9 月下旬开始收花。

4. 天气条件对试验的影响

本年棉花生产试验期间的气象灾害多发重发,对棉花生产极为不利。6 月中旬至 7 月中旬遭遇长达 42 天的梅雨,阴雨时间长,降雨强度大,田间几度发生积水(淹没厢面),低温、寡照、渍害致使棉苗迟发,生育进程减缓,现蕾期、开花期、吐絮期均较常年推迟 10～20 天,生育期延长,秋桃比例偏高,麦后直播棉因苗小受灾更重,但是花铃期错开了梅雨期,前期落蕾、落花较少,中下部果枝着铃较好;7 月 22 日—8 月 2 日、8 月 10—25 日遇两段晴热高温天气,高温和干旱叠加,虽然进行了 3 次浇灌,但因气温高、湿度小、蒸腾作用强,棉株仍然出现生理干旱现象,上部果枝的落蕾、落花较重;8 月底以来多晴朗天气,且气温适宜,昼夜温差渐大,有利于秋桃膨大和纤维形成,也有利于吐絮和捡花。

5. 试验结果

5.1 生育期

试验统一于 5 月 25 日播种,开花期比较一致,在 7 月 28 29 日,冈早 1 号略早。冈早 1 号吐絮期最早,在 9 月 16 日;华惠 17 和对照鄂抗棉 13 吐絮均较迟,在 10 月 4—6 日。冈早 1 号生育期最短,为 109 天;华惠 17 的生育期较长,为 129 天,比对照品种还长 2 天(表 156)。

表 156　麦后直播棉新品种对比示范生育期记载表

品 种 名 称	播种期 (月/日)	出苗期 (月/日)	开花期 (月/日)	吐絮期 (月/日)	生育期 /天	株距 /cm	行距 /cm	密度 /(株/667 米²)
冈早 1 号(常规直播棉)	5/25	5/31	7/28	9/16	109	21.1	67	4718
华惠 17(常规直播棉)	5/25	5/31	7/29	10/6	129	22.1	67	4504
鄂抗棉 13(常规直播棉 CK)	5/25	5/31	7/29	10/4	127	21.8	67	4566

5.2 三桃情况

田间定点、定株观测结果显示,7 月 15 日调查,平均单株蕾、花、铃数量较多的品种是冈早1号;8月15日调查的单株铃数较多的品种也是冈早1号,为6.6个;9月15日调查的单株铃数较多的品种仍然是冈早1号,为14.2个,其次是华惠17,为14.1个,对照品种鄂抗棉13的最少,为12.8个(表157)。伏桃比例:冈早1号最大,在46.5%,比例最小的是华惠17;秋桃与之相反。霜前花率:对照鄂抗棉13的最小,为12.6%,冈早1号为85.0%,华惠17为52.4%(表158)。

表 157　麦后直播棉新品种对比示范三桃调查汇总表

品 种 名 称	7 月 15 日					8 月 15 日						9 月 15 日	
	苗高/cm	叶龄/片	蕾/个	花/朵	铃/个	苗高/cm	叶龄/片	果枝/台	蕾/个	花/朵	铃/个	果枝/台	铃/个
冈早1号(常规直播棉)	36.7	9.0	3.0	0	0	66.8	18.6	11.9	19.5	2.1	6.6	12.8	14.2
华惠17(常规直播棉)	42.0	10.0	0.5	0	0	85.8	20.6	10.3	24.7	1.7	2.7	11.9	14.1
鄂抗棉13(常规直播棉CK)	38.2	10.4	0.9	0	0	72.8	21.4	11.1	24.3	1.1	5.8	21.6	12.8

表 158　麦后直播棉新品种对比示范植株性状及经济性状汇总表

品 种 名 称	株高/cm	第一果枝高/cm	实收密度/(株/667米²)	单株铃数/个	单铃重/g	三桃构成百分比			霜前花率/(%)	理论产量/(kg/667 m²)	实测产量/(kg/667 m²)
						伏前桃/(%)	伏桃/(%)	秋桃/(%)			
冈早1号(常规直播棉)	74.5	27.9	4718	14.2	4.3	0	46.5	53.5	85.0	288.1	232.8
华惠17(常规直播棉)	99.1	44.6	4504	14.1	4.9	0	19.1	80.9	52.4	311.2	272.7
鄂抗棉13(常规直播棉CK)	90.3	13.3	4566	11.8	4.6	0	45.3	54.7	12.6	268.8	218.7

5.3　籽棉产量

参试品种籽棉实测产量,最高的品种是华惠17,为272.7 kg/667 m²;其次是冈早1号,为232.8 kg/667 m²;对照品种鄂抗棉13的最低,为218.7 kg/667 m²(表158)。

6. 小结

冈早1号属短果枝型,生育期短,吐絮期相对集中,田间生长整齐,长势较弱,叶枝少,适宜密植;华惠17属长果枝型,长势好,生育期较长,桃较大,丰产性好;两个品种均可作麦后直播棉推广,生产应用要落实抢季节适墒早播、因品种合理密植、看天气加强田管保壮苗、视苗情科学调控等技术措施,促控结合,争取高产高效。